ライブラリはじめて学ぶ物理学＝1

はじめて学ぶ 物理学

阿部 龍蔵 著

サイエンス社

サイエンス社のホームページのご案内
http://www.saiensu.co.jp
ご意見・ご要望は　rikei@saiensu.co.jp　まで.

まえがき

　2005年11月24日に「新・演習 量子力学」の打ち上げが中目黒の「いちゃりば」という沖縄料理店で開かれた．サイエンス社から社長の森平勇三氏，演習書の出版の実務を担当された田島伸彦氏，鈴木綾子氏が出席され，それと著者の私が加わって計4人で楽しい一刻を送ることができた．この席上，サイエンス社の森平社長から既刊の教科書「Essential 物理学」より易しい物理の本(微積分を使わない大学物理)の執筆をお願いしたい旨の話があった．1970年に何人かの協力者とともに旺文社から高校物理用の参考書を発刊したことがある．高校物理では微積分を使わないルールとなっているので，ご所望の教科書も著者にとっては未経験というわけではない．という次第で出来上がったのが本書である．

　著者は東京大学，放送大学で物理の講義を35年間続けてきた．2001年に岩波書店から発行した「物理を楽しもう」のまえがきに書いた経験があるが，かねがね講義の理想は落語のように巧みな話術で学生を魅了し，講義の内容を理解してもらうことだと思っていた．もっとも，落語に現れる微妙な日本語のニュアンスは必ずしも若い世代には理解されず，テレビでも古典落語は一種の芸術として放映されているのが実情であろう．著者の意図に対する応答で文字になっているのは最近発刊された駒場友の会の会報第六号(2006年4月20日発行)によるものである．この応答は戸塚哲也(雁屋哲)氏によるもので，これによると私の講義は「論理の建て方が流れるように美しく，うっとりとした」そうである．ところが，一歩教室を出ると実は自分は何も理解していないことに気がつくそうである．「あんなに，良く理解出来た，と思っていたのにこれはどうしたことだ」と続く．似たような感想は実際に私の講義を聴いた多くの方々から寄せられた．

　このような思い出を述べている戸塚氏は「美味しんぼ」の原作者で，紅白歌合戦の審査員を務めたこともある．社会に対する影響力は甚大でこちらとは比較にならない．現在のグルメ時代の先駆者というべきであり，著者にとって出藍の誉れというところである．少々裏話をすると，上に35年間物理の講義をしたと書いたが，実は戸塚氏のクラスに対する講義はその第1回目にあたる．も

う少し，正確にいうと人生の折り返し点の少し前の 1966 年 11 月 16 日付で東京大学教養学部基礎科学科に赴任し，量子力学の講義を担当した．それまでに，物理学の演習，大学院の講義をしたことはあったが学部での講義は初めてであった．初講義ということで，講義の数日前から，講義時間の 2, 3 倍の時間をかけてぼろが出ないよう講義内容を吟味し，要約をノートして講義の準備を行った．おかげ様で「流れるように美しい」(?) 講義を実行することができた．その後，いくつかの講義を担当したが，大体同様のスタイルを貫いた．こうしてできた講義ノートは研究室保有の製本機でまとめ，いくつかの本のような形で私の手元に残っている．

　著書をまとめるときにも同じような手法を用いた．この場合，35 年にわたる講義ノートは大変役に立った．自分の思っていることを日本語にする際，60 年近く日記をつけている経験を生かした．1948 年以来，その日の出来事，社会情勢，研究の状況などを日記に書くことが習性となっている．現在なら，パソコンなどにデータを記憶させキーワードを検索すれば，ある出来事の日付を調べるのは簡単であろう．しかし，日記は一貫して大学ノートに書いてあるので，いまとなっては検索は容易でない．また，1959 年から 1961 年まで滞米中は英語で日記をつけていた．本にすれば，繰り返し学習ができるので「一歩教室を出ると実は自分は何も理解していないことに気がつく」ことはなかろうというのが著者の願いである．

　本書は微積分を使わずに物理の基本の習得を目的としている．大部分の物理の原理は微積を利用しないで理解することは可能と思える．高校物理に微積を入れたいという願望は，著者が日本物理学会の物理教育検討小委員会の委員長を務めた頃からあったが，実現していない．実質上は微分と同じ概念を高校物理で用いている．微分の逆が積分であるが，積分は少しく高級な概念かもしれない．本書でもやむを得ず数箇所積分を用いて結果を導いた部分がある．ただし，結果を重要視したので，それだけを理解すればよろしい旨のコメントを入れておいた．本書の読者として高校で物理を履修しなかった者を対象としたが，本書を通じ物理に興味をもっていただければ幸いである．なお，続いて力学・電磁気学・熱力学の同じような趣旨の出版が予定されている．本書と同様，御愛顧下さるようお願いしたい．最後にサイエンス社のスタッフ一同に感謝の意を表したいと思う．

　　　2006 年 9 月　　　　　　　　　　　　　　　　　　　　　阿部龍蔵

目　　次

第1章　物理学とはなにか　　1
- **1.1** 自然現象と物理量 …………………………………… 2
- **1.2** 長さ，質量，時間の決め方 …………………………… 4
- **1.3** 単位と次元 ……………………………………………… 6
- 　　　演 習 問 題 ……………………………………………… 8

第2章　運動の表し方　　9
- **2.1** 直線運動と速度 ………………………………………… 10
- **2.2** 直線運動と加速度 ……………………………………… 14
- **2.3** 一般の運動 ……………………………………………… 16
- 　　　演 習 問 題 ……………………………………………… 20

第3章　運 動 と 力　　21
- **3.1** 力 …………………………………………………………… 22
- **3.2** 力の釣合い ……………………………………………… 24
- **3.3** 運動の法則 ……………………………………………… 26
- **3.4** 単　振　動 ………………………………………………… 28
- **3.5** 一様な重力場での運動 ………………………………… 30
- **3.6** 円　運　動 ………………………………………………… 34
- **3.7** 運動量と角運動量 ……………………………………… 36
- **3.8** 剛体の力学 ……………………………………………… 40
- 　　　演 習 問 題 ……………………………………………… 46

第4章　仕事とエネルギー　　47
- **4.1** 仕事と仕事率 …………………………………………… 48
- **4.2** 位置エネルギー ………………………………………… 50
- **4.3** 運動エネルギー ………………………………………… 52
- **4.4** 力学的エネルギー ……………………………………… 56
- **4.5** 各種のエネルギー ……………………………………… 58
- 　　　演 習 問 題 ……………………………………………… 62

第5章 温度と熱 　　　　　　　　　　　63

- 5.1 温　度 64
- 5.2 状態方程式 66
- 5.3 熱力学第一法則 68
- 5.4 理想気体の性質 72
- 5.5 熱力学第二法則 76
- 5.6 可逆サイクルと不可逆サイクル 78
- 5.7 クラウジウスの不等式 80
- 5.8 エントロピー 82
- 　　演　習　問　題 86

第6章 波　動 　　　　　　　　　　　87

- 6.1 波動の基礎概念 88
- 6.2 波を表す方程式 90
- 6.3 波　の　性　質 92
- 6.4 音　波 96
- 6.5 ドップラー効果 98
- 6.6 定　常　波 100
- 　　演　習　問　題 104

第7章 光 　　　　　　　　　　　105

- 7.1 光　線 106
- 7.2 光　の　干　渉 108
- 7.3 光　の　分　散 110
- 7.4 光学器械とレンズ 112
- 7.5 光と電磁波 114
- 7.6 光電効果と熱放射 116
- 　　演　習　問　題 118

第8章　電気と磁気　119

- 8.1　静電気 120
- 8.2　クーロンの法則 122
- 8.3　電場 124
- 8.4　電位 126
- 8.5　コンデンサー 128
- 8.6　電流 130
- 8.7　静磁場 134
- 8.8　磁束密度 136
- 8.9　電流と磁場 138
- 8.10　電磁誘導 142
- 　　演習問題 146

第9章　原子・分子・電子　147

- 9.1　分子 148
- 9.2　結晶構造 150
- 9.3　原子 152
- 9.4　電子 154
- 9.5　ド・ブロイ波 156
- 9.6　原子の出す光 158
- 　　演習問題 162

第10章　相対性理論　163

- 10.1　相対運動 164
- 10.2　ローレンツ変換 166
- 10.3　ローレンツ変換の性質 168
- 10.4　質量とエネルギー 170
- 　　演習問題 172

第 11 章　原子核と素粒子　　　　　　　　　　173

- 11.1　陽子と中性子 174
- 11.2　質量欠損と結合エネルギー 178
- 11.3　放射性原子核 180
- 11.4　原子核の変換 182
- 11.5　核分裂と核融合 184
- 11.6　素粒子の性質 186
- 11.7　核　力 188
- 11.8　素粒子の分類 190
- 11.9　高エネルギー物理学 192
- 　　　演　習　問　題 194

演習問題略解　　　　　　　　　　　　　　195
索　　引　　　　　　　　　　　　　　　　219

コラム

乗り物の物理　3
大学物理と微積分　11
いろいろな力　23
日常生活と慣性力　33
質点は実在するか　43
物理用語としての仕事とエネルギー　55
わが国のエネルギー事情　61
熱機関とカルノーサイクル　71
力学の法則と不可逆過程　85
ソリトン　91
自然界に見られる波の回折現象　103

虹の7色　111
静電気との出会い　121
家庭の電気　133
変圧器の改造　141
ドルトンの原子記号　153
水素原子の出す光　161
不思議の国のトムキンス　171
原子の話　179
自然界における4つの力　189
高エネルギー物理学の国際協力　193

物理学とはなにか

　物理学は物理現象を観測し，その背後に潜む法則の発見を目的としている．物理現象はその現象を特徴づける物理量によって記述されるが，物理量は一般に数値と単位によって表される．長さ，質量，時間が物理量の基本的な量であるが，本章ではこれらの国際単位系などについて学ぶ．

本章の内容
1.1　自然現象と物理量
1.2　長さ，質量，時間の決め方
1.3　単位と次元

1.1 自然現象と物理量

自然現象　水を熱すると蒸気になり，手にもった石を放すと下に落ちる．これらの事実は，長い間の経験を通じて得られた，間違いのないことと信じられている．このように水が蒸気になったり，石が落下したりする現象は物理学の対象であり，**自然現象**あるいは**物理現象**と呼ばれる．物理学は自然現象を支配する法則の発見を目的とし，物理学の成果は日常生活にも広く応用されている．電灯，エアコン，ラジオ，テレビ，パソコン，携帯電話，自動車，新幹線，飛行機など物理学の応用例は枚挙にいとまがないほどである．

物理学の分野　運動や力に関する**力学**，熱やエネルギーに関連した**熱学**，電気・磁気を研究する**電磁気学**など日常的な物理現象を扱う分野を**古典物理学**という．古典物理学を支える2本の柱はニュートンの力学とマクスウェルの電磁気学で19世紀の物理学者や化学者はすべての自然現象は古典物理学で説明できると考えていた．20世紀に入ると，古典物理学では解釈不可能な現象が発見され，原子・分子のようなミクロの世界ではマクロの古典物理学とは異なる法則が成り立つことがわかってきた．このような近代的な物理学を**現代物理学**という．現代物理学を支配するのは**量子力学**で，現代物理学は物質の性質を研究する**物性物理学**と物質の究極を究めようとする**素粒子物理学**とに大別される．また，実験を主とする物理学を**実験物理学**，実験結果を理論的に解明しようとする物理学を**理論物理学**という．実験と理論とは車の両輪のようなもので，両者がうまくかみあってこそ物理学は正しい発展を示す．

物理量　物理現象を扱うためには，その現象に特有な大きさの考えられる量を導入する必要がある．このような量を**物理量**という．物理量を理解するため，上述のように水を熱すると蒸気になる現象をとりあげてみる．一般に，寒暖の差は感覚で認識でき，当然夏は暑く冬は寒い．このような寒暖の差を定量的に表したのが温度という物理量である．温度については5.1節で詳しく学ぶが，差し当たり温度は寒暖計で測れると思えばよい．水の温度を上げると，ある温度に達したとき沸騰という現象が起こる．沸騰の起こる温度が沸点である．富士山の頂上の沸点は地上より低く，一般に沸点は圧力により変化する．長さ，体積，速さ，温度などは物理量である．一方，人間の努力とは情熱とかいったものは大きさを考えることができず，したがって物理量ではない．大きさだけをもつ物理量を**スカラー**，大きさと同時に，向き，方向をもつ量を**ベクトル**という．第2章で学ぶように速度，加速度はベクトルである．

乗り物の物理

　江戸時代には旅が一種のブームだったようで，年間約 500 万人の人がなんらかの旅をしたとのことである．この時代の日本の総人口は 3000 万ちょっとの程度であるから 6 人に 1 人は旅に出た勘定になる．このような旅好きの DNA は現代人にも受け継がれ，年間ほぼ 1700 万人もの人が海外旅行にでかけている．東海道は江戸時代に制定された五街道 (東海道，中山道，日光街道，甲州街道，奥州街道) の 1 つで，東海道五十三次の宿場が有名である．当時の交通手段は徒歩で，江戸から京都まで約 500 km の距離を 14, 5 日かけて旅行するというのが普通であった．馬やかごを利用した人もいたであろうが，大部分の庶民は徒歩を使った．

　1872 年 (明治 5 年) に品川，横浜間でわが国初の鉄道が開設された．その後，100 年余りの間に鉄道は大躍進を遂げ，現在では新幹線 (図 1.1) を使えば，東京から京都まで 2 時間少々で行ける．記録の残っているわが国の歴史はせいぜい 2000 年程度であろうが，このうち 19/20 では人々の交通手段はもっぱら徒歩に頼り，最後の 1/20 の段階になって，自転車，自動車，電車，飛行機などの各種の乗り物が発展した．その進歩の早さには驚く他はない．これらの乗り物は，基本的に何らかの回転によって生じる推進力を利用している．その背後には物理学の応用がある．

　著者が小学校で習った国語の教科書に東京から大阪に至る飛行機の紀行文があった．その頃，飛行機に乗った経験者はほとんど皆無であったに違いない．現在では逆に飛行機に乗った経験のないという人は少数派であろう．旅客機も最近ではプロペラを利用するだけでなく，ジェット・エンジンを利用しタービンを回して，排気を高速で噴出させその反動で推進力を得るような装置を利用している (図 1.2)．音速の 2 倍で飛ぶコンコルドは環境汚染のせいで廃止された．スピードだけでなく環境も重視されるようになったのはよい傾向といえる．乗り物の最たるものはスペース・シャトルである．これに乗った宇宙飛行士は 1 時間半のうちに地球を一周してしまう．その裏には物理の話があるが，これについては第 3 章で述べる．

図 1.1 新幹線
(佐藤 崇徳氏提供)

図 1.2 ジェット機
(全日本空輸株式会社ホームページより)

1.2 長さ,質量,時間の決め方

数値と単位　物理量を表すには,数値と単位が必要である.例えば,長さが 2 であるというだけでは,それが 2 里なのか,2 m なのか,2 cm なのか,2 インチなのかはっきりしない.このため,物理量を正確に表すには,数値と単位の両方が必要である.単位というのはもとになる物理量の大きさであり,一般に物理量は次のような形で表される.

$$(物理量) = (数値) \times (単位) \tag{1.1}$$

国際単位系 (SI)　物理学で扱う問題は個人の自由を超越したもので,国際的な単位系が決まっている.高校物理,大学物理,最先端の物理もこれに準拠するようになっている.この単位系は**国際単位系**と呼ばれ,別名 SI という.SI とはフランス語で systéme international d'unités の略である.電流が現れると話が面倒になるので,この場合は少々後回しとし差し当たり電流を含まない問題を考える.基礎になる物理量は長さ,質量,時間で国際単位系ではそれぞれの単位として m (メートル),kg (キログラム),s (秒) を用いる.これらの頭文字をとり,国際単位系は **MKS 単位系**とも呼ばれる.

長さ　メートルは元来,地球上の北極から赤道までの子午線に沿った距離の 1000 万分の 1 になるよう決められた (図 **1.3**).1889 年から 1960 年までの間,1 m の基準としてメートル原器が使われた.正確を期するため,1960 年と 1983 年との間には,Kr86 と呼ばれる気体中の放電で出るだいだい色の波長の 1 650 763.73 倍を 1 m と決めた.現在では真空中の光速 c を

$$c = 299\,792\,458 \,\mathrm{m \cdot s^{-1}} \tag{1.2}$$

と定義し,下に述べる秒の定義とあわせて 1 m を決めている.

質量　質量の単位のキログラムはキログラム原器で決定される.キログラム原器は白金 90 %,イリジウム 10 % の合金で作った図 **1.4(a)** のような円筒形のもので,円筒の直径と高さとが等しい.原器は図 **1.4(b)** に示すように二重のガラス製容器に保存されている.

時間　時間 (h),分 (min),秒 (s) などは時間の単位として使われる.一応,1 年 = 365 日,1 日 = 24 時間,1 時間 = 60 分,1 分 = 60 秒というように決まっている.現在ではセシウム原子のある超微細構造の間の遷移の伴って放出される光の周期の

$$9\,192\,631\,770 \text{ 倍} \tag{1.3}$$

の時間が 1 s であると決められている.

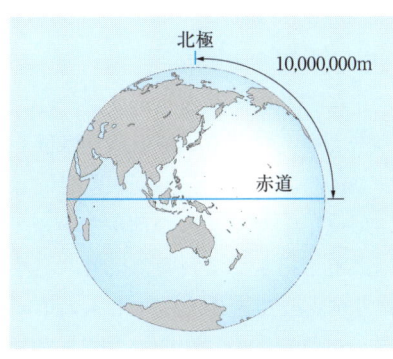
図 1.3 メートルの決め方

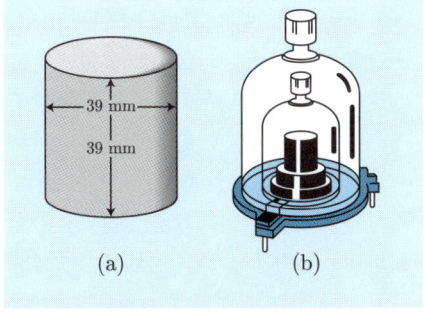
図 1.4 キログラム原器

> [補足] **うるう年,うるう秒**　正確にいうと,地球が太陽を1周するのは365日5時48分46秒であるから,1年＝365日とすると,1年たったとき地球は元に戻らない.この誤差を補正するため,4年に1回,2月の日数を29日とし,この年を**うるう年**という.うるう年は次のような例外を除き,年号を西暦で表したとき4で割り切れる年としている.
>
> > すなわち,100で割り切れる年 (1900年, 2100年など) は原則としてうるう年ではない.ただし,100で割り切れる年のうち,400で割り切れる年はうるう年とする.
>
> 例えば,2000年,2400年などはうるう年である.2000年はうるう年でコンピュータの設定と関連し2000年問題として騒がれた.
>
> 秒を (1.3) のように決めると,実は天体の運行には不規則性のあることがわかってきた.このため,上述のようにうるう年を決めても,なお誤差が生じる.そこで,**うるう秒**を導入し,1日を24時間1秒とする.2006年1月1日はそのようなうるう秒を設けた日付である.ただし,天体の運行が不規則であるため,次のうるう秒がいつになるかは予測不可能とのことである.

> [参考] **電波時計**　いまが何時であるかは時計を見ればわかる.しかし,生物にはそれ自身に適当な時計が備わっていて,これを**生物時計**とか**体内時計**という.腹時計はこのような生物時計の一種といえるであろう.
>
> 時刻を正確に知りたい場合には,117 に電話すれば秒単位で時報を教えてくれる.昔は無料であったが,最近は有料である.エアコン,コンピュータ,その他の装置で時間をデジタルに表示する場合があり,このようなときいまの時報は有効に使える.時間情報をのせてある標準電波を時計のケースやバンドに内蔵された超高性能なアンテナで受信し,時刻を表示してくれるのが**電波時計**である.一刻一秒を争うような人は,この種の正確な電波時計が必要かもしれない.

1.3 単位と次元

組立単位と次元　　長さ，質量，時間は物理学の基礎となる物理量で，これらの単位を**基本単位**という．基本単位を組み合わせてできる単位を**組立単位**という．例えば，速さを表す単位は，1秒間に何m進むかを示すときにはm/sとなる．あるいは，これを$\mathrm{m \cdot s^{-1}}$と表すこともある．速さのような簡単な場合はどちらでもよいが，複雑なとき，/ の記号は誤解を招きやすいので後者の記号を利用することが多い．同様に，1時間当たり何km走るかを示すときの単位は$\mathrm{km \cdot h^{-1}}$である．長さの単位を$[L]$，質量の単位を$[M]$，時間の単位を$[T]$とすれば，一般の組立単位$[A]$は

$$[A] = [L]^x [M]^y [T]^z \tag{1.4}$$

と書ける．このように表したとき，各基本単位に対する指数を**次元**という．(1.4) の場合，長さの次元はx，質量の次元はy，時間の次元はzである．

[補足] **無次元の数**　すべての物理量は次元をもっている．これに反して，円周率πや$\sqrt{2}$などは単なる数値でこれらを**無次元の数**という．角度は長さを長さで割ったもので，よって角度は無次元の数である．無次元の数では (1.4) で$x = y = z = 0$となる．

単位の変換　　組立単位を変換するには，その組立単位を基本単位で表し，基本単位の変換を行う．例えば，$1\,\mathrm{km} = 1000\,\mathrm{m}$, $1\,\mathrm{h} = 60\,\mathrm{min} = 60 \times 60\,\mathrm{s} = 3600\,\mathrm{s}$であるから$1\,\mathrm{km \cdot h^{-1}} = 1 \times \dfrac{1000\,\mathrm{m}}{3600\,\mathrm{s}} = \dfrac{5}{18}\,\mathrm{m \cdot s^{-1}}\,(= 0.278\,\mathrm{m \cdot s^{-1}})$となる．したがって，時速$36\,\mathrm{km}$で走る自動車の速さは次のように計算される．

$$36\,\mathrm{km \cdot h^{-1}} = 36 \times \frac{5}{18}\,\mathrm{m \cdot s^{-1}} = 10\,\mathrm{m \cdot s^{-1}}$$

10のべきを表す接頭語　　物理学は巨大な宇宙や微細な原子・分子を対象とするため，物理量の単位を表すのに10のべきを示す接頭語が使われる（表1.1）．

表1.1　10のべきを表す接頭語

名　称	記号	大きさ	名　称	記号	大きさ
ヨタ (yotta)	Y	10^{24}	デシ (deci)	d	10^{-1}
ゼタ (zetta)	Z	10^{21}	センチ (centi)	c	10^{-2}
エクサ (exa)	E	10^{18}	ミリ (milli)	m	10^{-3}
ペタ (peta)	P	10^{15}	マイクロ (micro)	μ	10^{-6}
テラ (tera)	T	10^{12}	ナノ (nano)	n	10^{-9}
ギガ (giga)	G	10^{9}	ピコ (pico)	p	10^{-12}
メガ (mega)	M	10^{6}	フェムト (femto)	f	10^{-15}
キロ (kilo)	k	10^{3}	アト (atto)	a	10^{-18}
ヘクト (hecto)	h	10^{2}	ゼプト (zepto)	z	10^{-21}
デカ (deca)	da	10	ヨクト (yocto)	y	10^{-24}

1.3 単位と次元

例題 1 次の物理量の次元を求めよ．
(a) 面積　(b) 体積　(c) 速さ　(d) 密度

解　(a) 面積の単位 $[S]$ は $[S] = [L]^2$ と書け，長さの次元は 2，質量，時間の次元は 0 である．括弧をとり $S = L^2$ と表すこともある．
(b) 体積 V は $V = L^3$ と書けるから，長さの次元は 3，質量，時間の次元は 0 である．
(c) 速さ v は $v = L/T$ と表されるので，長さの次元は 1，質量の次元は 0，時間の次元は -1 である．
(d) 密度の単位は $[L]^{-3}[M]$ と書ける．したがって，長さの次元は -3，質量の次元は 1，時間の次元は 0 である．

例題 2 にぎり飯 1 個の発熱量はほぼ 150 kcal である．これはにぎり飯が消化されると 150 kcal のエネルギーに変換されることを意味する．cal (カロリー) は国際単位ではなく，第 5 章で述べるようにエネルギーの国際単位系における単位はジュール (J) である．cal と J との間には 1 cal = 4.19 J という関係が成り立つ．にぎり飯 1 個のエネルギーは国際単位系で表すと何 J となるか．また，食品のエネルギーを記述するのに適切な単位は何か．

解　1 kcal = 10^3 cal である．よって，1 個のにぎり飯のエネルギーは
$$150 \times 10^3 \times 4.19 \,\text{J} = 0.629 \times 10^6 \,\text{J} = 0.629 \,\text{MJ}$$
と計算される．これからわかるように，MJ (メガジュール) が食品のエネルギーを表すのに適切な単位である．

例題 3 わが国古来の計量を表す単位として尺貫法(しゃっかんほう)がある．この度量衡法で長さ，体積，面積，質量の単位として

長さ：　1 間 = 6 尺，1 町 = 60 間，1 里 = 36 町
体積：　1 升 = 10 合，1 斗 = 10 升，1 石 = 10 斗
面積：　1 坪 = (1 間)^2，1 反 = 300 坪，1 町 = 10 反
質量：　1 斤 = 160 匁，1 貫 = 1000 匁

などの単位が使われた．尺貫法は 1921 年 (大正 10 年) までわが国の基本単位系であったが，1959 年に法律改正により，取引・証明に使用できなくなった．現在ではメートル法が使われ，1 メートルの 33 分の 10 が 1 尺と定義されている．わが国の古い諺には尺貫法を利用する場合もあり，小さく弱いものにもそれ相応の意地があるという意味で「1 寸の虫にも 5 分の魂」といったりする．1 尺 = 10 寸，1 寸 = 10 分である．この諺をメートル法で表したらどうなるか．

解　1 寸 $\simeq$ 3 cm，5 分 $\simeq$ 1.5 cm であるから，「3 cm の虫にも 1.5 cm の魂」といったことになる．

演習問題
第1章

1. **CGS単位系**では，基本単位として長さcm，質量g，時間sを用いる．例えば，$4°C$における水を考えると，その$1\,\mathrm{cm}^3$の質量は$1\,\mathrm{g}$で，密度は$1\,\mathrm{g\cdot cm^{-3}}$となる．この密度はMKS単位系ではどうなるか．

2. 音速で走る物体の速さを1マッハと決めている．1マッハは時速何kmに相当するか．ただし，音速を$340\,\mathrm{m\cdot s^{-1}}$とする．

3. 新幹線のスピードを時速$250\,\mathrm{km}$とする．$1\,\mathrm{s}$の間に新幹線は何m進むか．次の①〜④のうちから，正しいものを1つ選べ．
   ① $50\,\mathrm{m}$ ② $60\,\mathrm{m}$ ③ $70\,\mathrm{m}$ ④ $80\,\mathrm{m}$

4. **ナノテクノロジー**(略して**ナノテク**)は$10^{-9}\,\mathrm{m}$という微小な長さを対象とする技術を指す．これはどのような方面で重要な意味をもつかについて論じよ．

5. アメリカでは自動車のスピードを表すのに時速何マイルという表記を使う．1マイルは$1.6\,\mathrm{km}$であるとし，時速40マイルをMKS単位系で表せ．

6. **ヤード・ポンド法**では基本単位として長さにヤード，質量にポンド，時間に秒を採用する．長さ，体積，質量は

    長さ： 1インチ$=2.54\,\mathrm{cm}$，1フィート$=12$インチ

    　　　1ヤード$=3$フィート，1マイル$=1760$ヤード

    体積： 1ガロン(英国)$=4.546\,\ell$，1ガロン(米国)$=3.785\,\ell$

    質量： 1オンス$=28.35\,\mathrm{g}$，1ポンド$=16$オンス

    　　　1トン(英国)$=2240$ポンド，1トン(米国)$=2000$ポンド

   と決められている．次の問に答えよ．

   (a) 著者がアメリカに滞在していた1960年頃，1ガロンのガソリンで20マイル走る自動車は燃費がよいといわれた．この燃費は$1\,\ell$当たりに直すと何kmに相当するか．

   (b) プロボクシングのフライ級は体重が108ポンドを超え112ポンドまでと決まっている．この範囲はkgで表すとどうなるか．

7. わが国の国技である相撲の力士の体重はメートル法施行前は貫で表示されていた．40貫も体重のある力士は巨漢というべきであるが，これは何kgになるか．

8. 面積を表す単位として坪は日常よく使われる．6畳の部屋は3坪の面積に相当するが，これは何m^2か．

9. あるランチメニューは$600\,\mathrm{kcal}$と記載してあるが，このランチのエネルギーは何MJになるか．

運動の表し方

運動はもっとも簡単な物理現象である．力学では物体の大きさを無視し，質量だけをもち数学的に点とみなせる対象を導入することがあり，これを質点という．直線上を運動する質点の運動は座標と時間との間に成り立つ関数を決定すればよい．一般に3次元空間中を運動する質点の位置は位置ベクトルで記述される．ベクトルは大きさだけでなく向き，方向をもつ物理量である．ここではベクトル和について学ぶ．

―― **本章の内容** ――
2.1 直線運動と速度
2.2 直線運動と加速度
2.3 一般の運動

2.1 直線運動と速度

一直線上の運動　物体の運動は1つの物理現象である．運動の簡単な例として新幹線の電車が一直線 (x 軸) 上を運動すると仮定しよう (図 2.1)．このような運動を**直線運動**という．MKS 単位系を使い，長さを m，時間を s で表す．図のように，電車の適当な1点 P を選び，この点で電車の位置を決める．また，電車は右向き (x 軸の正の向き) に進むと仮定する．図 2.2 のように，x 軸上に座標原点 O を選び，時刻 t における電車の位置 P の座標を x とする．x の t 依存性が決まれば電車の運動が決まることになる．このような運動を記述するには変数として x だけを考慮すればよい．一般に，物体の運動を表す変数の数を**運動の自由度**という．いまの直線運動では運動の自由度は 1 である．

平均の速さ　図 2.2 のように，時刻 t から微小時間 Δt 後の時刻 $t + \Delta t$ における電車の位置 P′ の座標を $x + \Delta x$ とする．すなわち，時間 Δt の間に電車は Δx だけ進むとする．あるいは，x は t の関数であるが，これを $x(t)$ と書けば

$$\Delta x = x(t + \Delta t) - x(t) \tag{2.1}$$

の関係が成り立つ．ここで

$$\frac{\Delta x}{\Delta t} = \frac{x(t + \Delta t) - x(t)}{\Delta t} \tag{2.2}$$

を時間 Δt の間の**平均の速さ**という．

瞬間的な速さ　(2.2) で $\Delta t \to 0$ の極限をとると，これはある一定の値 v に近づく．このことを

$$v = \lim_{\Delta t \to 0} \frac{\Delta x}{\Delta t} \tag{2.3}$$

と書き，v を時刻 t における**瞬間的な速さ**という．瞬間的な速さを単に**速さ**ともいう．速さは長さを時間で割った次元をもち，その単位は $\mathrm{m \cdot s^{-1}}$ である．

瞬間的な速さの幾何学的な意味　座標 x を時間 t の関数として図示したとき，x は図 2.3 のような曲線で表されるとする．t と $t + \Delta t$ との間における平均の速さ

$$\Delta x / \Delta t$$

は図の直線 PP′ の傾きに等しい．Δt を 0 に近づけると，点 P′ は点 P に接近し，直線 PP′ はこの極限で点 P における曲線への接線と一致する．すなわち，瞬間の速さは点 P での接線の傾きに等しい．

2.1 直線運動と速度

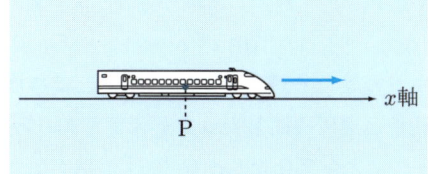

図 2.1 電車の位置

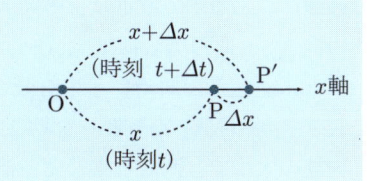

図 2.2 平均の速さ

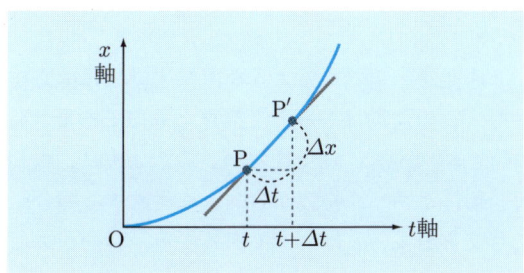

図 2.3 瞬間の速さの幾何学的な意味

例題 1 0.2 s の間に電車が 4 m 進むとし，以下の設問に答えよ．
(a) この間の平均の速さを求めよ．
(b) 上の速さは時速何 km となるか．

解 (a) 平均の速さは次のように計算される．
$$\frac{4}{0.2}\,\mathrm{m\cdot s^{-1}} = 20\,\mathrm{m\cdot s^{-1}}$$
(b) 1 時間 $= 3600\,\mathrm{s}$ であるから，上の速さは時速 $20 \times 3600\,\mathrm{m} = 72\,\mathrm{km}$ となる．

=== **大学物理と微積分** ===

数学では (2.3) を $v = \dfrac{dx}{dt}$ と表し，これを**微係数**とか，x の t による**微分**という．微分の逆演算が**積分**で上の関係を $x = \displaystyle\int v\,dt$ と書く．微分と積分をあわせて，**微積分**という．微積分は数学として高校のレベルで勉強するが，物理の問題に微積分を使うのは大学物理の特徴である．本書では微積分が便利なときその利点に触れるが，微積分を使わなくても物理法則の記述は可能である．

速度 図 2.1 で電車は正の向きに運動するとしたが，電車が左向き (x 軸の負の向き) に進む場合には，Δx は負となり，(2.3) (p.10) の v も負となる．このように，速さと同時にその符号を考慮したものを**速度**という．速さとは速度の大きさ (絶対値) である．日常的には速さと速度は同じような意味で使われるが，物理の立場では両者は異なる．例えば，図 2.4 で $0 < t < t_\mathrm{P}$ では x は右上がりなので $v > 0$ であるが，一方 $t_\mathrm{P} < t < t_\mathrm{Q}$ で x は右下がりなので $v < 0$ である．電車が x 軸に沿って前進するときには $v > 0$，後退するときには $v < 0$ であると考えてよい．

等速直線運動 速度が一定であるような直線運動を**等速直線運動**という．すべての運動のうち，この運動はもっとも簡単なものである．時間が 0，すなわち $t = 0$ における物体の座標を x_0 としよう．このように，最初の時間における条件のことを**初期条件**という．物体が右向きに運動する場合，速さと速度は同じでともに v で与えられる．v は一定であるから，時間が t だけたつと物体は右の方に vt だけ進む．したがって，時刻 t における座標は

$$x = x_0 + vt \tag{2.4}$$

と表される [図 2.5(a)]．逆に物体が左向きに運動する場合，速度 v は負となり速さはその絶対値 $|v|$ に等しい．ここで $|\ |$ は絶対値を表す記号でいまの場合 $|v| = -v$ が成り立つ．図 2.5(b) に示すように，物体は左向きに $|v|t$ だけ進むので，時刻 t における座標は

$$x = x_0 - |v|t \tag{2.5}$$

と書ける．$-|v| = v$ に注意すれば (2.5) は (2.4) に帰着し v の符号に無関係に (2.4) の成り立つことがわかる．

ライプニッツの記号とニュートンの記号 微分を表現する dx/dt はライプニッツの記号と呼ばれるが，力学の分野では記号を簡単にするため

$$\dot{x} = \frac{dx}{dt} \tag{2.6}$$

と表すことがある．これを**ニュートンの記号**という．ライプニッツの記号もニュートンの記号も力学の問題にはよく使われる．等速直線運動の場合には (2.3) で v は一定であるから，$\Delta t \to 0$ という極限をとらなくても

$$\frac{\Delta x}{\Delta t} = v \tag{2.7}$$

が成り立つ．実際，(2.4) は (2.7) を満たしていることがわかる (例題 2)．x と t との関係は図 2.6 に示すように，$v > 0$ の場合には右上がりの直線，$v < 0$ の場合には右下がりの直線として表される．

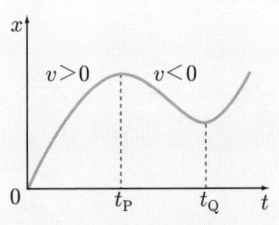
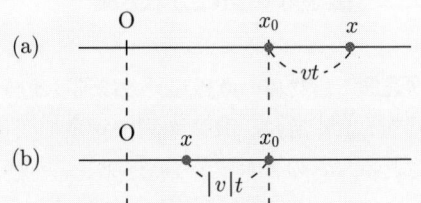

図 2.4 v の正負

図 2.5 等速直線運動

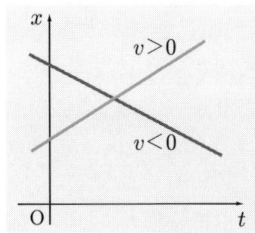

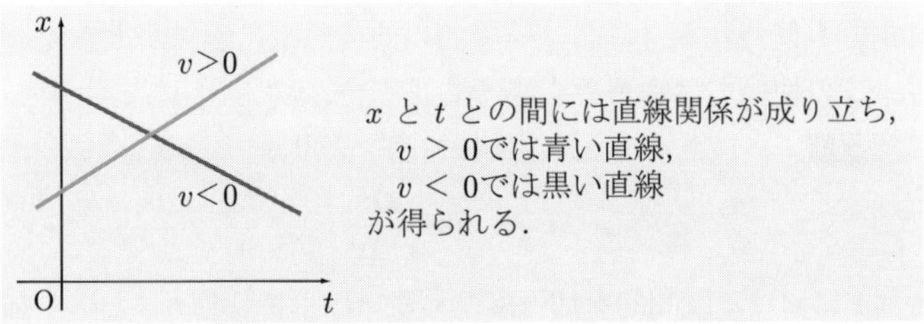

x と t との間には直線関係が成り立ち，
$v>0$ では青い直線，
$v<0$ では黒い直線
が得られる．

図 2.6 等速直線運動における x と t との関係

例題 2 (2.4) から (2.7) を導け．

解 $\Delta x = x(t+\Delta t) - x(t) = v(t+\Delta t) - vt = v\Delta t$

に注意すれば題意が示される．

例題 3 x が t の関数として
$$x = \frac{1}{2}\alpha t^2 + v_0 t + x_0$$
で与えられるとき（α, v_0, x_0 は定数），速度 v を計算せよ．

解
$$\Delta x = x(t+\Delta t) - x(t) = \frac{1}{2}\alpha\bigl[(t+\Delta t)^2 - t^2\bigr] + v_0\Delta t$$
$$= \alpha t\Delta t + v_0\Delta t + \frac{1}{2}\alpha(\Delta t)^2$$

と計算され，したがって
$$\frac{\Delta x}{\Delta t} = \alpha t + v_0 + \frac{1}{2}\alpha\Delta t$$

が得られる．上式で $\Delta t \to 0$ の極限をとると，v は次のように計算される．
$$v = \alpha t + v_0$$

2.2 直線運動と加速度

平均加速度　物体の直線運動では速度を時間の関数と考えそれを $v(t)$ と書けば，時刻 t と時刻 $t+\Delta t$ との間の速度の変化分 Δv は $\Delta v = v(t+\Delta t) - v(t)$ と表される．このとき

$$\frac{\Delta v}{\Delta t} = \frac{v(t+\Delta t) - v(t)}{\Delta t} \tag{2.8}$$

を時間 Δt の間の**平均加速度**という．「この自動車の加速性能は抜群」だという表現が日常でも使われる．これは短時間の間に急激に速さが大きくなることを意味する．この使い方は物理の立場でも正しい．

瞬間的な加速度　(2.8) で $\Delta t \to 0$ の極限をとり

$$a = \lim_{\Delta t \to 0} \frac{\Delta v}{\Delta t} \tag{2.9}$$

の a を時刻 t における**瞬間的な加速度**，あるいは単に時刻 t における**加速度**という．加速度の単位は $\mathrm{m \cdot s^{-2}}$ である．速度の場合と同様，加速の状態では $a > 0$ であるが，減速の状態では $a < 0$ となる．減速度という用語は使わず，減速の状態は負の加速度で記述されるとする．例えば，例題 3 で述べた

$$v = \alpha t + v_0 \tag{2.10}$$

に対して $v(t+\Delta t) - v(t) = \alpha \Delta t$ が成り立つので

$$a = \alpha \tag{2.11}$$

となり，加速度は一定値 α をもつ．このように加速度が一定な運動を**等加速度運動**という．(2.10) から v_0 は $t=0$ における速度に相当することがわかるので，これを**初速度**という．

等加速度運動における x と t との関係　以上の議論から例題 3 で述べた

$$x = \frac{1}{2}\alpha t^2 + v_0 t + x_0 \tag{2.12}$$

で与えられる x は加速度 α，初速度 v_0，$t=0$ での座標が x_0 であるような直線上の等加速度運動の座標を表すことがわかる．(2.12) から x と t との関係は一般に放物線となる．図 **2.7(a)** で示すように，$\alpha > 0$ の加速状態では x と t の関係は下に凸な放物線として表される．逆に，$\alpha < 0$ の減速状態では，図 **2.7(b)** で示すように，x と t との関係は上に凸な放物線として表される．

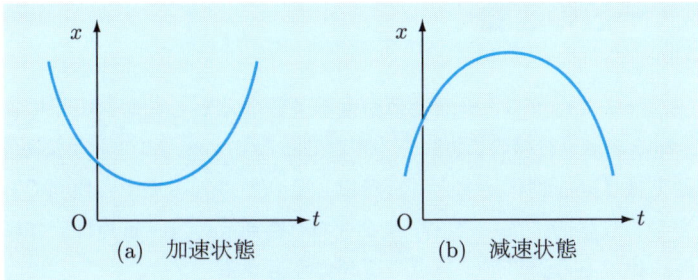

図 **2.7** 等加速度運動における x と t との関係

例題 4 静止していた自動車が一定の加速度で動きだし，走りだしてから 5 s 後に $10\,\mathrm{m\cdot s^{-1}}$ の速さに達した．こののち，一定の速さで自動車は等速運動を続けたが，前方に障害物が見えたのでブレーキをかけ 2 s 後に自動車は止まったという．
(a) 自動車が走りだしてから等速運動に達するまでの平均加速度はいくらか．
(b) ブレーキをかけてから止まるまでの平均加速度はいくらか．
ただし，自動車は直線運動をするものと仮定する．

解 (a) 5 s の間に速さは $10\,\mathrm{m\cdot s^{-1}}$ だけ増加する．したがって，平均加速度は
$$\frac{10}{5}\,\mathrm{m\cdot s^{-2}} = 2\,\mathrm{m\cdot s^{-2}}$$
となる．
(b) 2 s の間に速さは $10\,\mathrm{m\cdot s^{-1}}$ だけ減少するので，平均加速度は次のようになる．
$$-\frac{10}{2}\,\mathrm{m\cdot s^{-2}} = -5\,\mathrm{m\cdot s^{-2}}$$

参考 **2 回微分** 微分の記号を使うと (2.9) は $a = dv/dt$ と書ける．速度 v は微分の記号を用いると $v = dx/dt$ と表されるので
$$a = \frac{d}{dt}\left(\frac{dx}{dt}\right) = \frac{d^2 x}{dt^2}$$
となる．a, v に対する微分の結果から真中の式が得られるが，これを一番右のように書く．これを x の t に関する **2 回微分** という．あるいは，a は x を t で 2 回微分したものに等しい．ニュートンの記号では
$$a = \ddot{x}$$
と表す．

2.3 一般の運動

質点　これまで電車のような物体が直線運動するとしたが，実際の物体は平面上で，あるいは飛行機のように空中で起こったりする．このような物体の一般的な運動を扱う際，物体の大きさを無視しそれを点とみなすと便利である．質量だけをもち数学的には点とみなせるものを**質点**という．質点は物体に対する一種の理想化である．以下，質点の運動に注目する．

位置ベクトル　空間中の質点 P の位置を決めるには，図 **2.8** のように座標原点 O と x, y, z 軸をとり，P の座標 x, y, z を指定すればよい．あるいは，原点 O から P まで矢印のついた直線 $\boldsymbol{r}$ をひき，$\boldsymbol{r}$ が点 P の位置を決めると考えてもよい．$\boldsymbol{r}$ の大きさは OP 間の距離に等しいとするが，$\boldsymbol{r}$ は質点の位置を決めるのでそれを**位置ベクトル**という．あるいは，$\boldsymbol{r}$ の x, y, z 軸方向の正射影を $\boldsymbol{r}$ の x, y, z 成分というが，これらはちょうど P の座標 x, y, z に等しい．この関係を次のように表す．

$$\boldsymbol{r} = (x, y, z) \tag{2.13}$$

ベクトルの成分とベクトル和　一般に大きさの他に，向き，方向をもつ物理量は**ベクトル**と呼ばれる．物理学ではさまざまなベクトルが現れる．これに対し，質量や面積のように大きさだけをもつ物理量を**スカラー**という．任意のベクトル $\boldsymbol{A}$ の x, y, z 軸方向の正射影をそれぞれベクトル $\boldsymbol{A}$ の x, y, z 成分という．これらの成分を A_x, A_y, A_z とすれば，(2.13) に対応し $\boldsymbol{A}$ は

$$\boldsymbol{A} = (A_x, A_y, A_z) \tag{2.14}$$

と書ける．ベクトル $\boldsymbol{A}, \boldsymbol{B}$ のベクトル和 $\boldsymbol{C} = \boldsymbol{A} + \boldsymbol{B}$ を考えると，例題 5 で示すように，例えば x 成分を考慮すると

$$C_x = A_x + B_x \tag{2.15}$$

となる．同様な関係が y, z 成分に対しても成立し

$$\boldsymbol{C} = \boldsymbol{A} + \boldsymbol{B} = (A_x + B_x, A_y + B_y, A_z + B_z) \tag{2.16}$$

と書け，ベクトル和の成分は成分の和に等しい．$\boldsymbol{A}$ と同じ方向，大きさをもち逆向きのベクトルを $-\boldsymbol{A}$ と定義する．あるいは成分で表すと $-\boldsymbol{A} = (-A_x, -A_y, -A_z)$ となる．この定義を使うと $\boldsymbol{A}$ と $\boldsymbol{B}$ との差は

$$\boldsymbol{A} - \boldsymbol{B} = (A_x - B_x, A_y - B_y, A_z - B_z) \tag{2.17}$$

と表される．また，λ をスカラーとするとき，次式が成り立つ．

$$\lambda \boldsymbol{A} = (\lambda A_x, \lambda A_y, \lambda A_z) \tag{2.18}$$

2.3 一般の運動

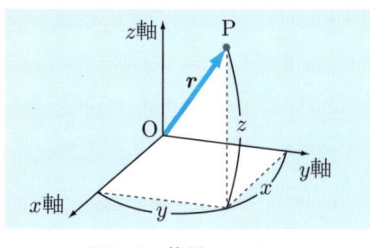

図 2.8 位置ベクトル

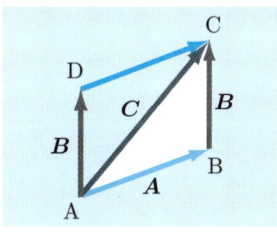

図 2.9 変位ベクトルの和

参考 **変位ベクトル** 図 2.9 のように，点 A から見た点 B の位置ベクトルを A とする．A は A → B の変位を表すとし，これを**変位ベクトル**という．同様に B → C の変位を表す B を導入する．A の後 B という変位を行うと，起点 A から点 C に至るベクトル C の変位を実行したのと同じ結果となる．これを

$$C = A + B$$

と表し，ベクトルの加え算を定義する．上式の C を A と B とのベクトル和という．一般に A の大きさを

$$A \text{ または } |A|$$

と書く．図 2.9 のように，B を起点とするベクトルを平行移動し，A から D に至るベクトルを考えると，ABCD は平行四辺形となり，ベクトル和はその対角線で与えられる．これを**平行四辺形の法則**という．変位ベクトルに限らず一般のベクトル和も平行四辺形の法則で与えられるとする．

例題 5 2つのベクトル A, B のベクトル和 $C = A + B$ に対し，(2.16) が成り立つことを証明せよ．

解 例えば x 成分を考慮すると A_x, B_x, C_x はそれぞれ A, B, C の x 軸に対する正射影である．図 2.10 からわかるように

$$C_x = A_x + B_x$$

が成り立つ．この関係は符号を含めて成り立つ．同様に

$$C_y = A_y + B_y$$
$$C_z = A_z + B_z$$

となる．これらをまとめて表したのが (2.16) である．

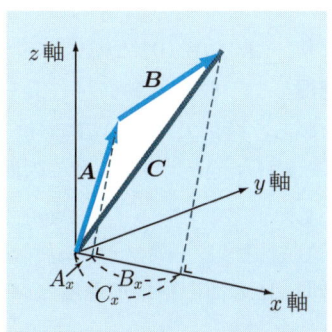

図 2.10 ベクトル和の成分

質点の軌道　質点の運動に伴ってその位置ベクトルは時間的に変化していく。質点は図 2.11 の点線のような軌道を描いて運動するとし，時刻 t における質点の位置を P，その位置ベクトルを $\bm{r}(t)$ とする．また，時刻 $t+\Delta t$ において質点は P′ に移動したとし，P から P′ に至る変位ベクトルを $\Delta\bm{r}$ とする．点 P′ を表す位置ベクトルは $\bm{r}(t+\Delta t)$ と書けるので，ベクトル和の定義を利用すると

$$\bm{r}(t+\Delta t) = \bm{r}(t) + \Delta\bm{r} \tag{2.19}$$

が成立する．あるいは，変位ベクトル $\Delta\bm{r}$ は次のように書ける．

$$\Delta\bm{r} = \bm{r}(t+\Delta t) - \bm{r}(t) \tag{2.20}$$

ここで成分を導入し

$$\Delta\bm{r} = (\Delta x,\ \Delta y,\ \Delta z) \tag{2.21}$$

とすれば，(2.20) の x, y, z 成分をとり次式が得られる．

$$\left.\begin{array}{l} \Delta x = x(t+\Delta t) - x(t) \\ \Delta y = y(t+\Delta t) - y(t) \\ \Delta z = z(t+\Delta t) - z(t) \end{array}\right\} \tag{2.22}$$

速度　$\Delta\bm{r}/\Delta t$ は Δt の間の平均の速度を表すが，$\Delta t \to 0$ の極限をとり

$$\bm{v} = \lim_{\Delta t \to 0} \frac{\Delta\bm{r}}{\Delta t} \tag{2.23}$$

として，この $\bm{v}$ を時刻 t における**速度**または**速度ベクトル**という．図 2.11 からわかるように，$\bm{v}$ の方向はこの時刻での質点の進行方向と一致する．また，$\bm{v}$ の大きさ v はその時刻での質点の速さである．(2.18) に注意すれば，(2.23) の x 成分をとり

$$v_x = \lim_{\Delta t \to 0} \frac{\Delta x}{\Delta t} \tag{2.24}$$

となり，(2.3) (p.10) と同様の結果が得られる．y, z 方向でも同じである．

加速度　一般の運動に対しても加速度は直線上の運動と同様に定義される．すなわち，時刻 $t, t+\Delta t$ における速度をそれぞれ $\bm{v}(t), \bm{v}(t+\Delta t)$ とすれば，$\Delta\bm{v} = \bm{v}(t+\Delta t) - \bm{v}(t)$ はこの間の速度の変化分を表す．このとき

$$\frac{\Delta\bm{v}}{\Delta t} = \frac{\bm{v}(t+\Delta t) - \bm{v}(t)}{\Delta t} \tag{2.25}$$

を時間 Δt の間の**平均加速度**という．上式で $\Delta t \to 0$ の極限をとり

$$\bm{a} = \lim_{\Delta t \to 0} \frac{\Delta\bm{v}}{\Delta t} \tag{2.26}$$

の $\bm{a}$ を t での**加速度**という．一般に，速度，加速度はベクトルである点に注意しなければならない．

2.3 一般の運動

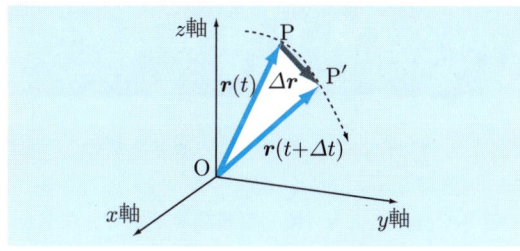

図 2.11 質点の軌道

参考 微分による速度，加速度の表現 微分の記号 (ニュートンの記号) を使うと速度 $\boldsymbol{v}$，加速度 $\boldsymbol{a}$ は

$$\boldsymbol{v} = (v_x, v_y, v_z) = (\dot{x}, \dot{y}, \dot{z}), \quad \boldsymbol{a} = (\dot{v}_x, \dot{v}_y, \dot{v}_z) = (\ddot{x}, \ddot{y}, \ddot{z})$$

と書ける．

例題 6 xy 面上を運動する質点の x, y 座標が時間 t の関数として

$$x = \alpha t^2, \quad y = \beta t$$

と書けるとき (α, β は定数)，速度，加速度の x, y 成分を求めよ．

解 直線上の運動と同様に考えると，次の結果が得られる．

$$v_x = \lim_{\Delta t \to 0} \frac{\Delta(\alpha t^2)}{\Delta t} = 2\alpha t, \quad v_y = \lim_{\Delta t \to 0} \frac{\Delta(\beta t)}{\Delta t} = \beta$$

$$a_x = \lim_{\Delta t \to 0} \frac{\Delta(2\alpha t)}{\Delta t} = 2\alpha, \quad a_y = \lim_{\Delta t \to 0} \frac{\Delta \beta}{\Delta t} = 0$$

例題 7 3 次元空間を運動する質点の x, y, z 座標が

$$x = \alpha t, \quad y = \beta t^2, \quad z = \gamma t^3 \quad (\alpha, \beta, \gamma : 定数)$$

のとき，質点の速度，加速度を求めよ．

解 例題 6 の計算を x, y, z に対して実行すればよい．結果は次のようになる．

$$v_x = \lim_{\Delta t \to 0} \frac{\Delta(\alpha t)}{\Delta t} = \alpha, \quad v_y = \lim_{\Delta t \to 0} \frac{\Delta(\beta t^2)}{\Delta t} = 2\beta t$$

$$v_z = \lim_{\Delta t \to 0} \frac{\Delta(\gamma t^3)}{\Delta t} = 3\gamma t^2$$

$$a_x = \lim_{\Delta t \to 0} \frac{\Delta \alpha}{\Delta t} = 0, \quad a_y = \lim_{\Delta t \to 0} \frac{\Delta(2\beta t)}{\Delta t} = 2\beta$$

$$a_z = \lim_{\Delta t \to 0} \frac{\Delta(3\gamma t^2)}{\Delta t} = 6\gamma t$$

演習問題 第2章

1. 人が 5 s の間に 7 m 歩いた．この間の平均の速さを求めよ．また，この速さは時速に換算すると，時速何 km となるか．

2. $15\,\mathrm{m\cdot s^{-1}}$ の速さで直線上を走っていた自動車がブレーキをかけ，その後一定の加速度で運動し 3 s 後に止まった．次の設問に答えよ．
   (a) ブレーキをかけた後の加速度を求めよ．
   (b) ブレーキをかけてから自動車が止まるまで，自動車は何 m 進んだか．

3. x 軸上を運動する質点の座標 x が時刻 t で
$$x = x_0 e^{\alpha t}$$
と書けるとする．ただし，x_0, α は定数である．質点の速度，加速度を求めよ．

4. 一直線上を自動車が時速 30 km で運動しているとする．時刻 0 から t 分後に自動車の進んだ距離を s m としたとき，t と s との間にはどんな関係が成り立つか．次の①～④のうちから，正しいものを1つ選べ．
   ① $s = 100\,t$ ② $s = 200\,t$ ③ $s = 500\,t$ ④ $s = 800\,t$

5. (2.18) (p.16) を利用し
$$\boldsymbol{A} = (-1, 2, -3)$$
のとき，$4\boldsymbol{A}$ を求めよ．

6. $\boldsymbol{A} = (1, 2, 3)$，$\boldsymbol{B} = (-4, 3, 1)$ のとき $2\boldsymbol{A} + 3\boldsymbol{B}$ はどのように表されるか．

7. 2つのベクトルに対し
$$A_x = B_x, \quad A_y = B_y, \quad A_z = B_z$$
が成立するとき，ベクトル $\boldsymbol{A} = (A_x, A_y, A_z)$ と $\boldsymbol{B} = (B_x, B_y, B_z)$ は互いに等しいといい $\boldsymbol{A} = \boldsymbol{B}$ であると定義する．以上の定義を使い，ベクトル $\boldsymbol{A}$ を平行移動したベクトルはもともとの $\boldsymbol{A}$ に等しいことを示せ．

8. ベクトル $\boldsymbol{A}$ が x, y, z 軸となす角度の余弦を α, β, γ とすれば
$$\alpha = \frac{A_x}{A}, \quad \beta = \frac{A_y}{A}, \quad \gamma = \frac{A_z}{A}$$
となる．α, β, γ を**方向余弦**という．方向余弦に対し $\alpha^2 + \beta^2 + \gamma^2 = 1$ の関係が成り立つことを示せ．

9. 3次元空間を運動する質点の x, y, z 座標が
$$x = x_0 t^\alpha, \quad y = y_0 t^\beta, \quad z = z_0 t^\gamma \quad (\alpha, \beta, \gamma : 定数)$$
と表されるとする．$t > 0$ として，質点の速度，加速度を求めよ．また，$t > 0$ という条件がなぜ必要か．その理由を述べよ．

第3章

運動と力

物体の運動状態を変化させる原因になるものを力という．質点に働く力とその運動の間の関係を記述する運動の法則を学び，具体的な例として単振動，一様な重力場での運動をとり上げる．また，円運動を扱い，運動量，角運動量について触れる．力を加えても変形しないような理想的に堅い物体を剛体というが剛体を細かく分ければ質点の集団とみなせる．本章では最後の方でこのような立場から剛体の力学を論じる．

---**本章の内容**---
3.1 力
3.2 力の釣合い
3.3 運動の法則
3.4 単振動
3.5 一様な重力場での運動
3.6 円運動
3.7 運動量と角運動量
3.8 剛体の力学

3.1 力

力の性質　物体の運動状態を変化させたり，物体を変形させたりする原因になるものを**力**という．力はベクトルで，質点に $\boldsymbol{F}_1$ と $\boldsymbol{F}_2$ の力が同時に働くと，その結果は

$$\boldsymbol{F} = \boldsymbol{F}_1 + \boldsymbol{F}_2 \tag{3.1}$$

というベクトル和 $\boldsymbol{F}$ の力が質点に働くと考えてよい．このように定義された $\boldsymbol{F}$ を $\boldsymbol{F}_1$ と $\boldsymbol{F}_2$ との**合力**という．

重力　もっとも身近な力は重力である．質量 1 kg の物体に働く重力の大きさは力の単位としても使われ，これを **1 キログラム重** (kgw) という．MKS 単位系での力の単位は後で述べるようにニュートン (N) だが

$$1\,\text{kgw} = 9.81\,\text{N} \tag{3.2}$$

という関係が成り立つ．地上近くの物体 (質量 m) に働く重力は水平と垂直で下を向き (図 **3.1**)，その大きさ F は

$$F = mg \tag{3.3}$$

と表される．ただし，g は以下の**重力加速度**である．

$$g = 9.81\,\text{m}\cdot\text{s}^{-2} \tag{3.4}$$

より正確な g の値は下の (3.7) に示されている．

万有引力　2 つの物体の間には互いに引き合う力が働き，これを**万有引力**という．質量 M, m の質点が距離 r だけ離れているとき (図 **3.2**)，万有引力の大きさ F は

$$F = G\frac{Mm}{r^2} \tag{3.5}$$

で与えられる．G はニュートンの重力定数で

$$G = 6.67 \times 10^{-11}\,\text{N}\cdot\text{m}^2\cdot\text{kg}^{-2} \tag{3.6}$$

と表される．G を単に**万有引力定数**ともいう．

重力と万有引力　地球の外側にある物体は地球の各部分から万有引力を受けている．一般に，一様な球が外部に及ぼす万有引力は球全体の質量が球の中心に集中したとして (3.5) を適用すればよいことわかっている．ただし，r は球の中心と物体との間の距離である．実際，例題 2 で示すように (3.4) はこのような立場から理解できる．標準重力加速度の値として

$$g = 9.80665\,\text{m}\cdot\text{s}^{-2} \tag{3.7}$$

が採用されているが，大ざっぱな計算では $g \simeq 10\,\text{m}\cdot\text{s}^{-2}$ としてよい．

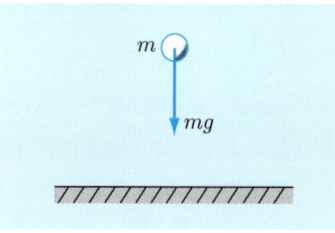
図 3.1 重力

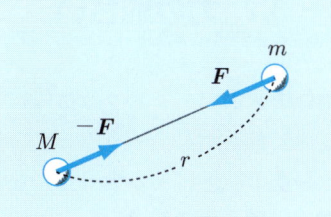
図 3.2 万有引力

例題 1 体重 50 kg の人に働く重力の大きさは何 kg 重か。また、それは何 N に等しいか。

解 人に働く重力の大きさは次のようになる。
$$50\,\mathrm{kgw} = 50 \times 9.81\,\mathrm{N} = 490.5\,\mathrm{N}$$

例題 2 地球は大きな球 (半径 6.37×10^6 m) で、地球の外側にある物体は地球の各部分から万有引力を受けている。地球は一様であると仮定すればこれらの力を全部加え合わせた引力は、地球の全質量 (5.98×10^{24} kg) が地球の中心に集中したと考えたものに等しい。このような考えに基づき、地表にある質量 1 kg の質点に働く引力の大きさ F を計算せよ。

解 (3.5) に数値を代入すると
$$F = 6.67 \times 10^{-11} \times \frac{5.98 \times 10^{24}}{(6.37 \times 10^6)^2}\,\mathrm{N} = 9.83\,\mathrm{N}$$
となる。これは 1 kgw に対する (3.2) の 9.81 N とほぼ同じである。

═══════ いろいろな力 ═══════

　影響力、学力、権力といったふうに力のついた日本語は日常的によく使われる。力という物理用語は古来からあった日常的な日本語に便乗したといえる。物理として力を実感するのは重いものをもちあげるときである。みかん 1 個は大体 100 g であるから、それに働く重力はほぼ 1 N である。したがって、みかんを手にもてば 1 N の力が実感できる。
　現代物理学では力という言葉の代わりに相互作用という用語を使う。自然界における相互作用は 4 種類あり、弱い方から万有引力相互作用、弱い相互作用、電磁相互作用、強い相互作用という順になっている。大学物理で具体的に扱うのは 1 番目と 3 番目で電磁気的な力については第 8 章で述べる。2 番目、4 番目の相互作用は原子核の崩壊、核力などに関連したもので、これについては第 11 章で紹介しよう。

3.2 力の釣合い

物体の釣合い 　1つの物体にいくつかの力が働き，たまたまそれらの作用が互いに打ち消し合ってしまい，物体は静止したままで動かないとき，その物体は**平衡**の状態にあるという．また，これらの力は**釣合っている**という．

質点に働く力の釣合い 　1個の質点に n 個の力 $\boldsymbol{F}_1, \boldsymbol{F}_2, \cdots, \boldsymbol{F}_n$ が働きその質点が平衡状態のとき，これらの力の合力は $\boldsymbol{0}$ で次の関係が成り立つ．

$$\boldsymbol{F}_1 + \boldsymbol{F}_2 + \cdots + \boldsymbol{F}_n = \boldsymbol{0} \tag{3.8}$$

束縛力 　一般に，質点が曲線上あるいは曲面上に束縛されて運動するとき，それを**束縛運動**という．また，束縛を記述する条件を**束縛条件**という．束縛条件のために質点はある種の力を受けるが，この力を**束縛力**という．例えば，水平な床の上に束縛され，静止している質量 m の質点を考える．この質点には重力 mg が鉛直下向きに働く．ところが，質点に働く力が釣合うのであるから，この重力を打ち消すだけの力が床から質点に働かないといけない．すなわち，大きさ mg で鉛直上向きの力が床から質点に働く（図 **3.3**）．この力を**垂直抗力**といい通常 N と書く．摩擦が働かないような束縛を**滑らかな束縛**という．滑らかな束縛では，束縛力は質点を束縛している面あるいは線と垂直な方向を向く．

摩擦力 　現実には物体に必ず摩擦力が働く．摩擦力は物体の運動を妨げようとする力で，静止している物体に働く摩擦力を**静止摩擦力**，運動している物体に働く摩擦力を**動摩擦力**という．また，摩擦力の働くような束縛を**粗い束縛**という．さらに，摩擦力の働くような床を**粗い床**という．

摩擦係数 　水平な粗い床上に束縛されている静止物体に水平方向に力 T を加えたとき，静止摩擦力 F は物体の運動を妨げようとして T と逆向きに働く（図 **3.4**）．T を増加させたとき，T が小さいうちは $F = T$ が成り立ち，物体は静止したままである．しかし，T が大きくなってあるしきい値をこえると，F はそれ以上大きくなることはできず，物体は床の上を滑りだす．このように，物体が動きだす直前に働く摩擦力を**最大摩擦力**という．最大摩擦力 F_m は垂直抗力 N に比例し

$$F_\mathrm{m} = \mu N \tag{3.9}$$

となる．比例定数 μ を**静止摩擦係数**という．μ の値は物体の種類と床の種類の組合せで決まる．同様に，運動している物体に働く動摩擦力 F' は

$$F' = \mu' N \tag{3.10}$$

と書ける．係数 μ' を**動摩擦係数**という．

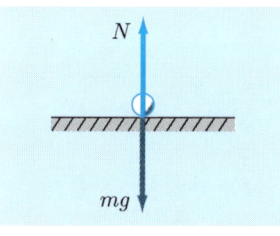

図 3.3　垂直抗力

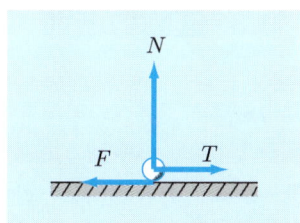

図 3.4　静止摩擦力

> **例題 3**　図 3.5 のように，水平面と角 θ をなす粗い斜面上で質量 m の質点が静止しているとする．角 θ を変えたとき質点が静止しているための条件を導け．

解　質点には重力 mg，垂直抗力 N，摩擦力 F が働く．質点は滑り落ちようとするから，それを妨げようとして F は斜面に沿い上向きに働く．斜面に平行および垂直な方向で力の釣合いを考えると

$$F = mg\sin\theta, \quad N = mg\cos\theta$$

となる．質点が滑らないためには，$F \leqq \mu N$ が必要で，これは上式により $\sin\theta \leqq \mu\cos\theta$ と書ける．すなわち，質点が滑らない条件は

$$\tan\theta \leqq \mu$$

である．

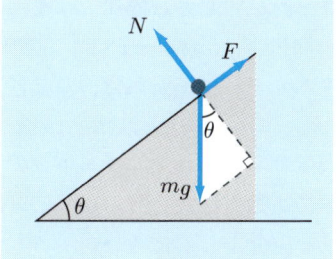

図 3.5　斜面上の質点

参考　**摩擦角**　$\tan\alpha = \mu$ で決まる角を**摩擦角**という．α を使うと上の条件は $\theta \leqq \alpha$ と表される．μ は α の測定により求められる．

> **例題 4**　質量 2 kg の質点が粗い床の上を運動している．床と質点との間の動摩擦係数が 0.4 として動摩擦力の大きさを求めよ．

解　(3.10) により次のようになる．

$$F' = 0.4 \times 2\,\mathrm{kgw} = 0.8\,\mathrm{kgw} = 7.85\,\mathrm{N}$$

補足　**潤滑剤**　摩擦力は，触れ合う面に油やロウを塗ると小さくなる．摩擦を小さくするために用いられる物質を**潤滑剤**という．潤滑剤は接触面の上にうすく広がり，物体と物体とが直接接触することを防ぐ．このため，物体と潤滑剤とがすべり合うようになり，その結果摩擦力が小さくなる．雨戸や引き戸のすべりが悪いとき，溝にロウを塗るとすべりがよくなるのは，このような原理を利用している．

3.3 運動の法則

運動の法則　質点の運動を扱うための基礎法則は，ニュートンによって発見された次の3つの**運動の法則**である．

　第一法則　力を受けない質点は，静止したままであるか，あるいは等速直線運動を行う．第一法則を**慣性の法則**ともいう．

　第二法則　質量 m の質点に力 $\boldsymbol{F}$ が作用すると，力の方向に加速度 $\boldsymbol{a}$ を生じ，加速度の大きさは F に比例し m に逆比例する．

　第三法則　1つの質点Aが他の質点Bに力 $\boldsymbol{F}$ を及ぼすとき，質点Aには質点Bによる力 $-\boldsymbol{F}$ が働く．この場合，$\boldsymbol{F}, -\boldsymbol{F}$ はA, Bを結ぶ直線に沿って働く．第三法則を**作用反作用の法則**ともいう．

ニュートンの運動方程式　運動の第二法則によると，質量 m，加速度 $\boldsymbol{a}$，力 $\boldsymbol{F}$ の間には，$m\boldsymbol{a} = k\boldsymbol{F}$ という関係が成り立つ (k：比例定数)．力の単位を適当に選んで $k = 1$ ととれば，第二法則は

$$m\boldsymbol{a} = \boldsymbol{F} \tag{3.11}$$

と表される．これを**ニュートンの運動方程式**という．ニュートンの運動方程式を単に**運動方程式**ともいう．$\boldsymbol{a} = (a_x, a_y, a_z)$, $\boldsymbol{F} = (F_x, F_y, F_z)$ とし (3.11) の x, y, z 成分をとると

$$ma_x = F_x, \quad ma_y = F_y, \quad ma_z = F_z \tag{3.12}$$

が得られる．F_x, F_y, F_z が $\boldsymbol{r}, \boldsymbol{v}, t$ の関数としてわかっていれば，(3.12) を解き，x, y, z が t の関数として決まる．その際，ある時刻 (例えば $t = 0$) において，質点の位置 $\boldsymbol{r}_0$，初速度 $\boldsymbol{v}_0$ を指定するという条件がよく使われる．この条件を**初期条件**という．初期条件を与えると，運動方程式の解は一意的に決まる．

力の単位　(3.11) を大きさの関係として表した $F = ma$ は，力の単位を決めるにも使われる．MKS単位系では，質量 1 kg の質点に作用し $1 \, \mathrm{m \cdot s^{-2}}$ の加速度を生じるような力が力の単位となり，これを **1 ニュートン** (記号 N) という．

慣性座標系　第一法則が成立する座標系を**慣性座標系**あるいは単に**慣性系**という．第二法則は慣性系に対して成り立つ．$\boldsymbol{F} = \boldsymbol{0}$ だと (3.12) の右辺は 0 で $\boldsymbol{v} = $ 一定 となる．このため，第一法則は第二法則に含まれるような印象をもつ．しかし，そうではなく第一法則は慣性座標系が実際に存在すると解釈するのが妥当である．惑星の運動のときには，太陽に原点をおき恒星に対し固定している座標系が慣性系となる．地球表面上の狭い範囲内で起こる運動の場合，地表面に固定した座標系を慣性系であるとしてよい．

3.3 運動の法則

例題 5 $15\,\mathrm{m\cdot s^{-1}}$ の速さで走っていた質量 10 トン (1 トン $= 10^3\,\mathrm{kg}$) のトラックが急ブレーキをかけたら 3 s 間で静止した．急ブレーキをかけた後，一定の加速度でトラックは運動すると仮定し，トラックに働く力の大きさが何 N であるかを計算せよ．

解 3 s 間でトラックの速さは 0 となり，また加速度と一定と仮定しているので，トラックの加速度は $-5\,\mathrm{m\cdot s^{-2}}$ である．トラックに働く力の大きさ F は $F = ma$ の関係により $F = 10 \times 10^3 \times 5\,\mathrm{N} = 5 \times 10^4\,\mathrm{N}$ と計算される．

例題 6 水平面と角 θ をなす粗い斜面がある．質点と斜面との間の動摩擦係数が μ' のとき，質点がすべり落ちる加速度はいくらか．

解 図 3.6 のように，斜面方向に沿って下向きを正の向きにとり，質点の質量を m とする．また，求める加速度を α とおく．斜面方向に働く力は，重力の成分 $mg\sin\theta$ と動摩擦力 $-\mu' N$ である．斜面に垂直方向の力の釣合いから $N = mg\cos\theta$ で運動方程式は
$$m\alpha = mg\sin\theta - \mu' mg\cos\theta$$
と書ける．これから α は次のように求まる．
$$\alpha = (\sin\theta - \mu'\cos\theta)g$$

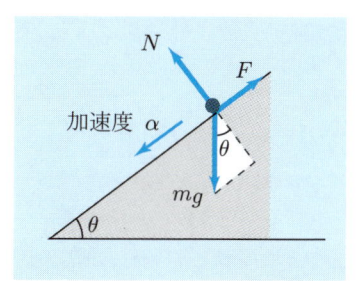

図 3.6 斜面をすべり落ちる質点

参考 微分形式の運動方程式 (3.12) の運動方程式はニュートンの記号を使うと
$$m\ddot{x} = F_x, \quad m\ddot{y} = F_y, \quad m\ddot{z} = F_z$$
と書ける．この微分方程式を解く際，任意定数を決めるための条件が初期条件である．初期条件を与えると方程式の解は一義的に決定され，したがって質点の運動も確定する．この性質を**因果律**が成り立つという．因果律とは原因を与えると，結果が決まるという意味である．

補足 ニュートン力学の限界 以上述べた運動の法則に基づく力学体系を**ニュートン力学**とか**古典力学**と呼ぶ．この力学の正しさは，各種の実験で確かめられている．例えば，地球上から打ち上げられたロケットが計算通りの軌道を描き，木星や海王星に接近してそれらの写真を地球に送ってくる事実からも運動の法則の正しさが納得できよう．ただし，ニュートン力学には適応限界がある点に注意する必要がある．分子，原子，電子といったミクロの対象に上の法則をそのまま適用すると，その結果は実験事実と矛盾してしまう．このようなミクロの体系を扱うには量子力学を用いねばならない．また，物体の速さが光の速さに近いときには相対論を使わねばならない．しかし，通常の物体の力学を論じる場合には，量子力学も相対論も不要でニュートン力学が成り立つとしてよい．

3.4 単振動

復元力　第二法則の応用例として単振動の問題を扱う．ある点から変位した質点にいつもその点に戻るような力が働くとき，この力を**復元力**という．特に，力の大きさが変位の距離に比例する場合，この復元力を**線形復元力**という．一直線 (x 軸) 上を運動する質点に線形復元力が働くとし，線形復元力 F を便宜上

$$F = -m\omega^2 x \tag{3.13}$$

と表す (m は質点の質量)．図 3.7 に示すように，$x > 0$ だと $F < 0$，$x < 0$ だと $F > 0$ となり (3.13) で与えられる力は常に原点 O を向く．同式で ω は**角振動数**であるが，その意味については後で明らかになる．x 方向の加速度を a とすれば，運動方程式は $ma = -m\omega^2 x$ と書けるが m は共通で消えてしまい，結局

$$a = -\omega^2 x \tag{3.14}$$

が導かれる．(3.14) の解は

$$x = r\sin(\omega t + \alpha) \tag{3.15}$$

と表される (図 3.8)．r は**振幅**，α は**初期位相**と呼ばれる．また，(3.15) のような運動を**単振動**といい，振動の中ではもっとも簡単なものである．

周期　(3.15) で $t \to t + 2\pi/\omega$ とおくと x の値は変わらない．すなわち

$$x = r\sin\left[\omega\left(t + \frac{2\pi}{\omega}\right) + \alpha\right] = r\sin(\omega t + \alpha + 2\pi) = r\sin(\omega t + \alpha)$$

が成り立つ．これからわかるように振動の周期 T は次式のように書ける．

$$T = \frac{2\pi}{\omega} \tag{3.16}$$

単振動の速度，加速度　$x(t+\Delta t) - x(t) = r\left[\sin(\omega t + \omega\Delta t + \alpha) - \sin(\omega t + \alpha)\right]$ であるが，三角関数の公式

$$\sin A - \sin B = 2\cos\frac{A+B}{2}\sin\frac{A-B}{2}$$

を利用すると

$$x(t+\Delta t) - x(t) = 2r\cos\left(\omega t + \alpha + \frac{\omega\Delta t}{2}\right)\sin\frac{\omega\Delta t}{2}$$

となる．ところで，x をラジアン単位で表すと，x が十分小さいとき $\sin x \simeq x$ という近似式が成り立つ (例題 7)．その結果

$$v = r\omega\cos(\omega t + \alpha) \tag{3.17}$$

が導かれる．例題 8 で学ぶように，$a = -\omega^2 x$ となり (3.14) が得られる．

3.4 単振動

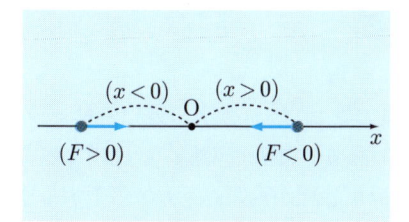

図 3.7 線形復元力

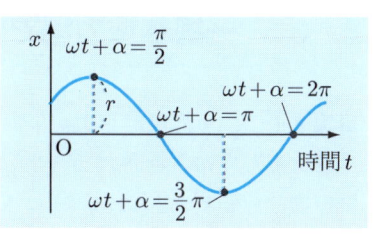

図 3.8 単振動

例題 7 角度 x をラジアン単位で表したとき $\sin x \simeq x$ の近似式が成り立つことを証明せよ.

解 図 3.9 に示すように,平面上の点 P をとり垂線を下ろしてその足を P′ とし,OP 間の距離を r,$\angle \mathrm{POP'}$ を x とする.三角関数の定義により $\overline{\mathrm{PP'}} = r\sin x$ である.一方,O を中心とする円弧 PQ の長さは rx と書ける.これはむしろラジアン単位における角度の定義である.x が十分小さいとこの長さは $\overline{\mathrm{PP'}}$ に等しく,結局 $\sin x \simeq x$ という近似式が得られる.

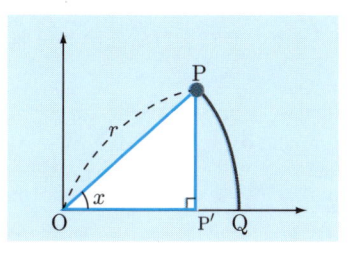

図 3.9 $\sin x$ に対する近似式

例題 8 (3.17) から加速度を求め,(3.14) が成り立つことを確かめよ.

解 (3.17) から
$$v(t+\Delta t) - v(t) = r\omega\left[\cos\left(\omega t + \omega\Delta t + \alpha\right) - \cos\left(\omega t + \alpha\right)\right]$$
と書ける.三角関数の公式
$$\cos A - \cos B = -2\sin\frac{A+B}{2}\sin\frac{A-B}{2}$$
を利用すると
$$v(t+\Delta t) - v(t) = -2r\omega\sin\left(\omega t + \alpha + \frac{\omega\Delta t}{2}\right)\sin\frac{\omega\Delta t}{2}$$
となり,これから $a = -r\omega^2 \sin(\omega t + \alpha) = -\omega^2 x$ の関係が導かれる.

参考 **振動数** (3.16) の逆数をとり
$$f = \frac{1}{T} = \frac{\omega}{2\pi}$$
の f は単位時間中に何回振動が起こるかを表す数で,これを**振動数**という.1 秒間に 1 回振動するときを振動数の単位とし,これを **1 ヘルツ** (Hz) という.

3.5 一様な重力場での運動

自由落下　重力の働くような空間を**重力場**という．地表に近い質量 m の質点に働く重力の大きさ F は $F = mg$ と書けるが，地表上の狭い範囲内で起こる運動の場合，g は一定としてよい．物体が静止状態から鉛直下方に落下する運動を**自由落下**という．鉛直下向きに x 軸をとると，加速度 a は x 軸の正の向きでその大きさは g に等しい．すなわち，x は加速度 g の等加速度運動として表される．物体を質点とみなし，時刻 t での質点の座標を x とすれば，(2.12) (p.14) により x は

$$x = \frac{1}{2}gt^2 + v_0 t + x_0 \tag{3.18}$$

である．$t = 0$ における質点の位置を座標原点 O に選ぶと（図 **3.10**），$x_0 = 0$ で

$$x = \frac{1}{2}gt^2 + v_0 t \tag{3.19}$$

となる．自由落下は初速度 $v_0 = 0$ の場合に相当し x は次式で与えられる．

$$x = \frac{1}{2}gt^2 \tag{3.20}$$

(3.19) は初速度が v_0 の一般的な式で，t での速度 v は (2.10) (p.14) により $v = gt + v_0$ と表される．自由落下では $v = gt$ となる．

放物運動　質点を水平面に対し斜めに投げ上げると，質点は放物線の軌道を描いて運動する．この運動を**放物運動**という．放物線という言葉は放物運動に由来する．図 **3.11** に示すように，$t = 0$ で質点を投げ上げるとしこの点を原点 O，水平面に沿って投げる向きに x 軸，鉛直上方に y 軸をとる．質点を投げ上げる方向は水平面と仰角 θ をなすとし，また初速度の大きさは v_0 であるとする．図で xz 面は水平面を表すが，質点に働く力が重力だけとすれば質点の運動は xy 面内で起こる（例題 10）．x 方向では質点に力が働かず質点は等速運動を行う．初期条件 $v_x = v_0 \cos\theta$ を使うと次のようになる．

$$v_x = v_0 \cos\theta, \quad x = v_0 t \cos\theta \tag{3.21}$$

y 方向での運動は $-g$ の等加速度運動であるから，初期条件を考慮すると

$$v_y = -gt + v_0 \sin\theta, \quad y = -\frac{1}{2}gt^2 + v_0 t \sin\theta \tag{3.22}$$

が得られる．(3.21) から $t = x/v_0 \cos\theta$ となり，これを (3.22) の右式に代入すると質点の軌道として次のような放物線の式が導かれる．

$$y = -\frac{g}{2v_0^2 \cos^2\theta}x^2 + x\tan\theta \tag{3.23}$$

3.5 一様な重力場での運動

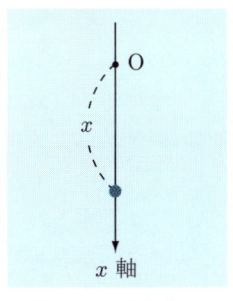

図 3.10 自由落下

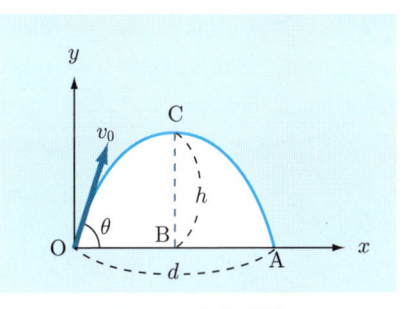

図 3.11 放物運動

例題 9 深さ 20 m の井戸の頂上から石を自由落下させた．石が水面に届くまでの時間およびそのときの石の速さを求めよ．

解 (3.20) から t を x の関数として求めると $t = \sqrt{2x/g}$ と書ける．これに数値を代入すると $t = \sqrt{40/9.81}\,\mathrm{s} = 2.02\,\mathrm{s}$ となる．このときの v は $v = gt = \sqrt{2gx} = \sqrt{2 \times 9.81 \times 20}\,\mathrm{m \cdot s^{-1}} = 19.8\,\mathrm{m \cdot s^{-1}}$ と計算される．

例題 10 放物運動に関する次の設問に答えよ．
(a) 質点の座標に対し $z = 0$ の関係が成り立つことを示せ．
(b) 図 3.11 の d（到達距離），h（最高点の高さ）を求めよ．

解 (a) z 方向には力は働かず，初速度の z 方向の成分は 0 である．したがって，第一法則により $z = 0$ となる．
(b) 水平面では $y = 0$ となる．(3.23) で $y = 0$ の根のうち $x = 0$ は原点を表すのでこの場合は除外する．その結果，d は次のように求まる．

$$d = \frac{2v_0^2 \cos^2 \theta}{g} \tan \theta = \frac{2v_0^2 \cos \theta \sin \theta}{g} = \frac{v_0^2 \sin 2\theta}{g}$$

OA の中点を B，放物線の頂点を C とすれば，h は BC 間の距離に等しい．(3.23) に $x = v_0^2 \cos \theta \sin \theta / g$ を代入し h は

$$h = -\frac{g}{2v_0^2 \cos^2 \theta} \frac{v_0^4 \cos^2 \theta \sin^2 \theta}{g^2} + \frac{v_0^2 \cos \theta \sin \theta}{g} \tan \theta = \frac{v_0^2 \sin^2 \theta}{2g}$$

と計算される．

参考 最大到達距離 例題 10 で得られた d の結果で v_0 を一定とすれば d は $\sin 2\theta$ に比例する．$\sin 2\theta$ は $\theta = \pi/4 (= 45°)$ で最大値 1 となり，したがって，最大到達距離 d_m は $d_\mathrm{m} = v_0^2/g$ と表される．$d_\mathrm{m} = 100\,\mathrm{m}$ とすればホームランが打てよう．このための v_0 の値は次のように計算される．

$$v_0 = \sqrt{gd_\mathrm{m}} = \sqrt{9.81 \times 100}\,\mathrm{m \cdot s^{-1}} = 31.3\,\mathrm{m \cdot s^{-1}} = 113\,\mathrm{km \cdot h^{-1}}$$

単振り子　　長さの変化しない，質量の無視できる糸または棒の一端に小さなおもりをつけ，他端を固定しておもりを鉛直面内で振らせるようにした振り子を**単振り子**という．図 3.12 のように，おもりの静止位置を原点 O，振動の起こる鉛直面内に x, y 軸をとり，x 軸は水平方向，y 軸は鉛直上向きを向くようにする．また，糸の長さを l，おもりの質量を m とし，おもりは十分小さくて質点とみなせるとする．いまの場合，質点は空間中を自由に運動するわけではなく，糸によって原点からの距離が l に保たれるという束縛条件が課せられている．質点が糸から離れないよう糸は質点を引っ張っているが，この**張力**を以下 T と書く．張力は単振り子の問題の束縛力である．

運動方程式　　質点に空気の抵抗などが働かないとすれば，質点には鉛直下向きの重力 mg，糸に沿う張力 T が働く．O から測った質点の移動距離を x，糸が鉛直方向となす角を θ とすれば，$x = l\theta$ である．質点の移動方向を考えると，この方向に張力は成分をもたない．一方，重力はこの方向に

$$F = -mg\sin\theta \tag{3.24}$$

だけの成分をもつ．θ が十分小さいとすれば質点の運動は事実上 x 軸上で起こるとしてよい．この軸方向の質点の加速度を a とすれば，例題 11 で学ぶように運動方程式は次のように表される．

$$ma = -\frac{mg}{l}x \tag{3.25}$$

周期　　(3.25) と (3.14) (p.28) と比べ，角振動数 ω は $\omega^2 = g/l$ の関係で与えられる．したがって，単振り子の周期 T は次式のように書ける．

$$T = 2\pi\sqrt{\frac{l}{g}} \tag{3.26}$$

慣性力　　一定の加速度で上下するエレベーター内で観測すると，単振り子の周期は (3.26) と違う．これは慣性系に対し加速度 $\boldsymbol{a}_0$ をもって運動する座標系で考えると，本来の力以外に，質量 m の質点に $-m\boldsymbol{a}_0$ の見かけ上の力が働くためでこれを**慣性力**という．慣性力を調べるため，O を原点とする x, y, z の座標系は慣性系であるとする．また原点を O′ とし，それぞれ x, y, z 軸に平行な x', y', z' 軸をもつ座標系を**並進座標系**といい，簡単に前者を O 系，後者を O′ 系という．図 3.13 のようにある時刻に質量 m の質点が点 P にあるとし，図のように $\boldsymbol{r}, \boldsymbol{r}', \boldsymbol{r}_0$ を定義する．$\boldsymbol{r} = \boldsymbol{r}' + \boldsymbol{r}_0$ が成り立ち，この式の微小時間内の変化をとると $\boldsymbol{v} = \boldsymbol{v}' + \boldsymbol{v}_0$，$\boldsymbol{a} = \boldsymbol{a}' + \boldsymbol{a}_0$ となる．O 系は慣性系であるから $m\boldsymbol{a} = \boldsymbol{F}$ が成り立つ．このため O′ 系での運動方程式は $m\boldsymbol{a}' = \boldsymbol{F} - m\boldsymbol{a}_0$ となり，第 2 項が慣性力を表す．

3.5 一様な重力場での運動

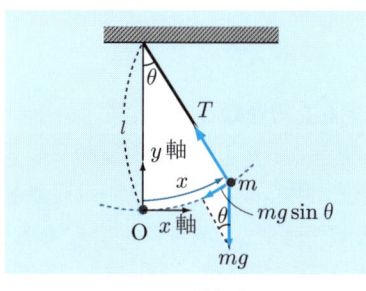

図 3.12 単振り子

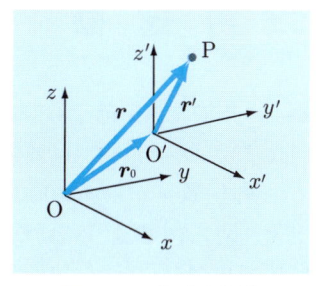

図 3.13 並進座標系

例題 11 単振り子に対する (3.25) の運動方程式を導け．

解 θ が小さいとすれば，$\sin\theta \simeq \theta$ と近似できるので (3.24) は $F \simeq -mg\theta$ と表される．運動方程式は $ma = F$ と書け，$\theta = x/l$ が成り立つから (3.25) が導かれる．

例題 12 長さ 1.5 m の単振り子の周期を求めよ．

解 (3.26) を利用すると T は次のように計算される．

$$T = 2\pi \times \sqrt{\frac{1.5}{9.81}}\,\text{s} = 2\pi \times \sqrt{0.153}\,\text{s} = 2.46\,\text{s}$$

─── **日常生活と慣性力** ───

慣性力はアカデミックな存在ではなく，日常的によく経験されるものである．電車が急ブレーキをかけると乗客は前方につんのめる．急ブレーキをかけた後，電車は減速状態にあるので加速度は進行方向と逆向きとなる．このため，慣性力は電車の進行方向に働き電車に乗った人はそのような力を感じる．あるいは，乗客は慣性をもち，電車が止まろうとしても体は前方に進むと考えてよいであろう．このように，慣性力は物体の慣性と結びついているためこのように呼ばれる．また，自動車を運転しているとき，急カーブを曲がると体はそれまでの運動を保とうとし，人はカーブの外へ向かうような力を感じる．この力を **遠心力** という．遠心力は慣性力の一種である．

エレベーターの天井に糸をつるし，その内部で単振り子の周期を測定する．エレベーターが静止していればその周期は (3.26) で与えられる．エレベーターが α の加速度で上昇するとき，慣性力は下向きに働き，重力加速度は g から $g+\alpha$ になったように振る舞う．このため周期は $2\pi\sqrt{l/(g+\alpha)}$ と表される．エレベーターが上昇するとき体重が重くなったように感じるのも同じ効果による．逆にエレベーターが自由落下すれば g は見かけ上 0 となって，無重力状態が実現する．自由落下する飛行機内でこのような無重力状態を経験するツアーもある．

3.6 円運動

角速度 円の軌道を描くような物体の運動を**円運動**という．電車の車輪，ハンマー投げ，CD など，物体の回転はよく見られるがこれらは円運動として記述される．質点 (質量 m) が xy 面上で原点 O を中心とする半径 r の円運動を行うと仮定し，図 3.14 のように回転角 θ をとる．時刻 t で質点は点 P にあるとし，微小時間 Δt 後に質点は角 $\Delta\theta$ だけ回転し点 P′ に移動したとする．このとき

$$\omega = \lim_{\Delta t \to 0} \frac{\Delta\theta}{\Delta t} \tag{3.27}$$

の ω を時刻 t における**角速度**という．ω は符号をもち，質点が正の向き (時計の針の逆向き) に進むときには正，負の向き (時計の針の向き) に進むときには負である．

速度 $\omega > 0$ のとき質点の移動距離は $r\Delta\theta$ に等しいから，t における質点の速さは $v = r\omega$ と書ける．$\omega < 0$ の場合には $v = r|\omega|$ となる．よって，一般に

$$v = r\omega \tag{3.28}$$

は質点の速度で，正の回転では $v > 0$，負の回転では $v < 0$ となる．ω が一定だと v も一定となる．このような円運動を**等速円運動**という．

加速度と向心力 等速円運動する質点の速さは一定だが，速度は時々刻々変化しこのため加速度 a が生じる．例題 13 で示すように，a は円の中心を向かいその大きさは $a = v\omega = r\omega^2$ に等しい．運動の第二法則により $F = ma$ は質点に働く力となる．すなわち，半径 r で等速円運動する質点には

$$F = mr\omega^2 = \frac{mv^2}{r} \tag{3.29}$$

の大きさの力が円の中心に向かって働く．この力を**向心力**という．

人工衛星 人工衛星を質量 m の質点とみなせば，この場合の向心力は質点に働く万有引力である．人工衛星の地表からの高さは地球の半径 R に比べ十分小さいので，円運動の半径は R とみなせる (図 3.15)．このため $mv^2/R = GmM/R^2$ が成り立つ．ただし，M は地球の質量である．重力加速度 g は $g = GM/R^2$ と書けるので，$v^2/R = g$ が成り立ち v は

$$v = \sqrt{gR} \tag{3.30}$$

と表される．$g = 9.81\,\mathrm{m\cdot s^{-2}}$，$R = 6.37 \times 10^6\,\mathrm{m}$ を代入すると $v = 7.91 \times 10^3\,\mathrm{m\cdot s^{-1}}$ と計算され，これが世界最速の乗り物のスピードとなる．ちなみに，地球を一周する時間 T は $T = 2\pi R/v = 5.06 \times 10^3\,\mathrm{s} = 84.3\,\mathrm{min}$ となる．

3.6 円運動

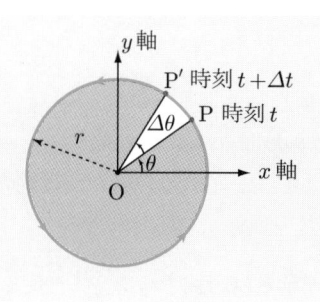

図 3.14 円運動

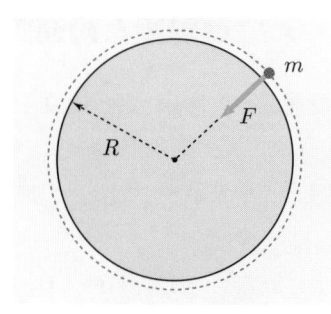

図 3.15 人工衛星

例題 13 等速円運動する質点の加速度 a は円の中心を向かい，その大きさは $a = v\omega = r\omega^2$ で与えられることを証明せよ．

解 図 3.16 のように，点 P, P′ における速度をそれぞれ v, v' とする．点 P′ にある v' を平行移動し点 P に移したとすれば，v と v' とのなす角は $\Delta\theta$ に等しい．したがって，質点が点 P から点 P′ まで運動する間に生じる速度の変化分を $\Delta v = v' - v$ とすれば，Δv の大きさ Δv は

$$\Delta v = v\Delta\theta$$

で与えられる．また，$\Delta\theta$ が十分小さいと，Δv は円の中心を向く．a は $a = \lim(\Delta v/\Delta t)$ であるから a は円の中心を向き，その大きさ a は $a = \lim(v\Delta\theta/\Delta t) = v\omega$ と書ける．ただし，lim は $\Delta t \to 0$ の極限を意味する．$v = r\omega$ であることに注意すれば上式は $a = r\omega^2$ となり，題意が示される．

参考 単振動との関係 $t = 0$ での回転角を図 3.17 のように α とする．t だけ時間が経つと質点は ωt の角だけ回転するから図のように時刻 t における回転角は $\omega t + \alpha$ と表される．この点の y 軸に対する正射影は $r\sin(\omega t + \alpha)$ となり，(3.15) (p.28) の単振動の式と一致する．すなわち，等速運動する質点の正射影は単振動として記述される．

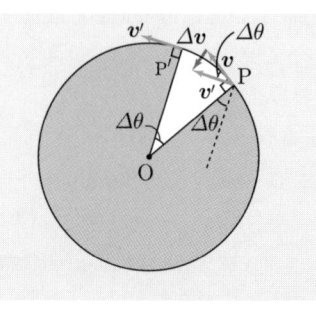

図 3.16 等速円運動の加速度

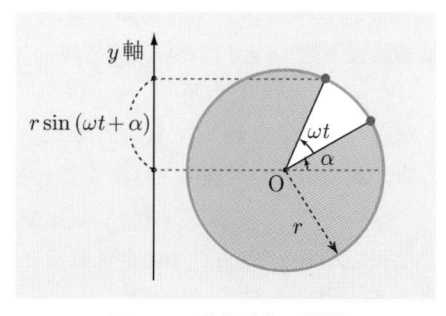

図 3.17 単振動との関係

3.7 運動量と角運動量

運動量　質量 m の質点が速度 v で運動しているとき

$$p = mv \tag{3.31}$$

で定義される p をその質点の**運動量**という．m が一定の場合，運動方程式は

$$\lim_{\Delta t \to 0} \frac{\Delta p}{\Delta t} = F \tag{3.32}$$

と表される．(3.32) で $F = 0$ のとき，運動量は時間 t によらず一定となる．このように，運動の間中，一定になるものを**運動の定数**という．運動量の大きさの単位は質量の単位と速さの単位の積であるから $\text{kg} \cdot \text{m} \cdot \text{s}^{-1}$ と表される．

力積　(3.32) からわかるように，時間間隔 Δt が十分小さいと，同式は

$$\Delta p = F \Delta t \tag{3.33}$$

と表される．この式の右辺を**力積**という．すなわち，時刻 t と時刻 $t + \Delta t$ との間における運動量の増加は，その間に加えられた力積に等しい．あるいは，時刻 t_1, t_2 における運動量をそれぞれ p_1, p_2 とし，その間の力積を I とすれば

$$p_2 - p_1 = I \tag{3.34}$$

と書ける．力積の次元は，力の次元と時間の次元の積である．したがって，国際単位系における単位は**ニュートン秒**（$\text{N} \cdot \text{s}$）と表される．

撃力　力積を考えると特に便利なのは力が瞬間的に働く場合で，この種の力を**撃力**という．例えば，金づちで釘を打ち込むとき，金づちが釘にあたった瞬間に大きな力が加わる．このような場合，力の働いている時間間隔は非常に短いが，その間に働く力の大きさは非常に大きく，その結果，力積は有限であるとする．力積とは力を時間に関して積分したもので，撃力の働く方向を x 軸にとると，この方向での (3.34) は $p_2 - p_1 = I$ と書ける．力の x 成分 F を時間 t の関数として表したとき，I は図 **3.18** で斜線を引いた部分の面積に等しい．

運動量保存則　何個かの質点の集合体があるとき，これら全部の質点を一まとめとし，それを**質点系**という．以下，n 個の質点を含む質点系を考え，i 番目の質点の運動量を p_i とする．一般に，注目する質点系の外部から作用する力を**外力**，質点系内の質点同士に働く力を**内力**という．また，p_i を加え

$$P = p_1 + p_2 + \cdots + p_n \tag{3.35}$$

で定義される P を質点系の**全運動量**という．i 番目の質点に働く外力を F_i と書き $F = F_1 + F_2 + \cdots + F_n$ とする．もし $F = 0$ であれば P は時間によらない（例題 15）．これを**運動量保存則**という．

3.7 運動量と角運動量

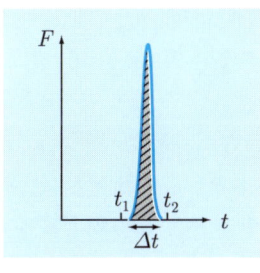

図 3.18 力積

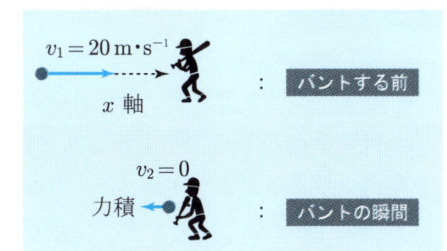

図 3.19 バントするときの力積

例題 14 図 3.19 に示すように，水平方向に x 軸をとる．$20\,\text{m}\cdot\text{s}^{-1}$ の速さで x 軸の正の向きに進む質量 $200\,\text{g}$ のボールをバントして，水平方向に球速を 0 としたい．バットがボールに与えるべき力積を求めよ．

解 (3.34) でバント直前を時刻 t_1，直後を時刻 t_2 にとる．x 軸方向の成分をとり，添字 x を省略すると (3.34) は $p_2 - p_1 = I$ となる．ここで

$$p_2 = 0, \quad p_1 = mv_1 = 0.2 \times 20\,\text{kg}\cdot\text{m}\cdot\text{s}^{-1} = 4\,\text{N}\cdot\text{s}$$

に注意すると $I = -4\,\text{N}\cdot\text{s}$ と計算される．すなわち，ボールに加えられた力積は負の方向を向き，その大きさは $4\,\text{N}\cdot\text{s}$ となる．

参考 撃力の例 瞬間的に大きな力が働く現象は日常的によく観測される．野球でボールをバットで打つとき，ゴルフのドライバーショット，弓で矢を射る，空気銃を打つ，床に落としたコップが壊れるときなどは撃力が働く例である．

例題 15 運動量保存則を導け．

解 質点系を考え，i 番目の質点に働く外力を $\boldsymbol{F}_i$ とし，j 番目の質点 $(j \neq i)$ がこれに及ぼす内力を $\boldsymbol{F}_{ij}$ と書く．質点は自身に力を及ぼすことはないから $\boldsymbol{F}_{ii} = \boldsymbol{0}$ である．i 番目の加速度を $\boldsymbol{a}_i$ とすれば

$$m_1 \boldsymbol{a}_1 = \boldsymbol{F}_1 + \boldsymbol{F}_{12} + \boldsymbol{F}_{13} + \cdots + \boldsymbol{F}_{1n}$$
$$m_2 \boldsymbol{a}_2 = \boldsymbol{F}_2 + \boldsymbol{F}_{21} + \boldsymbol{F}_{23} + \cdots + \boldsymbol{F}_{2n}$$
$$\vdots$$
$$m_n \boldsymbol{a}_n = \boldsymbol{F}_n + \boldsymbol{F}_{n1} + \boldsymbol{F}_{n2} + \cdots + \boldsymbol{F}_{n,n-1}$$

が成り立つ．運動の第三法則により $\boldsymbol{F}_{ij} = -\boldsymbol{F}_{ji}$ が成り立つから，上式のすべてを加え合わせると，例えば $\boldsymbol{F}_{12}$ は $\boldsymbol{F}_{21}$ と打ち消し合う．同様なことがすべての内力で起こり，$m_1 \boldsymbol{a}_1 + m_2 \boldsymbol{a}_2 + \cdots + m_n \boldsymbol{a}_n = \boldsymbol{F}_1 + \boldsymbol{F}_2 + \cdots + \boldsymbol{F}_n = \boldsymbol{F}$ が得られる．微小時間 Δt 間の変化を考えると (3.32) で $\boldsymbol{p}$ を $\boldsymbol{P}$ を置き換えた結果となる．したがって，外力の和が $\boldsymbol{0}$ であれば $\boldsymbol{P}$ は運動の定数となり運動量保存則が導かれる．

質点の角運動量　適当な原点 O から測った質点 (質量 m) の位置ベクトルを $\boldsymbol{r}$, その質点の運動量を $\boldsymbol{p}$ とする. $\boldsymbol{r}$ と $\boldsymbol{p}$ のベクトル積 (例題 16) をとり

$$\boldsymbol{l} = \boldsymbol{r} \times \boldsymbol{p} \tag{3.36}$$

の $\boldsymbol{l}$ を質点が点 O のまわりにもつ**角運動量**という. 一般にベクトル $\boldsymbol{A}$ で表される物理量があるとき $\boldsymbol{r} \times \boldsymbol{A}$ を $\boldsymbol{A}$ の**モーメント**という. 角運動量は運動量のモーメントである. ベクトル積の定義により, $\boldsymbol{l}$ は $\boldsymbol{r}$ と $\boldsymbol{p}$ の両者に垂直な方向をもつ. 角運動量の大きさの単位は kg·m²·s⁻¹ である. $\boldsymbol{p}$ は $\boldsymbol{p} = m\boldsymbol{v}$ と書けるから (3.36) は次のように表される.

$$\boldsymbol{l} = m(\boldsymbol{r} \times \boldsymbol{v}) \tag{3.37}$$

平面上の質点　図 **3.20** に示したように質点が平面上を運動する場合を考え, この平面を xy 面にとる. $\boldsymbol{r}, \boldsymbol{p}$ は

$$\boldsymbol{r} = (x, y, 0), \quad \boldsymbol{p} = (p_x, p_y, 0) \tag{3.38}$$

と表され, これからベクトル積の定義を利用して

$$l_x = yp_z - zp_y = 0, \quad l_y = zp_x - xp_z = 0, \quad l_z = xp_y - yp_x \tag{3.39}$$

となり, $\boldsymbol{l}$ は z 方向を向くことがわかる. $\boldsymbol{r}$ も $\boldsymbol{p}$ も xy 面内にあり, $\boldsymbol{l}$ は $\boldsymbol{r}$ と $\boldsymbol{p}$ の両方に垂直であるから, これは当然の結果であるといえる.

等速円運動　質点が xy 面上で半径 r の等速円運動している場合

$$x = r\cos(\omega t + \alpha), \qquad y = r\sin(\omega t + \alpha) \tag{3.40}$$

$$v_x = -r\omega\sin(\omega t + \alpha), \quad v_y = r\omega\cos(\omega t + \alpha) \tag{3.41}$$

と書ける. (3.37), (3.39) を使い $\cos^2(\omega t + \alpha) + \sin^2(\omega t + \alpha) = 1$ の関係に注意すると (3.40), (3.41) から

$$l_z = mr^2\omega \tag{3.42}$$

が得られる. 図 **3.21** の (a), (b) で示すように質点が正 (負) の向きに回転していれば $\boldsymbol{l}$ は z 軸の正 (負) 方向を向く.

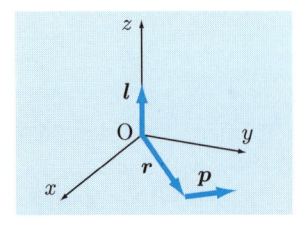

図 **3.20**　平面上の質点

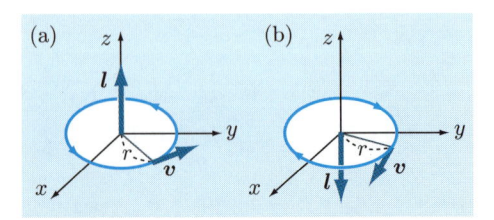

図 **3.21**　等速円運動の角運動量

3.7 運動量と角運動量

例題 16 2つのベクトル A と B とがあるとき $C = A \times B$ という記号を導入し，C の x, y, z 成分は

$$C_x = A_y B_z - A_z B_y, \quad C_y = A_z B_x - A_x B_z, \quad C_z = A_x B_y - A_y B_x$$

で与えられるとする．C を A と B のベクトル積という．上式は $(x, y, z) \to (y, z, x) \to (z, x, y)$ というふうにサイクリックに変換を行うと覚えやすい．ベクトル積に関する以下の設問に答えよ．

(a) 一般に
$$B \times A = -A \times B$$
であること，特に $B = A$ とおけば $A \times A = 0$ であることを示せ．

(b) 図 3.22 に示すように，A と B とを含む平面を xy 面に選び，ベクトル A が x 軸を向くようにする．このような座標系で C がどのよう表されるかについて論じよ．

解 (a) A と B とを入れ替えると C の各成分の符号が逆転し，
$$B \times A = -A \times B$$
が成り立つ．これから $2A \times A = 0$ となり題意が示される．

(b) A と B とのなす角を図のように θ とする．ただし，$0 \leq |\theta| \leq \pi$ とする．このような座標系をとると
$$A = (A, 0, 0), \quad B = (B\cos\theta, B\sin\theta, 0)$$
と書け，ベクトル積の定義を用いると
$$C_x = 0, \quad C_y = 0, \quad C_z = A_x B_y = AB\sin\theta$$

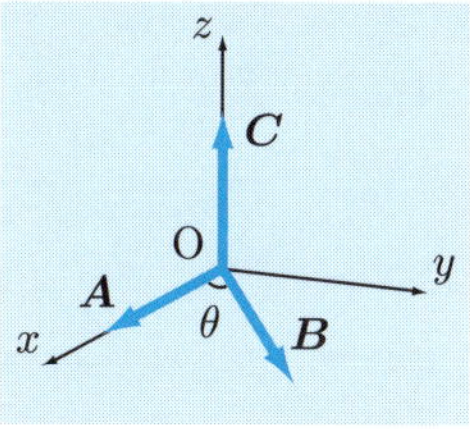

図 3.22 ベクトル積

となる．ベクトル C は z 方向，すなわち A と B の両方に垂直な方向をもち，C_z は $AB\sin\theta$ に等しい．$0 \leq \theta \leq \pi$ では C_z は z 軸の正の向きを向くが，$0 \geq \theta \geq -\pi$ では C_z は z 軸の負の向きを向く．すなわち，$A \times B$ は A から B へと π より小さい角度で右ねじを回すときそのねじの進む向きをもつ．

参考 ベクトルの積 2つのベクトル A, B を想定し，これらの成分はそれぞれ A_x, A_y, A_z と B_x, B_y, B_z としよう．成分の積には $A_x B_x, A_x B_y, \cdots$ といった9個の量が実現する．これらを適当に選ぶと，スカラー，ベクトルの性質をもつものが存在し，これが例題16で述べたベクトル積である．なお，スカラーの性質をもつものは $A_x B_x + A_y B_y + A_z B_z$ と表されスカラー積と呼ばれる．次章で述べるように仕事はスカラー積として表される量である．一般にベクトルの成分は座標変換によって違う．原点 O を共通にして座標系を回転するときスカラーは変化しないがベクトルの成分は適当な変換を受ける．ベクトル積は同じ変換を受けることが知られている．しかし，空間反転 $A \to -A, B \to -B$ に対し $A \times B \to A \times B$ となり，ベクトルの変換則に従わない．このためベクトル積は**擬ベクトル**と呼ばれる．

3.8 剛体の力学

剛体の質点系化　現実に存在する物体では，力を加えたとき，何らかの変形を起こす．しかし，力を加えても変形しないような理想的な固体を想定し，これを**剛体**という．図 3.23 のように剛体を多数の微小部分に分割し，各微小部分を質点で代表させれば，剛体は一種の質点系であるとみなされる．ただし，各質点間の距離は常に一定であると考える．剛体の位置を決めるには，剛体内にとった，一直線上にないような 3 点を指定すればよい．3 点を決めるには 9 個の変数が必要であるが，各点間の距離が一定という 3 つの条件が課せられ，独立な変数の数は 6 となる．すなわち，剛体の自由度は 6 である．

重心の運動方程式　剛体の自由度 6 は重心を決める 3，重心を通る回転軸を決める 2，回転軸のまわりの回転角を決める 1 というふうに理解できる．剛体を質点系とみなし i 番目の質量を m_i，その位置ベクトルを r_i としたとき

$$r_G = \frac{m_1 r_1 + m_2 r_2 + \cdots + m_n r_n}{m_1 + m_2 + \cdots + m_n} \tag{3.43}$$

の位置ベクトルで決まる点を質点系の**重心**という．質点系中に含まれる質点の全質量を M とすれば $M = m_1 + m_2 + \cdots + m_n$ で上式は次のように書ける．

$$M r_G = m_1 r_1 + m_2 r_2 + \cdots + m_n r_n \tag{3.44}$$

n は質点の総数であるが，分割を無限に細かくし $n \to \infty$ の極限をとるとすれば剛体は質点系で記述される．M は分割の方法に無関係で剛体の全質量を表す．微小時間 Δt の間の変化を考え，$\Delta t \to 0$ の極限をとれば重心の速度を v_G とし

$$M v_G = m_1 v_1 + m_2 v_2 + \cdots + m_n v_n = p_1 + p_2 + \cdots + p_n = P \tag{3.45}$$

となる．同じように，重心の加速度を a_G とすれば，例題 15 の結果を使い

$$M a_G = F \tag{3.46}$$

が導かれる．すなわち，質点系 (剛体) の全質量が重心に集中したとし，各質点に働くすべての外力の和が重心に働くと考えると，重心を質点のように扱ってよい．

全角運動量に対する方程式　質点系 (剛体) の i 番目の質点に働く外力を F_i とし，任意の点 O に関するその位置ベクトルを r_i，角運動量を l_i とする．全角運動量 L を $L = l_1 + l_2 + \cdots + l_n$ で定義すれば

$$\lim_{\Delta t \to 0} \frac{\Delta L}{\Delta t} = N = \sum_i (r_i \times F_i) \tag{3.47}$$

の運動方程式が成り立つ (例題 17)．剛体の回転は上式で扱うことができる．

3.8 剛体の力学

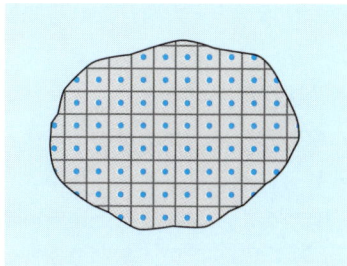

図 3.23 剛体の質点系化

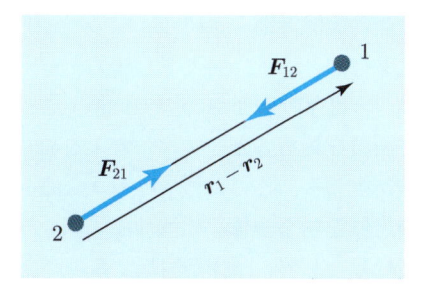

図 3.24 内力のモーメント

例題 17 質点あるいは質点系の角運動量に関する次の設問に答えよ.
(a) 1個の質点に注目すると，その角運動量 l に対し次式が成り立つことを示せ.
$$\lim_{\Delta t \to 0} \frac{\Delta l}{\Delta t} = r \times F$$
ちなみに右辺は力のモーメントである.
(b) 上の関係を質点系に拡張し (3.47) を導け.

解 (a) $l = r \times p$ の定義式から
$$\lim_{\Delta t \to 0} \frac{\Delta l}{\Delta t} = \lim_{\Delta t \to 0} \frac{(r + \Delta r) \times (p + \Delta p) - r \times p}{\Delta t}$$
が成り立つ. ベクトル積の定義から
$$(r + \Delta r) \times (p + \Delta p) = r \times p + r \times \Delta p + \Delta r \times p + \Delta r \times \Delta p$$
であることがわかる. 最後の項は $\Delta t \to 0$ の極限で他の項に比べ高次で無視できる. また $\Delta r \times p$ の項は $v \times p = m(v \times v)$ をもたらしベクトル積の性質により 0 となる. こうして (3.32) (p.36) に注意すれば与式が導かれる.

(b) i 番目の質点に働く力は，外力 F_i と j 番目の質点 ($j \neq i$) が及ぼす内力 F_{ij} との和である. したがって，i 番目の質点の角運動量 l_i に対する運動方程式は (a) の結果を利用し

$$\lim_{\Delta t \to 0} \frac{\Delta l_i}{\Delta t} = r_i \times \left(F_i + \sum_{j \neq i} F_{ij} \right)$$

と表される. 質点系の全角運動量 L の式を求めるため，上式を i に関し加えると

$$\sum_i \sum_{j \neq i} (r_i \times F_{ij})$$

の項が現れる. 上式で例えば F_{12} と F_{21} とを含む項を考えると，第三法則に注意し $F_{21} = -F_{12}$ が成立し $(r_1 - r_2) \times F_{12}$ という項になる. 図 3.24 に示すように F_{12} は $(r_1 - r_2)$ と反平行なのでベクトル積の性質により上の項は 0 となる. 同じことが任意の F_{ij} と F_{ji} とのペアに対して成り立ち，結局 (3.47) が得られる.

角運動量保存則　　(3.47) で $N = 0$ であれば L は一定となる．これを**角運動量保存則**という．フィギュアスケートのスケーターに氷面から加わる力のモーメントは摩擦が小さいので無視でき，角運動量保存則が成り立つ．スケーターが両腕を縮めると，スケーターを質点系とみなしたとき，$|r_i|$ が小さくなる部分が生じる．このため $|p_i|$ は大となって，スピンの角速度も大きくなる．

固定軸をもつ剛体　　剛体を適当な 2 点 A, B で支え，この 2 点を通る直線を回転軸として，剛体が回転する場合を考える (図 **3.25**)．この回転軸は空間に固定されているとするので，それを**固定軸**という．図 **3.25** に示すように，固定軸を z 軸にとり，z 軸上に原点 O を選んで空間に固定された座標系 x, y, z を導入する．ここで (3.47) (p.40) の z 成分をとると

$$\lim_{\Delta t \to 0} \frac{\Delta L_z}{\Delta t} = N_z \tag{3.48}$$

と書ける．剛体を支えている点 A, B には抗力 R_A, R_B が働くが，(3.48) の運動方程式でこれらの抗力は考慮する必要がない (例題 18)．図 **3.25** のように i 番目の微小部分 P (質量 m_i) から z 軸に垂線を下ろしてその足を Q とし，PQ 間の距離を r_i とする．P は Q を中心とする円運動を行うので，r_i は時間に依存しない．また，図のように角 φ_i をとる．その結果，x_i, y_i は

$$x_i = r_i \cos \varphi_i, \quad y_i = r_i \sin \varphi_i \tag{3.49}$$

と書ける．r_i が時間に依存しないことに注意し，また P の角速度は i の位置によらないのでこれを ω とおく．点 P の速度の x, y 成分 v_{ix}, v_{iy} は

$$v_{ix} = -r_i \omega \sin \varphi_i, \quad v_{iy} = r_i \omega \cos \varphi_i \tag{3.50}$$

と表され，L_z は次のようになる．

$$L_z = \sum m_i (x_i v_{iy} - y_i v_{ix}) \tag{3.51}$$

$\sum$ は質点系中の質点での和を表し，(3.49), (3.50) を (3.51) に代入すれば

$$L_z = I\omega \tag{3.52}$$

$$I = \sum m_i r_i^2 = \sum m_i (x_i^2 + y_i^2) \tag{3.53}$$

と書ける．(3.53) の I を固定軸のまわりの**慣性モーメント**という．また，I は時間に依存しないが，ω は時間に依存することに注意すると (3.48), (3.52) から

$$I \lim_{\Delta t \to 0} \frac{\Delta \omega}{\Delta t} = N_z \tag{3.54}$$

が導かれる．$\lim(\Delta \omega / \Delta t)$ を**角加速度**といい，これは直線運動の加速度に対応する．

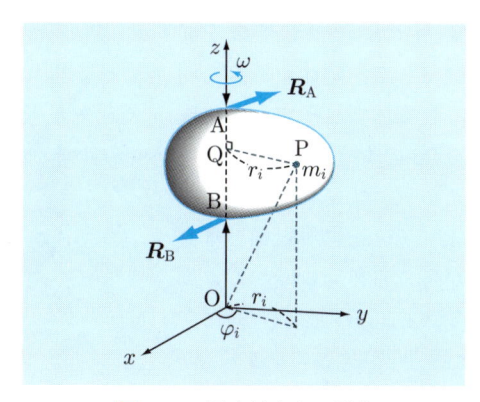

図 3.25 固定軸をもつ剛体

> **例題 18** (3.48) で R_A, R_B の抗力を考慮しなくてもよいのはなぜか．

解 点 O に関する R_A のモーメントは z 軸と垂直で，その z 成分は 0 となるためである．R_B についても同じ事情が成立する．

質点は実在するか

著者は旧制度最後の教育を受けた．小学校 6 年間は義務教育で旧制度もその点は同じである．中学校は現行では義務教育であるが，旧制度は選択性で，著者の場合，進学率は 10 数％の程度であった．中学校に行かない者は，高等小学校に進学したり，そのまま働くことも多かった．特に女子の場合，高等教育まで受けた人は 100 人中 1 人といった程度のごく少数派であった．現在，高等教育を受けるのは同世代の約半数と聞いている．時代の違いを痛感する次第である．

わが国で最初にノーベル賞を受賞されたのは湯川秀樹博士で，1949 年のことであった．著者が旧制高校の 3 年のときである．この影響で大学の物理学科を志望する学生数が急増し，「湯川効果」などとからかわれた．当時，湯川先生は現役で京都大学における力学の講義を担当されていた．著者の先輩はそれにこっそり出席されたが，このときの体験を伺う機会があった．先生は黒板の前で白墨をもち「質点というものはほんまにあるのかいな」とつぶやかれ，しばし窓外の景色を眺めながら思索に耽っていらしたとのことである．(3.46) の重心に対する運動は勿論，湯川先生はよくご存じであったと想像する．質量だけをもち数学的には点とみなせるものを質点と呼んだわけだが，結果を見ると物体の重心に注目するとこれは質点として振る舞う．湯川先生がつぶやかれたのは，一種の教育的効果を狙ったものと解釈することができよう．

剛体振り子　質量 M の剛体の 1 点 O を通る水平な軸を固定軸として，剛体を鉛直面内で振動させる振り子を**剛体振り子**または**物理振り子**という．図 **3.26** のように点 O と重心 G との間の距離を d とし，点 O を原点とする x, y 軸をとる．また，点 O を通り紙面と垂直で紙面のあちら側からこちら側に向かうような z 軸をとり，これが図 **3.25** の z 軸に対応すると考える．OG と鉛直下向きとのなす角を θ とし，微小振動として振動の周期を求めよう．

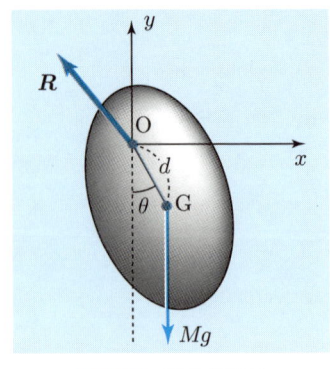

図 **3.26**　剛体振り子

剛体には点 O における抗力 $\boldsymbol{R}$，重心 G に作用する重力 Mg が働く．抗力 $\boldsymbol{R}$ は点 O を通るためこの点のまわりでモーメントをもたない．また，$\omega = \lim(\Delta\theta/\Delta t)$ と表され，$\theta \to x$ という対応を導入すると (3.54) の左辺は Ia に対応する．N_z は

$$N_z = \sum_i (x_i Y_i - y_i X_i) \tag{3.55}$$

と書ける．ただし，X_i, Y_i は剛体を質点系とみなしたとき i 番目の微小部分に働く外力の x, y 成分である．$X_i = 0, Y_i = -m_i g$ が成り立つので

$$N_z = -g\sum m_i x_i = -Mgx_G \tag{3.56}$$

となる．ここで $x_G = d\sin\theta$ が成り立つ．微小振動の場合，$\sin\theta \simeq \theta$ と近似すれば $N_z \simeq -Mgd\theta$ と表される．こうして先程と同様 $\theta \to x$ の対応を考えると

$$Ia = -Mgdx \tag{3.57}$$

が得られる．

周期　(3.57) は (3.14) (p.28) と一致するので，x すなわち θ は単振動を行うことがわかる．その角振動数は $\omega^2 = Mgd/I$ で与えられる．したがって，周期 T は

$$T = \frac{2\pi}{\omega} = 2\pi\sqrt{\frac{I}{Mgd}} \tag{3.58}$$

と求まる．長さ l の一様な剛体の棒の場合，$I = Ml^2/3$ であることが知られている．$d = l/2$ の関係を使うと，(3.58) から

$$T = 2\pi\sqrt{\frac{2l}{3g}} \tag{3.59}$$

となる．この T は単振り子の結果 (3.26) (p.32) の $\sqrt{2/3}$ 倍 $= 0.816$ 倍である．

参考 **慣性モーメント** 慣性モーメントは基本的には (3.53) (p.42) の定義式で i に関する和を実行すれば計算できる．特別な場合には結果はすぐにわかるが，具体的な計算には一般に積分が必要である．以下，積分計算を行うが，この種の計算に不慣れな読者は結果だけを理解すればよい．一般に，慣性モーメントは (質量) × (長さ)^2 の形をもちその係数は場合により異なる．慣性モーメントのいくつかの具体例を下の①～④で示す．

① **一様な円輪**：半径 a の円輪の中心を通り，円輪と垂直な軸のまわりの慣性モーメントでは (3.53) で $x_i{}^2 + y_i{}^2 = a^2$ とおける．これは i に依存しないから，円輪の質量を M とすれば

$$I = Ma^2$$

が得られる．

② **一様な細い棒 (重心のまわり)**：棒の太さが無視できるような長さ l，質量 M の一様な剛体の重心を通り棒と垂直な軸に関する慣性モーメント I を考える．棒の重心を座標原点 O に選び，棒の単位長さ当たりの質量 (線密度) を σ とすれば，一様な棒では σ は一定で $M = \sigma l$ が成り立つ．また I は

$$I = \sigma \int_{-l/2}^{l/2} x^2 dx = \sigma \frac{l^3}{12} = \frac{Ml^2}{12}$$

と計算される．

③ **一様な細い棒 (棒の端のまわり)**：棒の端 O を通り棒と垂直な軸のまわりの I は，上と同様な議論により

$$I = \sigma \int_0^l x^2 dx = \frac{\sigma l^3}{3} = \frac{Ml^2}{3}$$

と求まる．

④ **一様な円板 (中心のまわり)**：半径 a の一様な円板の中心 O を通り円板と垂直な軸のまわりにもつ慣性モーメント I を考える．円板の単位面積当たりの質量 (面密度) を σ とする．半径が r の円と $r + dr$ の円にはさまれた部分 (図 **3.27** の青い部分) の面積は $2\pi r dr$ となり，この部分の質量は $2\pi\sigma r dr$ で与えられる．したがって，円板の I は

$$I = \int_0^a 2\pi\sigma r^3 dr = \frac{\pi\sigma}{2} a^4 = \frac{Ma^2}{2}$$

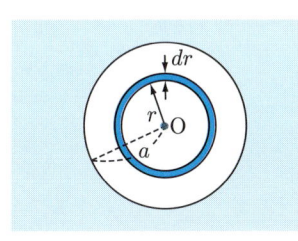

図 **3.27** 円板の慣性モーメント

と表される．ただし，上式で M は

$$M = \sigma\pi a^2$$

の円板の質量である．

演習問題
第3章

1. 大きさが無視できる質量 2 kg と質量 5 kg の物体との距離が 4 m であるとする．両物体間に働く万有引力の大きさは何 N か．

2. 鋼鉄と鋼鉄との間の静止摩擦係数は 0.15 と測定されている．摩擦角を求めよ．

3. 質量 2 トンの自動車が $8\,\mathrm{m\cdot s^{-2}}$ の加速度をもって加速の状態にあるとき，自動車に働く力は何 N か．

4. 質点を高さ h の塔の頂上から，水平面に対して仰角 θ，初速度 v_0 で投げ上げたとし，次の設問に答えよ．
   (a) 質点は地表に到着するまでの時間を求めよ．
   (b) 塔の根元から測るとして，質点の落下地点の水平距離はいくらか．

5. 長さ 0.5 m の単振り子の周期は何 s か．また，この単振り子が 20 回振動するのに要する時間を求めよ．

6. 2 個の質点から構成される体系の力学を**二体問題**という．質量 m_1, m_2 の 2 質点に対する二体問題を論じ
$$\frac{1}{\mu} = \frac{1}{m_1} + \frac{1}{m_2}$$
の**換算質量** μ を定義すれば，二体問題は質量 μ の質点に対する一体問題に帰着することを示せ．

7. 地球の 1 年が 365 日であることを利用し，太陽の質量を概算せよ．

8. 一直線上を右向きに運動する質点 A (質量 m，速さ v)，B (質量 m'，速さ v') があり，A は B の左側にあるとする (図 3.28)．$v > v'$ であれば A は B に追いつき衝突する．衝突後，A, B は一体となり運動すると仮定しその速さ V を求めよ．ただし，A, B に外力は働かないものとする．

図 3.28 質点 A, B

9. 図 3.29 のように，長さ l，質量 M のはしご AB が滑らかな鉛直の壁と粗い水平な床との間に立てかけてあり，水平となす角を θ，はしごと床との静止摩擦係数を μ とする．質量 m の人間がはしごの下端 B から x の距離の点 P に立つとき，はしごが滑らないための μ に対する条件を導け．ただし，はしごの重心 G は中点にあるとし，また人間は質点とみなしてよいと仮定する．

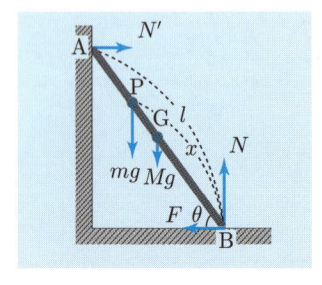

図 3.29 粗い床に立てたはしご

第4章

仕事とエネルギー

　仕事は日常的に使われる言葉であるが，これはまた物理用語でもある．本章の最初に物理学としての仕事の定義を学ぶ．これと関連して，位置エネルギー，運動エネルギー，力学的エネルギーなどを論じる．また，これらを一般化してエネルギーの概念に触れ，エネルギーの変換，エネルギー保存則について勉強する．

―― 本章の内容 ――
4.1　仕事と仕事率
4.2　位置エネルギー
4.3　運動エネルギー
4.4　力学的エネルギー
4.5　各種のエネルギー

4.1 仕事と仕事率

仕事の定義　物体に力が加わり物体が動いたとき，力は物体に**仕事**をしたという．大きさ F の力を加えながら，その物体が力の向きに距離 s だけ移動したとき (図 4.1)，次式の W を力が物体にした仕事と定義する．

$$W = Fs \tag{4.1}$$

仕事の単位　$F = 1\,\mathrm{N}, s = 1\,\mathrm{m}$ の場合が MKS 単位系における仕事の単位で，これを 1 ジュール (記号 J) という．すなわち，1 N の力を加えその力の向きに物体を 1 m だけ動かしたときに力のする仕事が 1 ジュールである．

重力のする仕事　質量 m の物体には mg だけの重力が鉛直下向きに働く．したがって，物体が鉛直下方に h だけ落下するとき，重力のする仕事 W は

$$W = mgh \tag{4.2}$$

と表される．例えば，2 kg の物体が 3 m 落下するとき，重力のした仕事は

$$2 \times 9.81 \times 3\,\mathrm{kg \cdot N \cdot kg^{-1} \cdot m} = 58.9\,\mathrm{J}$$

と計算される．

力と変位の方向が違うときの仕事　力の方向と変位の方向が同じでなく，互いに角 θ をなすとき，変位方向の成分 $F\cos\theta$ だけが仕事をすることになる．例えば地面においてある石を綱でひっぱり，$\boldsymbol{F}$ の力で動かすときを考える (図 4.2)．図のように石の移動方向と力のなす角を θ としたとき，石が地面から離れないとすれば，石をひっぱるのに実際に役立つ力は水平方向の $F\cos\theta$ だけで，力の垂直成分 $F\sin\theta$ は石に働く重力と釣り合い，石の移動には全然役に立たない．石が有限の距離だけ移動する間に一般には θ も変わるが，移動が微小距離であれば θ は一定としてよい．よって，質点に $\boldsymbol{F}$ の力を加え微小距離 Δs だけ移動させたとき，力がした仕事 ΔW を次のように定義する．

$$\Delta W = F\cos\theta \cdot \Delta s \tag{4.3}$$

あるいは，Δs に進行方向まで考慮し変位ベクトル $\boldsymbol{\Delta r}$ で変位を表せば，スカラー積の定義 (例題 1) を使い，ΔW は次のように書ける．

$$\Delta W = \boldsymbol{F} \cdot \boldsymbol{\Delta r} \tag{4.4}$$

仕事率　あるものが (例えば人やモーターが) 仕事をしているとき，単位時間当たりにする仕事のことを**仕事率**という．1 s に 1 J の仕事をする場合を仕事率の単位とし，これを 1 ワット (W) という．すなわち，$1\,\mathrm{W} = 1\,\mathrm{J \cdot s^{-1}}$ である．

4.1 仕事と仕事率

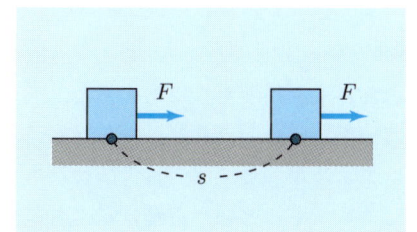

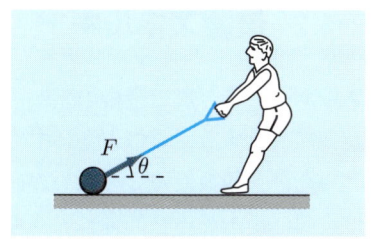

図 4.1 仕事の定義

図 4.2 力と変位の方向が違うとき

> **例題 1** 2つのベクトル $A = (A_x, A_y, A_z)$, $B = (B_x, B_y, B_z)$ に対し
> $$A \cdot B = A_x B_x + A_y B_y + A_z B_z$$
> で定義される $A \cdot B$ を A と B との**スカラー積**という.両者のなす角を θ としたとき
> $$A \cdot B = AB \cos \theta \quad (\text{ただし}, \; 0 \leqq \theta \leqq \pi)$$
> であることを示せ.

[解] $A \cdot B$ の値は x, y, z 軸の選び方によらないことが知られていて,このためスカラー積という言葉が使われる.この点に注意し図 4.3 のように A と B とを含む面を xy 面に選び,特に A が x 軸を向くようにする.また,A と B とのなす角を θ とおくと,このような座標系で

$$A = (A, 0, 0)$$
$$B = (B \cos \theta, B \sin \theta, 0)$$

と書ける.ただし,A, B はそれぞれ A, B の大きさである.上式から与式が導かれる.

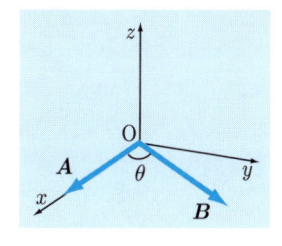

図 4.3 スカラー積

[補足] ベクトルの大きさ スカラー積の定義で $A = B$ とおけば $\theta = 0$ となり,この場合には $\cos \theta = 1$ が成り立つので

$$A \cdot A = A^2 = |A|^2$$

と表される.$A \cdot A$ を単に A^2 と書くこともある.

[参考] 馬力 工学の分野では仕事率を**出力**とか**工率**といい単位としてよく**馬力** (記号 H.P.) が使われる.例えば,自動車のエンジンの出力は 200 馬力という具合である.馬力には 2 種類あって,1 馬力 $= 735.5$ W と決める 1 仏馬力と 1 馬力 $= 746$ W と決める 1 英馬力がある.日本では 1962 年以来仏馬力だけが特殊用途に限って法的に使用が認められている.このように馬力には 2 種類あるので面倒であるが,ふつうは 1 馬力を 750 W として計算しても大きな誤差を生じない.

4.2 位置エネルギー

エネルギー　　台風で屋根の瓦が落ちそれが下を通った人にあたると，人は思わぬ大怪我をする．このようにすぐには仕事はしないけれど，やらせればできるという潜在的な能力を物理の方面では**エネルギー**という．日常的にはエネルギー資源，エネルギー危機というようにエネルギーという言葉は私たちの生活に定着してきた．石油や石炭はそのままでは仕事をしないが，自動車や列車を走らせる能力，すなわちエネルギーをもっている．

位置エネルギー　　高い所にある物体は低い所にある物体に比べると大きなエネルギーをもつ．物体の位置に関係したこのようなエネルギーを一般に**位置エネルギー**と呼ぶ．物体を高所に移動させるにはなにがしかの仕事を加える必要があり，その仕事の分だけ高所にある物体のエネルギーは大きい．

重力の位置エネルギー　　図 4.4 で点 O にある物体を点 A まで重力に逆らい人がもち上げるとする．物体には鉛直下向きの重力 mg が働いているので，最低限 mg の力で人は上方にひき上げる必要がある．人の力が mg よりちょっと大きいと物体は上向きの加速度をもつ．このような問題を扱うとき，もち上げる力は事実上 mg に等しいとし，力の釣合いを保ったまま物体を移動させると考える．このような状態変化は気体の膨張や圧縮を論じるときよく使われ，**準静的過程**と呼ばれる．図 4.4 のように鉛直上向きの z 軸をとると，物体を O から A までもち上げるのに必要な仕事 U は

$$U = mgz \tag{4.5}$$

となる．地表から高さ z の位置にある物体は地表に比べ (4.5) だけ大きなエネルギーをもち，これを**重力の位置エネルギー**という．

一般の力に対する位置エネルギー　　図 4.5 に示すように，点 A の質点に $\boldsymbol{F}$ の力が働くとし，点 A から変位ベクトル $\Delta \boldsymbol{r}$ だけ離れた点 B に質点を移動させる．このとき，力のする仕事 ΔW は $\Delta W = \boldsymbol{F} \cdot \Delta \boldsymbol{r}$ と表されるが，これを $\Delta W = W(\mathrm{A} \to \mathrm{B})$ と書く．準静的過程を考えると移動のため人は $-\boldsymbol{F}$ の力を加える必要がある．このための仕事は $-\boldsymbol{F} \cdot \Delta \boldsymbol{r}$ と表される．したがって，位置エネルギー U が存在すれば，この仕事は位置エネルギーの増加分 $\Delta U = U_\mathrm{B} - U_\mathrm{A}$ に等しく

$$\boldsymbol{F} \cdot \Delta \boldsymbol{r} = -\Delta U \tag{4.6}$$

と表される．$\boldsymbol{F}$ が (4.6) のように書けると力学的エネルギー保存則が成立するのでこの種の力を**保存力**という．

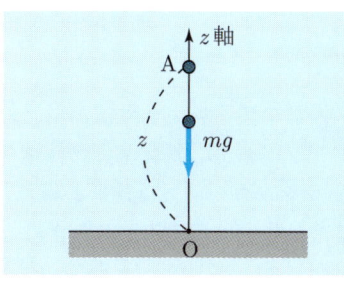

4.2 位置エネルギー

図 4.4 重力の位置エネルギー

図 4.5 一般の位置エネルギー

例題 2 (4.6) が成り立つとき，$\boldsymbol{F}$ は U によってどのように表されるか．

解 $\Delta \boldsymbol{r} = (\Delta x, \Delta y, \Delta z)$ とすれば，スカラー積の定義を利用して，(4.6) は
$$F_x \Delta x + F_y \Delta y + F_z \Delta z = -\Delta U$$
と表される．U は x, y, z の関数であるが，y, z は一定とすれば $\Delta y = \Delta z = 0$ が成り立ち，$\Delta x \to 0$ の極限をとれば上式は
$$F_x = -\lim_{\Delta x \to 0} \frac{\Delta U}{\Delta x} \quad (y, z = \text{一定})$$
となり，同様な結果は F_y, F_z に対しても成り立つ．

補足 **偏微分とポテンシャル** 上のように y, z を一定に保ち x で微分することを**偏微分**といい，$\partial/\partial x$ の記号で表す．こうして，偏微分の記号を使うと
$$F_x = -\frac{\partial U}{\partial x}, \quad F_y = -\frac{\partial U}{\partial y}, \quad F_z = -\frac{\partial U}{\partial z}$$
と書ける．あるいは，上の関係をまとめ $\boldsymbol{F} = -\nabla U$ と表すこともある．∇ は**ナブラ**という記号である．また，U を別名**ポテンシャル**という．

例題 3 図 3.7 (p.29) に示した線形復元力に対する位置エネルギーを求めよ．

解 質点の質量を m とすれば線形復元力は
$$F_x = -m\omega^2 x, \quad F_y = F_z = 0$$
と表される．これに対する位置エネルギーは
$$U = \frac{1}{2}m\omega^2 x^2$$
で与えられる．U に任意定数をつけ加えても $\boldsymbol{F}$ は変わらず，そのような点で U には任意性がある．上記の U は原点 ($x = 0$) で位置エネルギーが 0 となるよう任意定数を決めていることに相当する．

4.3 運動エネルギー

運動エネルギー　弓から勢いよく放たれた矢とか，スピード走行する自動車は人体を傷つけたり，物体を破壊したりする．このように，運動する物体はエネルギーをもち，それを**運動エネルギー**という．ダンプカーは軽自動車より，また市内のドライブより高速道路上の方がこの破壊の能力は増える．このような考察から運動エネルギーは質量と速さの両方に係わっていることがわかる．ニュートンは運動の勢いを表す量として，物体の質量 m とその速さ v の積を考えた．この量は 3.7 節で論じた運動量で [質量] × [速さ] の次元をもち，これは前述の仕事の次元とは異なり，運動量は運動エネルギーを記述しない．

運動エネルギーの定義　質量，長さ，時間の次元をそれぞれ M, L, T と表せば力の次元は MLT^{-2} で，仕事の次元は ML^2T^{-2} であることがわかる．これから質量 m の質点が v の速度で運動しているとき，その運動エネルギーは mv^2 に比例することがわかる．正確には，運動エネルギー K は次式で定義される．

$$K = \frac{1}{2}mv^2 \tag{4.7}$$

運動エネルギーと仕事　ある軌道上を運動する質量 m の質点を考え，時刻 t で質点は点 A にあるとし，このとき質点が運動する方向に x 軸をとる [図 **4.6(a)**]．また，質点に働く力 $\boldsymbol{F}$ と x 軸とのなす角を θ とする．微小時間 Δt 後の時刻 $t + \Delta t$ において質点は Δx だけ変位して点 B に達したとし，点 A, B における速度をそれぞれ $v, v + \Delta v$ とする [図 **4.6(b)**]．ただし，Δt は十分小さいとし，曲線 AB は直線で表されるとする．点 A, B における運動エネルギーを K_A, K_B と表すと，(4.7) の定義式により，質点が A から B に移動したときの運動エネルギーの増加分は次のように与えられる．

$$K_B - K_A = \frac{1}{2}m\left[(v + \Delta v)^2 - v^2\right] \tag{4.8}$$

平方に関する公式 $(v+\Delta v)^2 = v^2 + 2v\Delta v + (\Delta v)^2$ を利用すると $(v+\Delta v)^2 - v^2 = 2v\Delta v + (\Delta v)^2$ と計算される．Δv は v に比べ十分小さいと仮定しているので，$(\Delta v)^2$ の項を無視することができ，(4.8) は $mv\Delta v$ に等しいことがわかる．一方，A から B へ質点を移動させるときに力のする仕事を前節と同様 $W(\mathrm{A} \to \mathrm{B})$ と書くと，$mv\Delta v = W(\mathrm{A} \to \mathrm{B})$ が示される (例題 4)．こうして

$$K_B - K_A = W(\mathrm{A} \to \mathrm{B}) \tag{4.9}$$

の関係が導かれた．上式は，$W(\mathrm{A} \to \mathrm{B})$ の仕事の分だけ，運動エネルギーが増加することを意味する．

4.3 運動エネルギー

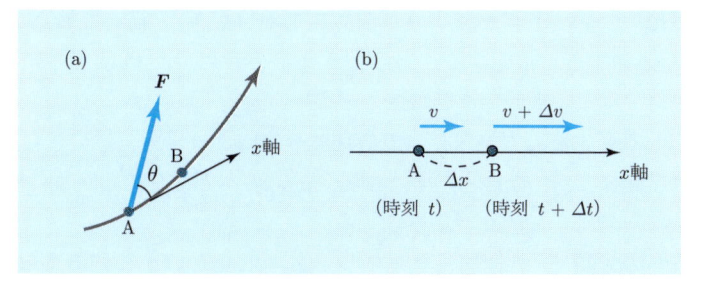

図 4.6 運動エネルギーと仕事

例題 4 図 4.6(b) で $mv\Delta v = W(\mathrm{A} \to \mathrm{B})$ の関係が成り立つことを示せ.

解 ニュートンの運動方程式の x 成分を考慮すると力の x 成分は $F\cos\theta$ と書けるので Δt が十分小さいと

$$m\frac{\Delta v}{\Delta t} = F\cos\theta$$

が成り立つ. また v は $v = \Delta x/\Delta t$ と表される. 左ページで示したように (4.8) は

$$K_\mathrm{B} - K_\mathrm{A} = mv\Delta v$$

と書けるので

$$K_\mathrm{B} - K_\mathrm{A} = F\cos\theta\Delta t\frac{\Delta x}{\Delta t} = F\cos\theta\Delta x$$

となる. 上式の右辺は A から B まで質点が移動したとき力のする仕事であるから, 題意が示された.

例題 5 硬式野球のボールの質量は $0.145\,\mathrm{kg}$ と定められている. 野球の投手が時速 $150\,\mathrm{km}$ でボールを投げたとし, 以下の設問に答えよ.
(a) ボールのスピードを国際単位系で表すと何 $\mathrm{m\cdot s^{-1}}$ となるか.
(b) ボールの運動エネルギーを求めよ. ただし, ボールは質点とみなしてよいとする.

解 (a) $1\,\mathrm{h} = 3600\,\mathrm{s}$ であるから, ボールのスピードは次のように計算される.

$$\frac{150 \times 10^3}{3600}\,\mathrm{m\cdot s^{-1}} = 41.7\,\mathrm{m\cdot s^{-1}}$$

(b) ボールの運動エネルギーは

$$K = \frac{1}{2} \times 0.145 \times 41.7^2\,\mathrm{kg}\cdot\frac{\mathrm{m}^2}{\mathrm{s}^2} = 126\,\mathrm{J}$$

となる.

有限な変位　図 **4.7** に示すように質点はある経路 C を描いて始点 A から終点 B まで運動すると仮定する．力のする仕事を考えると C は実際に質点が運動する軌道ではなく仮想的な経路としてよい．ただし，A から B に至る向きは決まっているとする．力が保存力であればその向きは場所だけに依存し移動の向きには無関係だが，摩擦力のような場合，力の向きは移動の向きに依存する．以下，しばらくは一般的な経路を考える．

微小変位への分割　AB 間に $0, 1, 2, \cdots, n-1, n$ という n 個の点をとり，点 $i-1$ から次の点 i に至る変位は直線とみなせるとする．この変位ベクトルを $\Delta \boldsymbol{r}_i$ とし，その間に質点の働く力はほぼ一定とみなしてこれを $\boldsymbol{F}_i$ とおく．質点を $\Delta \boldsymbol{r}_i$ だけ移動させるときの仕事 W_i は

$$W_i = \boldsymbol{F}_i \cdot \Delta \boldsymbol{r}_i \tag{4.10}$$

と書ける．全体の仕事 W は i についての和をとり

$$W = W_1 + W_2 + \cdots + W_n = \boldsymbol{F}_1 \cdot \Delta \boldsymbol{r}_1 + \boldsymbol{F}_2 \cdot \Delta \boldsymbol{r}_2 + \cdots + \boldsymbol{F}_n \cdot \Delta \boldsymbol{r}_n \tag{4.11}$$

と表される．ここで，分割を無限に細かくし $n \to \infty$ の極限をとると，上式は質点を曲線 C に沿って移動させたとき力のする仕事 W となる．

実際の軌道　経路 C を質点が実際に描く軌道とすれば点 $i-1$ から点 i に至る微小変位に (4.9) を適用し $K_i - K_{i-1} = W_i$ が成り立つ．ここで $i = 1, 2, \cdots, n$ とおけば $K_1 - K_0 = W_1$, $K_2 - K_1 = W_2, \cdots, K_n - K_{n-1} = W_n$ が得られる．これらの式をすべて加えると，左辺は最終的に $K_n - K_0$ となる．一方，右辺で $W = W_1 + W_2 + \cdots + W_n$ は (4.11) により質点が点 A から点 B まで運動したとき力のする仕事の総量 $W(\mathrm{A} \to \mathrm{B})$ を表す．K_0, K_n はそれぞれ始点，終点における運動エネルギー $K_\mathrm{A}, K_\mathrm{B}$ を意味するから

$$K_\mathrm{B} - K_\mathrm{A} = W(\mathrm{A} \to \mathrm{B}) \tag{4.12}$$

と書け，(4.9) の関係が有限の変位でも成り立つことがわかる．

応用例　図 **4.8** のように，質量 m の弾丸を固定されている材木に打ち込んだとき，弾丸は距離 s だけくい込んで止まるとする．材木からの抵抗力は一定でその大きさは F であるとすれば，力の向きは弾丸の進行方向と逆向きであるから，抵抗力のする仕事は $-Fs$ に等しい．始点 A は弾丸が材木にあたる瞬間をとりそのときの弾丸の速さを v とする．終点 B は弾丸が止まったときをとると，$K_\mathrm{B} - K_\mathrm{A} = -mv^2/2$ と表されるため (4.12) により $mv^2/2 = Fs$ となる．例えば，$m = 0.15\,\mathrm{kg}$, $v = 120\,\mathrm{m \cdot s^{-1}}$, $s = 0.03\,\mathrm{m}$ のとき F は $F = 36000\,\mathrm{N}$ と計算される．

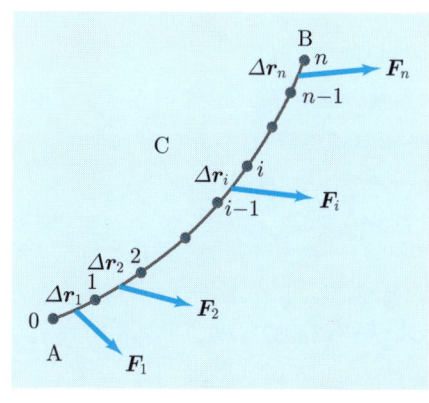

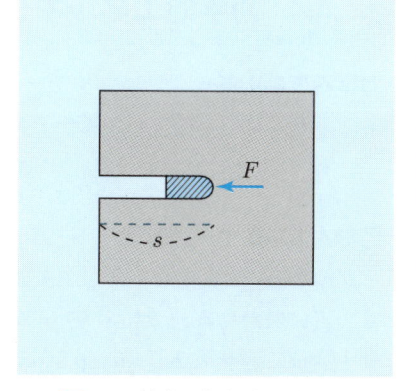

図 4.7　有限な変位　　　　図 4.8　材木に打ち込んだ弾丸

[参考] **線積分**　(4.11) は積分の形で書ける．すなわち，同式を

$$W = \int_C \boldsymbol{F} \cdot d\boldsymbol{r}$$

と表す．ここで，積分記号の下の C の添字は経路 C に沿っての積分を明記したものである．このようにある曲線についての積分を**線積分**という．

物理用語としての仕事とエネルギー

　「力仕事」とか「一仕事する」というように言葉としての仕事は日常的によく使われる．物理でいう仕事は本文に説明した通りだが，力仕事は物理の定義に近いといえよう．仕事は力と同様，物理以前からあった言葉で，仕事という物理用語はそれに便乗したものである．仕事を英語では work というが，work は働くという意味で，古くからの言葉に物理がおんぶしたという事情は同じである．

　仕事に反してエネルギーという言葉は物理の専門用語である．わが国でエネルギーという言葉は現在日本語として通用するが，これは 1973 年に起こった石油危機のお陰である．エネルギーという用語は，1717 年，ベルヌーイが初めて使ったといわれている．この言葉はギリシア語に語源をもつが，定義はここでいう仕事に近いものであった．1807 年にイギリスの物理学者ヤングは mv^2 という量を運動エネルギーにとることを提唱した．実際 (4.7) のすぐ上で説明したように，この量は仕事の正しい次元をもつ．彼はまたエネルギーという用語を使ったが，その用法は定着しなかった．しかし，ヤングは光の干渉実験を行いその方面では高く評価されている．これについては第 7 章で紹介する．エネルギーという語法が定着したのはイギリスの物理学者トムソンが発表した 1851 年の論文以後のことである．この論文はニュートンの死後 124 年後にあたる．意外であるが，ニュートンはエネルギーという言葉を知らなかった．

4.4 力学的エネルギー

力学的エネルギー　エネルギーには各種の種類があり，このうちもっとも基本的なものは力学的エネルギーである．これは運動エネルギー K と位置エネルギー U の和として定義され，力学的エネルギー E は次式のように表される．

$$E = K + U \tag{4.13}$$

力学的エネルギー保存則　力学的エネルギーのもつ重要な性質として摩擦などが働かないと，すなわち力が保存力だと運動の間中，質点の力学的エネルギーは一定に保たれる．これを**力学的エネルギー保存則**という．図 **4.6(b)** に示した微小変位を考えると (4.6) (p.50), (4.9) (p.52) により $K_B - K_A = U_A - U_B$ が得られる．したがって，A, B における力学的エネルギーをそれぞれ E_A, E_B と書けば $E_A = E_B$ が成り立つ．図 **4.7** で隣接する点にこの関係を適用すると $E_0 = E_1, E_1 = E_2, E_2 = E_3, \cdots, E_{n-1} = E_n$ となる．E_0, E_n はそれぞれ点 A, B における力学的エネルギー E_A, E_B を意味し，結局，次の関係が導かれる．

$$E_A = E_B \tag{4.14}$$

力学的エネルギー保存則と運動方程式　力学的エネルギー保存則からニュートンの運動方程式を導くことができる．簡単のため x 軸上を運動する質量 m の質点を考える．時間が t から $t+\Delta t$ に変わる間の運動エネルギー K の増加分 ΔK は (4.8) (p.52) の計算と同様 $\Delta K \simeq mv\Delta v$ と表される．一方，(4.6) (p.50) により $\Delta U = -F\Delta x$ が成り立つ．力学的エネルギー保存則によると $K+U$ は一定であるから $mv\Delta v - F\Delta x = 0$ が得られる．これを Δt で割り $\Delta x/\Delta t = v$ の関係を使うと $m\Delta v/\Delta t = F$ となる．ここで $\Delta t \to 0$ の極限をとると $\Delta v/\Delta t$ は加速度となり運動方程式が得られる．

滑らかな束縛と力学的エネルギー保存則　質点が滑らかな束縛を受けていると，U から導かれる力以外に束縛力 $\boldsymbol{R}$ が質点に働く．滑らかな束縛では質点の変位 $\Delta \boldsymbol{r}$ に対し $\boldsymbol{R}$ は $\Delta \boldsymbol{r}$ と垂直で $\boldsymbol{R} \cdot \Delta \boldsymbol{r} = 0$ が成り立つので束縛力は仕事をしない．このため力学的エネルギー保存則は滑らかな束縛があっても成立する．

力学的エネルギー保存則を用いるときの注意　力学的エネルギー保存則は運動方程式と等価であるから力学の問題を解くのにどちらを使ってもかまわない．しかし，力学的エネルギー保存則を用いるとき次の 2 点に注意しなければならない．

(1) 力が位置エネルギーから導かれること．すなわち摩擦力が働かないこと．
(2) 物体が滑らかな束縛を受けていても，この法則は成り立つこと．

4.4 力学的エネルギー

例題 6 水平面と角 θ をなす滑らかな斜面上で，水平面から高さ h の点 A から質量 m の質点が初速度 v_0 ですべり落ちた．質点は斜面に沿って進み斜面と水平面との交点 B に到達したとする（図 4.9）．点 B における質点の速さ v を求めよ．

解 点 A, B における質点の力学的エネルギーは $mv_0{}^2/2 + mgh$, $mv^2/2$ で力学的エネルギー保存則により両者は等しいから v は次のように求まる．
$$v = \sqrt{v_0{}^2 + 2gh}$$

例題 7 半径 r の滑らかな球面上に束縛されている質量 m の質点がある．この質点が球の頂上から図 4.10 のように初速度 v_0 ですべり落ちるとして，以下の設問に答えよ．
(a) 質点は鉛直方向から角 θ だけ傾いたときの質点の速さ v を求めよ．
(b) そのときの垂直抗力 N はいくらか．
(c) 質点が球面から離れるときの θ の値を計算せよ．

解 (a) 滑らかな束縛であるから力学的エネルギー保存則が適用できる．したがって，中心 O を重力の位置エネルギーの基準にとると次式が成り立つ．
$$\frac{1}{2}mv^2 + mgr\cos\theta = \frac{1}{2}mv_0{}^2 + mgr$$
$$\therefore\quad v = \sqrt{v_0{}^2 + 2gr(1-\cos\theta)}$$

(b) 質点に働く向心力を考えると $mv^2/r = mg\cos\theta - N$ となり (a) で求めた v を代入し次式が得られる．
$$N = mg(3\cos\theta - 2) - \frac{mv_0{}^2}{r}$$

(c) $N = 0$ とおけば，質点が球面から離れる θ として次式が求まる．
$$\cos\theta = \frac{2}{3} + \frac{v_0{}^2}{3gr} \qquad \therefore\quad \theta = \cos^{-1}\left(\frac{2}{3} + \frac{v_0{}^2}{3gr}\right)$$

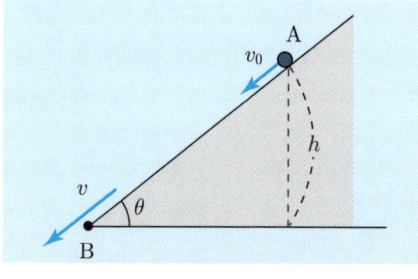

図 4.9 斜面上の質点

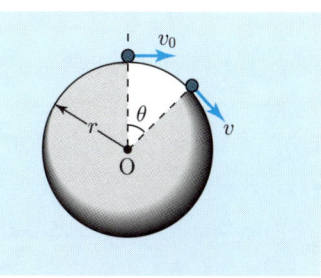

図 4.10 球面上の質点

4.5 各種のエネルギー

力学的エネルギーの他に各種のエネルギーが存在するが，代表的なものを紹介する．これらのエネルギーの間には変換が起こるが，そのような例を以下学ぶ．

内部エネルギー　巨視的な物体も微視的に見れば分子や原子から構成されていて，これらの粒子は運動エネルギーや相互作用の位置エネルギーをもつ．このように物体の内部にはある種のエネルギーが蓄えられていると考えられ，これを**内部エネルギー**という．物体に熱を加えるとその内部エネルギーが上昇するので，熱のことを**熱エネルギー**という場合もある．また，**核エネルギー**も一種の内部エネルギーとみなすことができる．

化学エネルギー　ガスや石油の燃焼によって生じる熱は，ガスレンジとか石油コンロとして広く利用されている．このエネルギーは，物質の化学変化に伴うもので**化学エネルギー**と呼ばれる．化学反応の際，熱が発生する反応を**発熱反応**，逆に熱を吸収する反応を**吸熱反応**という．

電気・磁気エネルギー　帯電体は周辺にある紙片などをひきつけ仕事をするのでエネルギーをもつ．電気と関連したこのようなエネルギーを**電気エネルギー**という．同様に，磁石は鉄の小片をひきつけるのでエネルギーをもつと考えられる．磁気に伴うエネルギーを**磁気エネルギー**という．

光エネルギー　光は電磁波の一種で，波の形で空間中を広がっていく．この光の波に伴って運ばれるエネルギーを**光エネルギー**という．光を発生させるには例えばロウソクを利用するが，この場合，化学エネルギーが光エネルギーに変わる．ホタルなどの発光も同様である．

エネルギーの変換　これまでみてきたように，エネルギーにはいろいろな種類があり，1つの種類のエネルギーは適当な方法によって他の種類のエネルギーに変わる．このように，エネルギーの種類が変わることを**エネルギーの変換**という．図4.11はエネルギーの変換を図示した一例である．この種のエネルギーの変換は日常よく体験される．例えば寒い日に手をこすり合わせると摩擦熱が発生して一時的にせよ暖がとれる．これは力学的エネルギーが熱エネルギーに変わった例である．水力発電で電気を起こす場合，貯水池の水を落下させ発電機を回転させる．貯水池に蓄えられた水は重力の位置エネルギーをもつが，水力発電では位置エネルギーという力学的エネルギーが発電機の回転運動という力学的エネルギーに変わり，さらにそれが電気エネルギーに変わる．また，火力発電では石油を燃やして発電機を回し発電を行う．

4.5 各種のエネルギー

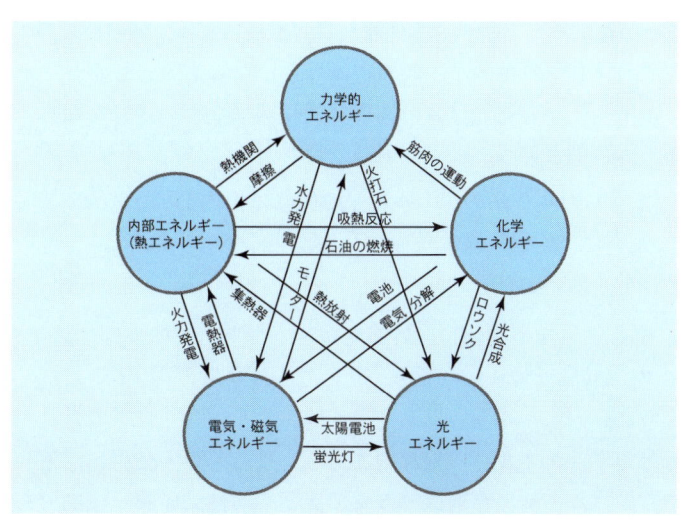

図 4.11 エネルギーの変換

> **例題 8** 人類が利用できるエネルギーの大部分は太陽の発するエネルギーに依存している．この事情を説明せよ．

解 原子力発電などに利用されるウランは約 46 億年前に地球誕生のもととなった宇宙の塵に含まれていたもので再び作り出すことはできない．これらのウラン原子に含まれる核エネルギーは発電に利用され，わが国の総発電量の 35％になっている．このようないわば地球本来のもつエネルギー以外はすべて太陽に依存している．太陽はその表面から光をまわりの空間に放射しているが，地球上の植物はこの光エネルギーを利用して，二酸化炭素と水とから有機化合物を合成する．これは**光合成**と呼ばれる過程である．光合成は生物が存在するための絶対必要な化学反応で食物はこのような反応で生成される．太陽電池を使うと光エネルギーを電気エネルギーに変えることができる．太陽電池の場合にはあまり環境を汚さずにエネルギーの変換が可能なので将来のエネルギー源として期待がもたれている．

さらに，集熱器を利用し水を日光にあてると，太陽からの光エネルギーによって水の温度が上がり，光エネルギーは熱に変換される．石炭・石油などの化石燃料は，大昔，太陽光によって育てられた動植物が変化したものである．オイルショックの元凶だった石油も実は太陽の産物というわけである．

このように，地球上で私たちが利用するエネルギーは，多かれ少なかれ，その源を太陽の出す光エネルギーに仰いでいる．太陽のエネルギー源は**核融合反応**である．軽い原子核が融合して重い原子核に変わるとき莫大なエネルギーが発生する．この点については本書の第 11 章で学ぶ．

エネルギー保存則　　各種のエネルギーは，機械によって他の種類のエネルギーに変換したり，1つの物体から他の物体へ移ったりする．しかし，全体として見れば，エネルギーの総和は，時間の経過に関係なく一定に保たれる．これを**エネルギー保存則**という．この法則は

$$\text{孤立した物体系のエネルギーの総量は，内部でどんな} \atop \text{エネルギーの変換が起こっても，一定不変である} \tag{4.15}$$

と表現される．あるいは

$$\text{ある注目する物体に，外部からエネルギーが加わったとき，} \atop \text{その分だけ物体のもつエネルギーの総量が増加する} \tag{4.16}$$

といってもよい．エネルギーとして力学的エネルギーだけを考慮した場合が前節で述べた力学的エネルギー保存則である．また，熱と仕事に関連した物理現象に対するエネルギー保存則は第5章で説明する熱力学第一法則である．エネルギー保存則は物理学におけるもっとも基本的な法則の1つであると考えられている．

エネルギー保存則と金銭の授受　　エネルギー保存則の(4.16)のような表現は，身近な金銭の授受と比べるとわかりやすい．ある人が，例えば7000円もっているとすれば，その人には7000円のものを買う能力がある．他の人がさらに1000円くれたら，能力は1000円分だけ増加するし，逆に，他の人に2000円やってしまえば，能力は2000円分だけ減少する．他人から例えば2000円もらう場合，紙幣であろうが，コインであろうが，小切手であろうが，とにかく総額で2000円分もらえば，能力はその分だけ増加する．同様に，どのような種類のエネルギーでも，とにかく受けとったエネルギーの総量分だけ，エネルギーが増加するということになる．このように，エネルギー保存則は日常的な金銭の授受と基本的に同じであるので，理解しやすい法則である．

エネルギーの単位と為替レート　　上の例で円という話が出てきたが，これはわが国だけで通用する貨幣の単位である．アメリカではドル，ヨーロッパではユーロという単位があり，円との交換は為替レートで決まっている．エネルギーを測るのに古くからカロリーという単位があり，食品の化学エネルギーなどはこの単位で表示されている．カロリーはダイエットと関連して知らない人はいないほど有名であるが，エネルギーの単位としてのジュールはほとんど知られていないであろう．1.3節の例題2(p.7)で学んだように，食品などの化学エネルギーを国際単位系で表す場合にはMJの単位が適当である．

4.5 各種のエネルギー

わが国のエネルギー事情

著者が子供であった 1940 年代，東京の大井町というところに住んでいたが電気，ガス，水道などのライフラインは戦前にもかかわらず，一応完備していた．ガスは朝晩の調理に使っていたが，電気は電灯，ラジオ，アイロン位でわが国の電気量は水力発電で十分まかなえると教わった．近くには公衆浴場がいくつかあったが，わが家には風呂があり，その水は井戸水を利用していた．水道はもっぱら飲料，洗濯に使っていたようである．井戸水と水道水とを飲み比べると，はっきりその差が認識できた．この頃の井戸水は汚染物質などを含まず自然の状態に近い物質であったのだろう．石油は戦艦とか飛行機を動かすためのもので，日常生活にこれが使われることはなかった．交通機関もわが国の主要幹線は蒸気機関を利用し，東海道線も東京，沼津間は電化していたもののこれ以外は SL に頼っていた．都市の鉄道は電気を利用していたが，マイカーといった類いは存在せず，自動車を使うのもバスに乗車するという程度であった．

戦後 14, 5 年間，年代でいうと 1960 年頃までわが国のエネルギー源は水力と石炭であった．1959 年から 1961 年までアメリカに留学したが，その当時，アメリカで鉄道産業は自動車に押され，斜陽産業となっていた．アメリカの雑誌に鉄道機関の宣伝として「日本を見習え」ということで SL の機関士の写真が載っていたのを思い出す．わが国は資源には恵まれないといわれるが，石炭はかなりの埋蔵量があり 50 年はもつという話である．戦後の復興に石炭の果たした功績は大きく，現在でも炭坑節が盆踊りでよく歌われるが，かつて石炭産業がわが国の花形であった事情が推察されよう．

その後，中東から安い石油が入るようになり産業構造は大きく変化した．石炭産業の安楽死が公然と囁かれた．と同時に，このような産業構造の変化に伴いわが国古来の良い習慣が次々と姿を消して行った．一つには風呂敷の消失がある．便利な買い物袋に追われ風呂敷は消えたが，節約のためこれを復活しようとする機運があるのは好ましいことである．ゴザの使用，くず屋の消滅など良風の絶えた例を挙げればきりがない．しかし，その代償としてわが国の経済は驚異的な発展を遂げた．1973 年に起こったオイルショックはこのような発展に水をかけた．いまの若年層には経験はないが，1973 年第四次中東戦争の際，原油価格が一挙に 4 倍になるという事態が起こった．それまで安い石油をふんだんに使い高度経済成長を続けてきたわが国にとって，この値上げは大打撃であった．官民協力してこの危機からの脱出に努力し，その結果あまり石油に頼らず他のエネルギー資源に頼ろうということになった．原子力発電は急速に採用されたエネルギー供給策である．このようなオイルショックは，エネルギーという物理の専門用語を一般的な日本語にするという皮肉な効果をもたらした．

エネルギーをどうするかを巡る経済政策には山あり谷ありでどれがいいかははっきりしない．このような政策に伴う話として徳川吉宗と徳川宗春の論争は教訓的である．前者は徹底的な倹約を主張し，後者は徹底的な商業の重視を主張した．結果的には倹約が勝利を収めたが，わが国のエネルギーの事情の将来を論じる際，歴史の残した教訓はいろいろな面で役に立つと思われるがどうだろう．

演習問題 第4章

1. 質量 0.2 kg のりんごが 2 秒間自由落下する場合に重力のする仕事は何 J か.
2. モーターでロープを巻き上げ,質量 20 kg の荷物を鉛直上方に吊り上げるとする.モーターの仕事率が 0.5 馬力のとき,物体はどれくらいの速さで吊り上がるか.ただし,1 馬力 $=735.5$ W とする.
3. 質量 0.5 kg の物体が高さ 6 m のところにあるとき,この物体の重力の位置エネルギーを求めよ.
4. 体重 60 kg の人が $7 \,\mathrm{m \cdot s^{-1}}$ の速さで走っているとき,この人のもつ運動エネルギーは何 J か.
5. 質量 0.2 kg の質点を初速度 $40 \,\mathrm{m \cdot s^{-1}}$ で真上に投げ上げたとき次に示す量を求めよ.
    (a) 2 秒後における質点の運動エネルギーと重力の位置エネルギー
    (b) 質点が最高点に達したときの重力の位置エネルギー
6. 一直線 x 軸上で原点 O を中心として単振動を行う質量 m の質点がある.その x 座標が時間 t の関数として
$$x = r \sin(\omega t + \alpha)$$
で与えられるとし,次の問に答えよ.
    (a) 運動エネルギー,位置エネルギーを t の関数として求めよ.
    (b) 力学的エネルギーが一定であることを示し,力学的エネルギー保存則を確かめよ.
7. 時速 150 km で鉛直上方に投げ上げられたボールが最高点に達したとき,その高さは何 m か.
8. 滑らかな束縛であっても,質点を束縛するための条件 (束縛条件) が時間とともに変わるときには,力学的エネルギー保存則は必ずしも成り立たないことを示せ.
9. 4.4 節の例題 7 (p.57) において v_0 がある値より大きいと,質点は球面をすべり落ちず,球の頂上からただちに球面を離れてしまう.そのような v_0 を求めよ.
10. 水平面と $30°$ の角をなす高さ 30 m のスキーのジャンプ台がある.ジャンパーと斜面との間の動摩擦係数を 0.1 であるとし,初速度 0 でジャンパーがすべり出したとする.ジャンパーが飛び出すときの速さは時速何 km か.
11. ある汽車 (質量 500 t) とレールとの間の動摩擦係数は 0.01 であるとし,この汽車が等速運動しているとき,1 km 進行する間に石炭を 28 kg 消費するものとする.この石炭の 1 g の発熱量は 3×10^4 J であると仮定したとき,消費熱量の何 % が力学的な仕事に変わったかを計算せよ.

第5章

温度と熱

　温度は日常生活に現れる身近な物理量である．物体の温度を変化させる原因になるものを熱というが熱に関する熱力学第一法則，熱力学第二法則を学ぶ．ある状態から出発し再び元の状態に戻る変化をサイクルという．ここでは可逆サイクル，不可逆サイクルの性質を論じる．熱力学第二法則を数式化したのがクラウジウスの不等式であるが，この不等式に基づいてエントロピーについて述べる．

本章の内容

5.1　温　度
5.2　状態方程式
5.3　熱力学第一法則
5.4　理想気体の性質
5.5　熱力学第二法則
5.6　可逆サイクルと不可逆サイクル
5.7　クラウジウスの不等式
5.8　エントロピー

5.1 温 度

温度 寒暖の度合いを定量的に表すものを**温度**という．日常的によく使う単位は**セルシウス度**または**セ氏温度**である．すなわち，1気圧の下，氷の溶ける温度を 0，水が沸騰する温度を 100 と決め，この間を 100 等分して 1 度とする．この温度を記号で °C と表す．0 °C 以下の低温あるいは 100 °C 以上の高温はこの定義を押し広めて使用する．セルシウス度 t °C から

$$T = t + 273.15 \tag{5.1}$$

で決められる温度を**絶対温度**という．その単位は**ケルビン** (K) である．物理でいう温度とは絶対温度のことで，今後，単に温度といえば絶対温度を指すものとする．また，温度差を表すとき，°C ではなく K の記号を用いる．

熱と熱量 高温物体と低温物体を接触させると，前者は冷え，後者は暖まる．このとき，高温物体から低温物体へ**熱**が移動したという．一般に，物体の温度を変える原因になるものを熱，また熱を定量的に表したものを**熱量**という．熱量の単位として 1 g の水の温度を 1 K だけ上げるのに必要な熱量を考え，これを **1 カロリー** (cal) という．ある一定の仕事 W J は常にある一定の熱量 Q cal に相当し，両者間に

$$W = JQ \tag{5.2}$$

が成立することが種々の実験結果からわかる．(5.2) の J は 1 cal の熱量が何 J の仕事に相当するかを表す量で，これを**熱の仕事当量**といい，その値は

$$J = 4.19 \, \text{J} \cdot \text{cal}^{-1} \tag{5.3}$$

と求まっている．

熱容量と比熱 ある物体の温度を 1 K だけ上げるのに必要な熱量をその物体の**熱容量**，特に，1 g の物質の熱容量をその物質の**比熱**という．質量 m g の物体の温度を t K だけ上げるのに必要な熱量 Q は，比熱を c cal $\cdot$ g^{-1} $\cdot$ K^{-1} として

$$Q = mct \tag{5.4}$$

で与えられる．温度が t K だけ下がるとき失われる Q も (5.4) に等しい．

熱量保存の法則 外部との間に熱の出入りがないようにして，高温物体と低温物体と互いに接触させたり，または混合させたりするとき次の関係が成り立つ．

$$\text{(高温物体の失った熱量)} = \text{(低温物体の受けとった熱量)} \tag{5.5}$$

これを**熱量保存則**という．物体の比熱は，既に比熱のわかっている物体を利用し熱量保存の法則を適用して測定することができる (例題 2)．

5.1 温度

例題 1 30 g の水の温度を 10 K だけ上げるのに必要な熱量は何 cal か. また, それは J 単位で表したときいくらか.

解 カロリーの定義により水の比熱は $1\,\mathrm{cal\cdot g^{-1}\cdot K^{-1}}$ と表される. したがって, 必要な熱量は (5.4) により

$$Q = 30 \times 1 \times 10\,\mathrm{cal} = 300\,\mathrm{cal} = 300 \times 4.19\,\mathrm{J} = 1257\,\mathrm{J}$$

と計算される.

例題 2 質量 m g, 温度 t K の水の中に, 質量 M g, 温度 T K の物体を入れ放置しておいたところ, しばらくして両者は共通の温度 T' K になった. 物体の比熱 c を求めよ. ただし, $t < T' < T$ とし, 外部との熱の出入りはないとする.

解 物体の失った熱量は $Mc(T-T')$, 水の受けとった熱量は $m(T'-t)$ である. 両者は等しいから

$$Mc(T-T') = m(T'-t) \qquad \therefore \quad c = \frac{m(T'-t)}{M(T-T')}\,\mathrm{cal\cdot g^{-1}\cdot K^{-1}}$$

という結果が得られる.

[補足] 水当量 熱量計の熱容量を $Q\,\mathrm{cal\cdot K^{-1}}$ とすれば, それは Q g の水と同じ働きをするので, これを熱量計の**水当量**(みずとうりょう)と呼んでいる. 熱量計の水当量は例題 2 のような方法で求めることができる.

[参考] 熱伝導と熱平衡 日常よく経験しているように, 高温物体 A と低温物体 B を接触させると A から B へ熱の移動が起こる. この現象を**熱伝導**という. しばらく放置しておくと, 熱の移動が止み, 例題 2 のように両者は同じ温度に達する. このとき A, B は**熱平衡**の状態にあるという. 体温計は身体と熱平衡に達したときの温度を測定する. A と B, A と C が熱平衡だと B と C も熱平衡となる. これを**熱力学第 0 法則**とか**三物体間の熱平衡則**と呼んでいる. 一様な物体の状態は 2 つの物理量 (状態量) で記述される. 状態量については次節で説明するが, 状態量として圧力 p, 体積 V を考え, 物体 A の量を表すのに A という添字をつけることにする. A と B とが熱平衡にあると $p_\mathrm{A}, V_\mathrm{A}, p_\mathrm{B}, V_\mathrm{B}$ は独立でなく, 経験的にある種の関数関係の成り立つことがわかる. これから, 熱力学第 0 法則により

$$f_1(p_\mathrm{A}, V_\mathrm{A}) = f_2(p_\mathrm{B}, V_\mathrm{B}) = f_3(p_\mathrm{C}, V_\mathrm{C})$$

の関係を満たす関数の存在が証明される. これを**カラテオドリの定理**といい, 熱力学第 0 法則は温度の存在を証明していることになる.

[参考] 熱源 A が B に比べ十分大きいと, 熱の出入りがあっても A の温度はほとんど変化しない. このように外界と熱の授受があっても温度が変わらないような熱の供給源 (あるいは熱の吸収源) を**熱源**という.

5.2 状態方程式

状態量　一般に，物体の状態を表す物理量 (圧力 p，体積 V，温度 T など) を**状態量**という．状態量の間に成り立つ関係を議論する立場が**熱力学**である．熱力学では物体が多数の原子・分子から構成されているという微視的な視点に立ち入らず，巨視的に観測される状態量を扱う．圧力は単位面積当たりの力であるから，国際単位系における単位は $N \cdot m^{-2}$ である．これを**パスカル** (Pa) という．すなわち，$1\,Pa = 1\,N \cdot m^{-2}$ が成り立つ．

状態方程式　均質な体系の状態量として，圧力 p，体積 V，温度 T を考えることにする．実験結果によると，これらのうち，独立変数は 2 個で，独立変数として T, V を選ぶと，p は

$$p = p(T, V) \tag{5.6}$$

と書ける．状態量の間に成り立つ上のような方程式を**状態方程式**という．

理想気体の状態方程式　分子間力を無視できるような気体を**理想気体**という．n モルの理想気体を考えると，その状態方程式は

$$pV = nRT \tag{5.7}$$

と表される．R は気体の種類などに依存しない普遍的な定数で**気体定数**と呼ばれる．その値は

$$R = 8.314\,\mathrm{J \cdot mol^{-1} \cdot K^{-1}} = 1.987\,\mathrm{cal \cdot mol^{-1} \cdot K^{-1}} \tag{5.8}$$

である (例題 3)．(5.7) は T が一定のとき $pV = $ 一定 (**ボイルの法則**)，p が一定のとき $V \propto T$ の関係 (**シャルルの法則**) を表す．両者をまとめ，(5.7) を**ボイル-シャルルの法則**という．ボイル-シャルルの法則に従う気体が理想気体である．

等温線　独立変数として V, p をとり，Vp 面で等温変化を記述するような曲線を**等温線**という．温度を変えることにより沢山の等温線が描かれる．理想気体ではボイルの法則により $pV = $ 一定 となるので，等温線は Vp 面上の双曲線として記述される (図 5.1)．

理想気体の等温圧縮率　一般に**等温圧縮率** κ_T は次式で与えられる．

$$\kappa_T = -\frac{1}{V} \lim \frac{\Delta V}{\Delta p} \tag{5.9}$$

上式に $-$ がついているのは $T = $ 一定 のとき $\Delta V / \Delta p$ は負で κ_T は正と定義されているためである．理想気体では $\kappa_T = 1/p$ と計算される (演習問題 1)．

5.2 状態方程式

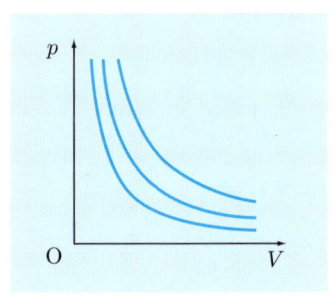

図 5.1 理想気体の等温線

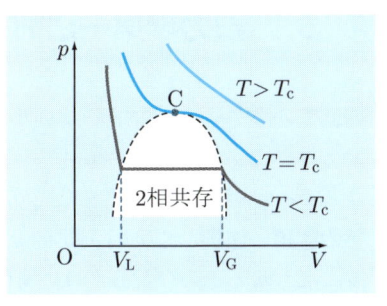

図 5.2 等温線

例題 3 すべての気体の 1 モルは標準状態 (0 °C, 1 気圧) で 22.4 ℓ の体積を占めることを利用して気体定数を求めよ．ただし，1 気圧 $= 1.013 \times 10^5$ Pa である．

解 (5.7) を利用し次のように計算される．
$$R = \frac{1.013 \times 10^5 \times 22.4 \times 10^{-3}}{273} \,\frac{\text{J}}{\text{mol} \cdot \text{K}} = 8.31 \,\frac{\text{J}}{\text{mol} \cdot \text{K}}$$

参考 **2 相共存と臨界点** 実際の物質の等温線は図 5.2 のようになる．物質に固有な**臨界温度** T_c があり，$T > T_c$ では気体をいくら圧縮しても液化せず，等温線も理想気体と似た振る舞いを示す．$T < T_c$ では気体を圧縮したとき V が V_G に達すると，気体の一部が液体に変わる (**凝縮**)．圧縮を続けると，圧力は一定のまま液体の部分が増加し，$V_L < V < V_G$ の領域では気体と液体が共存する．これを **2 相共存**の領域という．一般に熱力学では均質な性質をもつ部分を**相**という．また，この領域の最上点 C を**臨界点**という．臨界点の近傍では物理量 (例えば比熱) が特異的に振る舞う．これを**臨界現象**という．

補足 **状態図** Tp 面で物質の三態を示す図を**状態図**または**相図**という．その一例を図 5.3 に示す．**三重点**は，気相，液相，固相が共存する点で原点 O から三重点に至る曲線を**昇華曲線**，液相－固相の境界の曲線を**融解曲線**という．三重点から臨界点までの曲線は，気相－液相の共存曲線で，この曲線上の p がその温度での**飽和蒸気圧**である．また，p を与えるとそれに対応する**沸点**が決まる．液体が固体や気体になるとき熱の出入りがある．これを**潜熱**という．例えば，1 気圧の下で 0 °C の氷を溶かして同温度の水にするには 1 g 当たり 80 cal の熱量 (**融解熱**) を加える必要がある．また，100 °C の水を同温度の水蒸気にするには 1 g 当たり 539 cal の熱量 (**気化熱**) を加えねばならない．

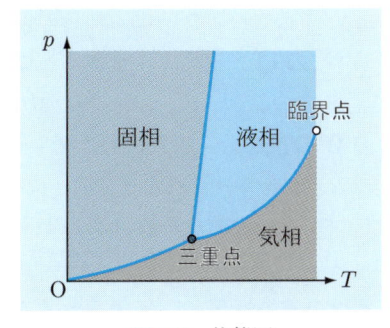

図 5.3 状態図

5.3 熱力学第一法則

内部エネルギー　物質を構成する原子や分子は力学的エネルギーをもつので，物体中にはある種のエネルギーが蓄えられていると考えられる．これを**内部エネルギー**という．熱力学では内部エネルギーを状態量として扱う．

熱力学第一法則　熱は力学的な仕事と等価であるから，物体に仕事と熱が同時に加わるとその合計分だけ，物体の内部エネルギーが増加する．すなわち，静止している物体に仕事 W，熱量 Q が加わり，物体の状態が A から B まで変わったとする．内部エネルギーは状態量なので状態 A, B での内部エネルギーを $U_\mathrm{A}, U_\mathrm{B}$ と書けば次式が成り立つ．

$$U_\mathrm{B} - U_\mathrm{A} = W + Q \tag{5.10}$$

上式を**熱力学第一法則**という．この法則は仕事と熱に関するエネルギー保存則を表す．(5.10) で W, Q は符号をもつ点に注意する必要がある．物体に加わる向きを正としたので，物体が外部に対して仕事をするときには $W < 0$ である．また，物体が熱を放出する (物体から熱を奪う) ときには $Q < 0$ となる．(5.10) で W, Q は状態量ではないことに注意する必要がある．具体的には図 **5.4** のように体系の状態を V, p で記述したとし，A から B に至る経路 C を考える．W あるいは Q は C の選び方によってその値は違うが，両者の和をとると結果は C の選び方に依存しない．W が経路によって異なる例については例題 5 を参照せよ．

微小変化の場合　(5.10) で B が A に限りなく近づくと，同式の左辺は U の変化分 ΔU と書ける．右辺の W や Q は状態量ではないため，これを変化分という形で表せないがこれらの量が微小量であることは確かなので，それらを $\Delta' W, \Delta' Q$ と書く．そうすると微小変化では次の結果が得られる．

$$\Delta U = \Delta' W + \Delta' Q \tag{5.11}$$

$\Delta' W$ の表式　熱力学では熱平衡を保ったままゆっくり行う状態変化を導入することがあり，これを 4.2 節と同様 (p.50) 準静的過程という．この過程で $\Delta' W$ に対する一般的な表式は次のように書ける (例題 4)．

$$\Delta' W = -p\Delta V \tag{5.12}$$

気体のする仕事　気体を熱すると熱膨張し外部に対して仕事をする．自動車のエンジンなどはこの種の熱膨張を利用している．体積 V_A から体積 V_B まで気体が膨張したとき，その気体のした仕事は Vp 上の面積で与えられる．この点については例題 4 を参照せよ．

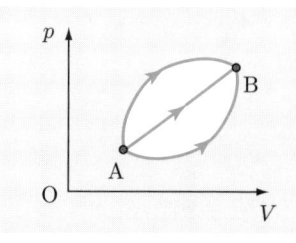

5.3 熱力学第一法則

図 5.4 A から B へ至る経路

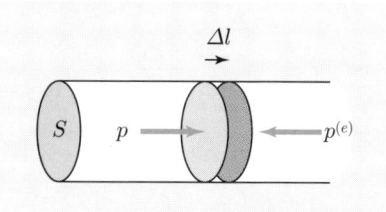

図 5.5 準静的過程

例題 4 準静的過程では $\Delta'W = -p\Delta V$ と書けることを示せ．また，この結果を利用して図 5.6 のように点 A から点 B まで経路 C に沿って気体が膨張するとき，気体のする仕事は図の斜線で示した部分の面積に等しいことを証明せよ．

解 摩擦のないシリンダーの中に気体を入れ，図 5.5 のようにピストンを気体の体積が増す向きに Δl だけ移動させたとする．ピストン (断面積 S) に働く外圧を $p^{(e)}$ とすればピストンが気体に及ぼす外力は $p^{(e)}S$ である．準静的過程では $p^{(e)}$ は気体の圧力 p に等しいとする．気体が膨張する場合，外力と移動の向きとは逆向きなため，外力のする仕事 $\Delta'W$ は $\Delta'W = -pS\Delta l = -p\Delta V$ と表される．気体のする仕事 $p\Delta V$ は図 5.6 の長方形の面積に等しい．分割を細かくすれば A → B へと気体が膨張したとき気体のする仕事は斜線部の面積で与えられることがわかる．

例題 5 ある一定量の理想気体が図 5.7 の点 A から点 B まで膨張した．点 C を経由したときと点 D を経由したとき，気体のする仕事をそれぞれ求めよ．ただし，1 気圧 $= 1.013 \times 10^5$ Pa とする．

解 例題 4 の結果を利用し C を経由したとき気体のする仕事は $3 \times 2 \times 1.013 \times 10^5$ J $= 6.08 \times 10^5$ J となる．また，D を経由したときには $5 \times 2 \times 1.013 \times 10^5$ J $= 1.013 \times 10^6$ J と計算される．

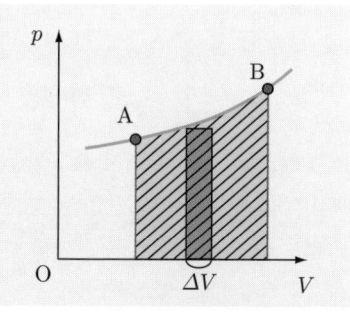

図 5.6 気体のする仕事

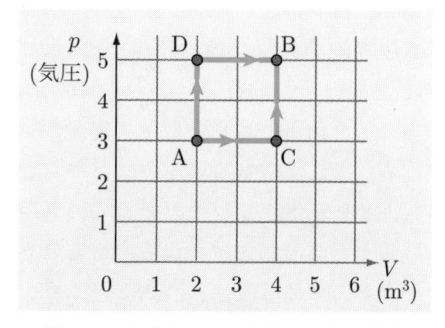

図 5.7 C または D を通るときの仕事

サイクル ある1つの状態から出発し，再びその状態に戻るような1回りの状態変化を**サイクル**という．サイクルでは(5.10)でA = Bとおき

$$W + Q = 0 \tag{5.13}$$

である．これから

$$-W = Q \tag{5.14}$$

となる．すなわち，サイクルでは体系が外部にした仕事と吸収した熱量は等しい．あるいは，符号を逆にし(5.14)を

$$W = -Q \tag{5.15}$$

と書けば，体系に外部から加わる仕事と放出した熱量は等しい，といえる．

熱機関 熱を力学的エネルギーに変える装置を**熱機関**という．蒸気機関，ガソリン機関，ディーゼル機関，ロケットなどは熱機関であるが，これらは自動車，ディーゼル車，火力発電，飛行機などに広く利用され，現代文明を支える大きな支柱となっている．熱機関の原理を調べるため，一定量の気体を想定しその状態変化を Vp 面上の曲線で記述する．サイクルでは，ある状態から出発し再び同じ状態に戻るからこの曲線は図 5.8 のような閉曲線となる．ただし，矢印は状態変化の進む向きを示すとする．C_1 に沿い A から B まで気体が膨張する間に気体のする仕事は，$A'AC_1BB'$ に囲まれた面積に等しい．一方，C_2 に沿い B から A まで圧縮される間には気体が外部から力を受けるので，気体のする仕事は，$A'AC_2BB'$ に囲まれた面積に負の符号をつけたものである．このため A から A に戻る間，すなわち 1 サイクルの間に気体のする仕事は閉曲線内の面積に等しくなる．図 5.8 のように矢印が時計回りの場合には (5.14) で $-W = Q > 0$ である．すなわち，気体に加えられた熱量の分だけ，気体は外部に対して仕事をする．これが熱機関の原理である．

ヒートポンプ 図 5.8 の矢印を逆向き(反時計回り)にすると，上述の現象と逆なことが起こる．すなわち，気体のする仕事は，閉曲線内の面積に負の符号をつけたものとなり，$W = -Q > 0$ が成り立つ．したがって，外部から加わった仕事に等しいだけの熱量が気体から奪われる．これは電気冷蔵庫やエアコンなど冷凍機の原理で**ヒートポンプ**と呼ばれる．名称の理由は低温側から高温側に熱を汲み上げることに由来するが，その事情は次ページのコラム欄で明らかになろう．

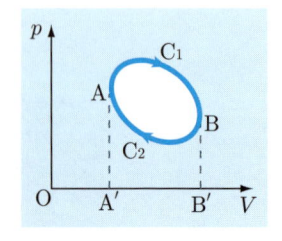

図 **5.8** サイクル

熱機関とカルノーサイクル

熱を仕事に変える装置が熱機関だが，熱機関に利用される物質を**作業物質**という．熱機関 C では図 5.9 のように温度 T_1 の高温熱源 R_1 と温度 T_2 の低温熱源 R_2 の間で作業物質に 1 サイクルの状態変化を行わせる．1 サイクルの後，C が R_1 から Q_1 の熱量を吸収し，R_2 へ Q_2 の熱量を放出したとすれば，C は

$$W = Q_1 - Q_2$$

だけの仕事を外部に対して行う．$\eta = W/Q_1$ は受けとった熱量のうち，仕事に変わった比を表し，これを熱機関の**効率**という．産業革命が発展してくると能率よく熱を仕事に変えることが要求された．19 世紀初頭フランスの物理学者カルノーは熱機関の効率が最大になるような理想的なサイクルを発見した．これはカルノーサイクルと呼ばれ熱力学第二法則の定式化にも利用されている．現実に利用されるエンジンとはだいぶ様子が違うが，熱力学的な考察の一環として以下の記事を読んでほしい．

カルノーサイクルでは作業物質として理想気体を使う．これを摩擦のないシリンダー中に入れ，Vp 面上で図 5.10 で示す準静的な状態変化をさせたとする．$1 \to 2$ の過程では高温熱源 R_1 と熱平衡を保ちながら作業物質を等温膨張させる．2 に達したところで装置と R_1 との熱接触を断ち，作業物質を断熱膨張させる．断熱変化については次節で学ぶが断熱膨張では体系の温度が下がる．スプレーで気体を噴出させると温度が下がるが，これは断熱膨張の一例である．温度が T_2 に達した 3 の状態から 4 の状態まで低温熱源 R_2 と接触させ等温圧縮を行う．4 に達したところで体系を断熱圧縮させる．空気入れで自転車のタイヤに空気を入れるときポンプが熱くなるがこれは空気の断熱圧縮の一例である．4 を適当に選ぶと断熱圧縮のため温度が上がり最初の T_1 に戻る．

$$1 \to 2 \to 3 \to 4 \to 1$$

のサイクルを**カルノーサイクル**という．図 5.10 で示した状態変化は時計回りであるから，サイクルは外部に対して仕事を行い，その効率は $\eta = (T_1 - T_2)/T_1$ で与えられる．図 5.10 の矢印を逆にした逆カルノーサイクルでは図 5.9 の矢印を逆にした過程が起こる．外部からの仕事により低温側の熱量が高温側に汲み上げられ，ヒートポンプの名称にふさわしい振る舞いがを実現する．

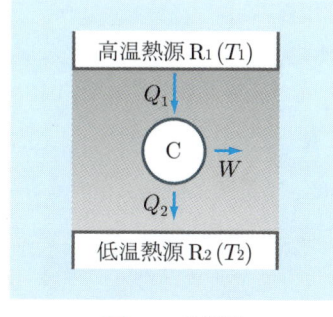

図 5.9　熱機関

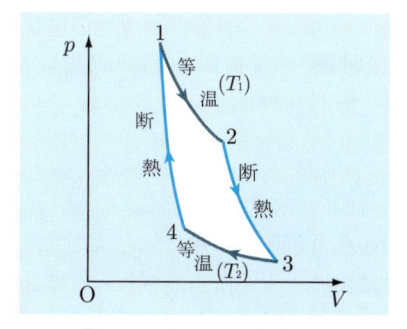

図 5.10　カルノーサイクル

5.4 理想気体の性質

理想気体と実在気体　理想気体の等温線は体積を横軸，圧力を縦軸にとったとき単調減少な関数を表し，このため理想気体では 2 相の存在が説明できない．一般に温度が低いほど，圧力が大きいほど気体より液体が実現しやすいから，低温，高圧でない限り理想気体は実在気体の状態を記述できると期待される．身のまわりにある空気の場合，臨界点における温度，圧力は $T_c = 132\,\mathrm{K}$, $p_c = 37.2$ 気圧と測定されているので常温，常圧では $T \gg T_c$, $p \ll p_c$ となり，空気を理想気体として扱うことができる．

定積比熱　理想気体の特徴の 1 つは内部エネルギーが体積に依存しないことである．むしろ，この性質は理想気体の定義でもある．単位質量当たりの物理量を小文字の記号で表すことにすると，一般に (5.11) (p.68) により

$$\Delta u = \Delta' w + \Delta' q \tag{5.16}$$

が成り立つ．体積が一定という等積過程では $\Delta' w = 0$ であるから $\Delta u = \Delta' q$ となる．**定積比熱**を c_v とすれば $c_v = \Delta u / \Delta T$ と書ける．理想気体の c_v は温度によらない定数であることが知られている．$T = 0$ で $u = 0$ とすれば例題 6 で学ぶように次式が成り立つ．

$$u = c_v T \tag{5.17}$$

定圧比熱　圧力を一定に保つような変化を等圧過程，そのときの比熱を**定圧比熱**といい，c_p と書く．等圧過程では熱膨張が可能で，膨張の際，外部に仕事をする．この仕事分だけよけいに熱を加える必要があり，その結果，定圧比熱は定積比熱より大きい．体系の分子量を M とすれば

$$c_p - c_v = \frac{R}{M} \tag{5.18}$$

が導かれる．これを**マイヤーの関係**という (例題 7)．

モル比熱　1 モルの物質の熱容量を**モル比熱**という．定積モル比熱 C_V, 定圧モル比熱 C_p はそれぞれ $C_V = Mc_v$, $C_p = Mc_p$ で与えられる．よって (5.18) から

$$C_p - C_V = R \tag{5.19}$$

が得られる．(5.18) には分子量 M という気体に固有な物理量が含まれるが，(5.19) は気体の種類に依存せず，後者はより普遍的な関係である．

比熱比　次式で定義される γ を**比熱比**という．γ は 1 より大きい定数である．

$$\gamma = \frac{c_p}{c_v} \tag{5.20}$$

5.4 理想気体の性質

例題 6 理想気体の c_v は温度によらない定数とする．$T=0$ で $u=0$ として u を T の関数として求めよ．

解 単位質量の内部エネルギー u に対し ΔT が十分小さければ $\Delta u/\Delta T = c_v$ が成り立ち，理想気体の性質により u は v によらない．u は 1 変数 T だけの関数とみなしてよく，c_v は定数であるから，u_0 を定数として

$$u = c_v T + u_0$$

が得られる．$T=0$ で $u=0$ とすれば $u_0 = 0$ と書け，u は次のように表される．

$$u = c_v T$$

例題 7 マイヤーの関係を導け．

解 例題 6 の結果により ΔT が十分小さければ $\Delta u/\Delta T = c_v$ と書ける．この関係を (5.16) に代入すれば

$$c_v \Delta T = -p\Delta v + \Delta' q \tag{1}$$

となる．ただし，$\Delta' q$ は単位質量の体系が吸収する熱量を意味する．単位質量の場合，$n = 1/M$ と表されるので理想気体の状態方程式 (5.7)(p.66) は

$$pv = \frac{RT}{M} \tag{2}$$

と書ける．圧力を一定とすれば，(2) から $p\Delta v = R\Delta T/M$ で，これを (1) に代入し

$$c_v \Delta T = -R\Delta T/M + \Delta' q$$

が得られる．定圧比熱 c_p は $c_p = \Delta' q/\Delta T$ と表されるから上式より (5.18) のマイヤーの関係が導かれる．

例題 8 H_2 の場合に標準状態 (1 atm, 0 °C) で定積モル比熱，定圧モル比熱はそれぞれ $C_V = 20.11 \,\text{J}\cdot\text{mol}^{-1}\cdot\text{K}^{-1}$，$C_p = 28.79 \,\text{J}\cdot\text{mol}^{-1}\cdot\text{K}^{-1}$ と測定されている．(5.19) の関係が成り立つことを確かめよ．

解 $C_p - C_v = 8.68 \,\text{J}\cdot\text{mol}^{-1}\cdot\text{K}^{-1}$ と計算されるが，この値は $R = 8.31 \,\text{J}\cdot\text{mol}^{-1}\cdot\text{K}^{-1}$ になるはずである．その誤差は 4% 程度で大体理論通りであるといえる．

参考 **γ の数値と気体分子の自由度** He, Ne などの単原子分子の気体の γ は気体の種類に無関係でほぼ 1.6 程度．一方，H_2, O_2 の二原子分子の場合には γ はほぼ 1.4 程度の値をとる．このような γ の数値は気体分子の自由度と密接に関係している．一般にある体系の運動状態を決めるのに必要な変数の数がその体系の運動の自由度であるが，通常これを f の記号で表す．いまの場合，1 個の気体分子の運動状態を決めるべき変数の数が f であるが，$\gamma = (f+2)/f$ であることが知られている．単原子分子では 1 個の粒子の位置を決めればよいので $f=3$，二原子分子では原子間の距離は一定で $f=5$ となり，γ と f の関係が理解できる．

断熱変化　外部と熱の出入りがないような状態を**断熱変化**あるいは**断熱過程**という．断熱変化では (5.11), (5.12) (p.68) で $\Delta'Q = 0$ とおき，一般に

$$\Delta U = -p\Delta V \tag{5.21}$$

が成り立つ．上の方程式を解けば断熱変化を表す状態変化が求まる．

理想気体の断熱変化　単位質量の理想気体を考えると $\Delta u = c_v \Delta T$ と書けるので，(5.16) (p.72) で $\Delta'q = 0$ とおけば (5.21) に相当して

$$c_v \Delta T + p\Delta v = 0 \tag{5.22}$$

が得られる．(5.22) から $\Delta v < 0$ のとき，すなわち v を小さくすれば T は大きくなり，逆に v を大きくすれば T は小さくなることがわかる．この事情は任意の質量の場合にも成り立つから，一定量の理想気体を**断熱圧縮**すると温度が上がり，逆に**断熱膨張**させると温度が下がる．前者の性質はディーゼルエンジン，後者の性質は電気冷蔵庫やエアコンに利用されている．

断熱変化を表す関係　(5.22) に単位質量に対する式 $pv = RT/M$ を代入し少々整理すると

$$c_v \frac{\Delta T}{T} + \frac{R}{M}\frac{\Delta v}{v} = 0 \tag{5.23}$$

となる．T の自然対数を $\ln T$ と書くと $\Delta(\ln T) = \Delta T/T$ が成り立つ．この関係を使い (5.18) (p.72) を利用して，比熱比 γ を導入すると $\Delta[\ln T + (\gamma-1)\ln v] = 0$ が得られる．したがって

$$\ln T + (\gamma - 1)\ln v = (\text{定数}) \tag{5.24}$$

と書け，(5.24) から断熱変化に対する $Tv^{\gamma-1} = $ 一定 の関係が得られる．質量 m の場合，その体積 V は $V = mv$ と書ける．したがって，これを上式に代入すると次のようになる．

$$TV^{\gamma-1} = \text{一定} \tag{5.25}$$

等温線と断熱線　一定量の理想気体では，状態方程式により $T \propto pV$ が成り立つので，これを (5.25) に代入すると

$$pV^{\gamma} = \text{一定} \tag{5.26}$$

の関係が導かれる．Vp 面上で一定量の物体の状態変化を考えたとき，断熱変化を記述する曲線を**断熱線**という．理想気体に限らず，一般に断熱線は等温線より急勾配で (図 **5.11**)，前者の勾配は後者の γ 倍になる．

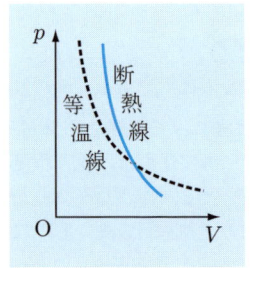

図 5.11　等温線と断熱線

5.4 理想気体の性質

参考　気体中の分子　気体は莫大な数の分子から構成される．1 モル中の分子数をモル分子数といい N_A の記号で表すが

$$N_\mathrm{A} = 6.02 \times 10^{23}\,\mathrm{mol^{-1}}$$

である．これらの気体分子は互いに衝突しながら，また容器の壁にぶつかってはね返されながら，容器の中を縦横無尽に運動している．このような運動に基づき気体の性質を理解しようとするのが**分子運動論**の目的である．気体中のある分子は速く走り，あるものは遅く走る．すなわち，気体分子の速度はある統計分布をもつ．

補足　気体の圧力　一辺の長さ L の立方体の容器に封入された気体を考えその x 方向の運動に注目する．$v_x > 0$ とすれば，分子は図 5.12 に示すように $x = L$ の壁と衝突し，衝突後速度の x 成分は $-v_x$ となる．ただし，摩擦などは働かないとする．気体分子の質量を m とすれば，衝突による運動量の変化は $-2mv_x$ に等しく，これは x 軸の負の方向を向く．運動の第三法則により気体分子は x 軸の正の方向に力を及ぼす．このような力を気体分子について加え単位面積当たりにした量が気体の圧力である．図 5.12 で $x = L$ の壁に衝突した分子が再び同じ $x = L$ に壁に衝突するまでに距離 $2L$ だけ走る．単位時間中に分子は v_x だけ進みその時間中に $x = L$ の壁に衝突する回数は $v_x/2L$ と書ける．先程の $2mv_x$ は力積であるから，これを単位時間に直し力とすれば，この力は $mv_x{}^2/L$ となる．これまで便宜上 $v_x > 0$ としたが，結果は $v_x{}^2$ に比例するので $v_x < 0$ でも同じとなる．

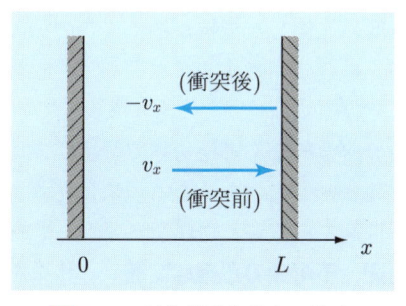

図 5.12　気体分子と壁との衝突

参考　理想気体の内部エネルギー　上記の議論からわかるように気体の圧力 p は

$$p = \frac{m}{L^3}\sum v_x{}^2 \tag{1}$$

と表される．ただし，$\sum$ はすべての分子に対する和を意味する．L^3 は体系の体積 V であり，x, y, z 方向は同等であることに注意すると (1) は

$$pV = \frac{m}{3}\sum v^2 \tag{2}$$

と書ける．理想気体の内部エネルギー U は各分子の運動エネルギーの和に等しく $U = (m/2)\sum v^2$ で，(2) と比べると $U = (3/2)pV$ の関係が得られる．(5.7) (p.66) の理想気体の状態方程式を使うと次式のようになる．

$$U = \frac{3}{2}nRT \tag{3}$$

5.5 熱力学第二法則

可逆過程と不可逆過程 物理現象の中には，時間の流れを逆にしても実現可能な現象 (**可逆過程**または**可逆変化**) と時間の流れを逆にしたら実現不可能な現象 (**不可逆過程**または**不可逆変化**) とがある．単振動では時間の流れを逆にしてもまったく同じ運動が観測される．高温物体から低温物体へ熱が流れていく現象は不可逆過程で，この不可逆性は日常的に経験される．減衰振動は単振動の速度に比例した抵抗が働く場合の振動で，具体的には単振り子に空気の抵抗が働く場合に相当する．単振り子の振幅は時間によらないが，空気の抵抗が働くとその振幅は時間とともに減少していく．これが**減衰振動**である．減衰振動は1つの典型的な不可逆過程で静止している振り子が自然に振動を始めその振幅が時間とともに大きくなる現象はあり得ない．現実の物理現象は多かれ少なかれ不可逆であるが，物理学の理論を構成する上で可逆という概念は不可欠である．

可逆，不可逆の正確な定義 体系を状態1から状態2へ変化させたとき，この変化は，例えば，Vp面上の1つの経路で表される (図 **5.13**)．経路を逆転させ同じ経路を逆向きにたどって，体系が $2 \to 1$ と変化し元の状態に戻ったとき，外部の変化が帳消しになれば，$1 \to 2$ の変化は可逆過程である．これに反し，$2 \to 1$ のいかなる経路をとっても，外部に必ず変化が残れば，$1 \to 2$ の変化は不可逆過程であると定義する．ある現象が可逆か不可逆かを見極めるには次のようにすればよい．注目する現象をビデオカメラでとり，そのテープを逆転させたとき，この映像が実際に起こり得る現象なら可逆過程，そうでなければ不可逆過程である．

熱力学第二法則 不可逆過程の特徴を表すのに次のような2つの方法がある．すなわち

$$\text{熱は低温部から高温部へひとりでに移動しない} \tag{5.27}$$

ということで，これを**クラウジウスの原理**という．または

$$\text{熱はひとりでに力学的な仕事に変わらない} \tag{5.28}$$

とも表現でき，これを**トムソンの原理**という．これらの原理を**熱力学第二法則**という．上記の原理は一見，異なったことを述べているように思われるが，実は同じことを違ったふうに表現したものである (例題 9)．なお，「ひとりでに」というのは一種のキーワードで正確には「外部になんらの変化を残さないで」という意味である．

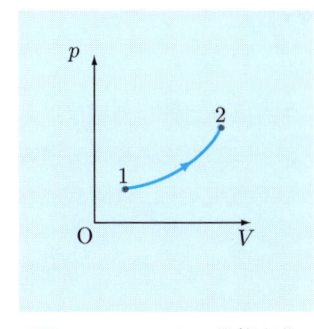

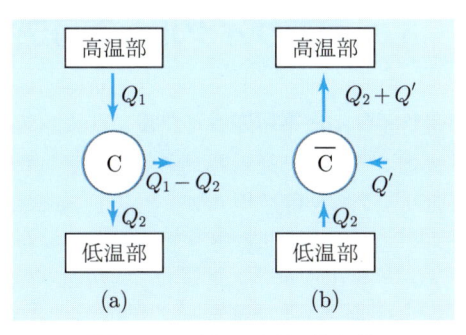

図 5.13　1 → 2 の状態変化　　図 5.14　両者の原理の等価性

> **例題 9**　クラウジウスの原理とトムソンの原理とが等価であることを示せ．ただし，両原理が等価であるとは，前者が成立すれば後者も成立し，逆に後者が成立すれば前者も成立する，という意味である．

解　両者の原理の等価性を証明するため，クラウジウスの原理を命題 A，トムソンの原理を命題 B とし，A が成立するとき B が成立することを A → B と記す．また A, B を否定する命題をそれぞれ A′, B′ と書く．A → B, B → A を証明する代わりに A′ → B′, B′ → A′ を証明してもよい．いま，この結果が証明されたとしよう．一般に，A → B か A → B′ のどちらかが正しいが，もし後者が成立すれば A → B′ → A′ となり，A と A′ とは両立するはずはなく矛盾に導く．したがって，A → B でなければならない．同様に B → A が導かれる．ちなみに，B′ → A′ を A → B の**対偶**という．

　A′ が成立すると熱は低温部から高温部へひとりでに移動することになる．そこで，カルノーサイクル C を運転させ，高温部から Q_1 の熱量を吸収し，低温部へ Q_2 の熱量を放出したとする．C は $Q_1 - Q_2$ だけの仕事を外部に対して行う [図 **5.14(a)**]．ここで，Q_2 の熱量をひとりでに高温部へ移動させると，低温部の変化が消滅し，高温部の熱量 $Q_1 - Q_2$ がひとりでに仕事に変わって B′ が成立し，A′ → B′ が証明される．逆に，B′ が正しいと仮定し，低温部の熱量 $Q′$ がひとりでに仕事になったとして，この仕事を使い逆カルノーサイクル $\overline{\text{C}}$ を運転させる [図 **5.14(b)**]．その際，低温部から Q_2 の熱量が失われたとすれば，1 サイクルの後，外部の仕事は帳消しとなり，低温部から $Q_2 + Q′$ の熱量がひとりでに高温部へ移動したことになる．このようにして B′ → A′ が示された．

参考　**クラウジウスとトムソン**　クラウジウスはドイツの理論物理学者で 1850 年にクラウジウスの原理を提唱した．1865 年にエントロピーの概念を唱えたが，エントロピーについては本書の 5.8 節で述べる．トムソンはイギリスの物理学者でクラウジウスと前後して熱力学第二法則の定式化に寄与した．1892 年に爵位をうけ Kelvin 卿となったが，絶対温度や温度差を表す K の記号は Kelvin の頭文字に由来する．

5.6 可逆サイクルと不可逆サイクル

可逆サイクルと不可逆サイクル カルノーサイクルは理想的な熱機関で，状態変化はすべて可逆過程であると仮定した．このように，可逆過程から構成されるサイクルを**可逆サイクル**という．これに対し，状態変化の際，不可逆過程を含むサイクルを**不可逆サイクル**という．現実の熱機関では，気体が膨張，圧縮するときシリンダーとピストンとの間で摩擦熱が発生したり，また，作業物質と熱源との間で熱伝導が起こったりして，必然的に不可逆過程が含まれる．可逆サイクル，不可逆サイクルで構成される熱機関をそれぞれ**可逆機関**，**不可逆機関**という．可逆機関はいわば想像上の理想的な熱機関で現実に存在するわけではない．しかし，それは理論的な推論の上で重要な役割を演じる．

クラウジウスの式 高温熱源 R_1 (温度 T_1) と低温熱源 R_2 (温度 T_2) との間で働く任意のサイクル (可逆でも不可逆でもよい) を C とする．この C が 1 サイクルの間に R_1 から Q_1，R_2 から Q_2 の熱量を吸収したとすれば

$$\frac{Q_1}{T_1} + \frac{Q_2}{T_2} \leq 0 \tag{5.29}$$

の関係が成立する (例題 10)．ただし，(5.29) で ＝ は可逆サイクル，＜ は不可逆サイクルの場合に対応する．上の関係を**クラウジウスの式**という．Q は C が吸収した熱量とするので，C が熱機関の場合には $Q_1 > 0$, $Q_2 < 0$ である．

熱機関の効率 サイクルの性質により，外部からされた仕事 W に対し $Q_1 + Q_2 + W = 0$ の関係が成立する．そのため，1 サイクルの間に熱機関が外部にした仕事は

$$-W = Q_1 + Q_2 \tag{5.30}$$

と表される．したがって，C の効率は

$$\eta = \frac{Q_1 + Q_2}{Q_1} = 1 + \frac{Q_2}{Q_1} \tag{5.31}$$

と書ける．C が外部に仕事をするときには $Q_1 > 0$ で (5.29) から，$T_2 > 0$ に注意して

$$\frac{T_2}{T_1} + \frac{Q_2}{Q_1} \leq 0 \quad \therefore \quad \frac{Q_2}{Q_1} \leq -\frac{T_2}{T_1}$$

が得られる．その結果，(5.31) により

$$\eta \leq \frac{T_1 - T_2}{T_1} \tag{5.32}$$

となる (＝ は可逆，＜ は不可逆)．上式の右辺はカルノーサイクルの効率 η_C で，2 つの熱源間で働く任意の熱機関の効率の最大値は η_C に等しいことがわかる．

5.6 可逆サイクルと不可逆サイクル

例題 10 クラウジウスの式を導け．

解 任意のサイクルを C，カルノーサイクルを C′ とし，両者を高温熱源 R_1 と低温熱源 R_2 との間で運転させ，1 サイクルの間に C, C′ はそれぞれ図 5.15 に示すような熱量を吸収したと仮定する．元に戻ったとき，C は $Q_1 + Q_2$，C′ は $Q_1' + Q_2'$ の仕事を外部に行い，結局，外部には $Q_1 + Q_2 + Q_1' + Q_2'$ だけの仕事が残る．ここですべての操作が終わったとき R_2 に変化が残らないように Q_2' を決める．すなわち

$$Q_2 + Q_2' = 0 \tag{1}$$

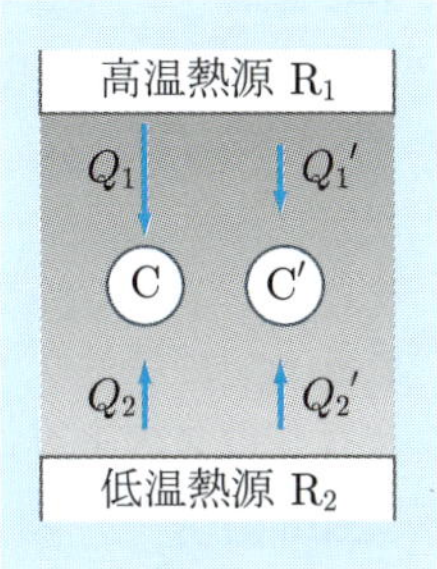

とする．その結果，C, C′ が元に戻ったとき R_2 は元に戻るが，R_1 は $Q_1 + Q_1'$ の熱量を失い，それに等しい仕事が外部に残っている．もし，$Q_1 + Q_1'$ が正であれば，正の熱量がひとりでに仕事に変わったことになり，トムソンの原理に反する．よって

図 5.15 サイクル C, C′

$$Q_1 + Q_1' \leqq 0 \tag{2}$$

でなければならない．この場合は $|Q_1 + Q_1'|$ の仕事が同量の熱量に変わりそれを R_1 が吸収する変化を表し，仕事が熱に変わる現象に対応する．摩擦熱の発生のように仕事が熱に変わるのは珍しい現象ではない．C が可逆サイクルなら逆向きの状態変化が可能で上の操作がすべて逆転でき，Q, Q' の符号がすべて逆転する．このため $Q_1 + Q_1' \geqq 0$ となり (2) と両立するためには $Q_1 + Q_1' = 0$ が必要となる．逆にこれが成立すれば，すべての変化が帳消しになるので，C は可逆サイクルである．すなわち，(2) の $\leqq 0$ で $= 0$ と可逆サイクルとは等価である．したがって，< 0 と不可逆サイクルとが等価になる．C′ はカルノーサイクルであるから

$$\frac{Q_1'}{T_1} + \frac{Q_2'}{T_2} = 0 \tag{3}$$

が成立する (演習問題 7 参照)．(1) から得られる $Q_2' = -Q_2$ を (3) に代入すると $Q_2/T_2 = Q_1'/T_1$ となる．(2) から $Q_1' \leqq -Q_1$ が導かれるので

$$\frac{Q_2}{T_2} \leqq -\frac{Q_1}{T_1} \tag{4}$$

となり，(5.29) が導かれる．

例題 11 1000 K の高温熱源と 300 K の低温熱源の間で働く一般の熱機関の最大効率は何%か．

解 最大効率は $700/1000 = 0.7 = 70\%$ となる．

5.7 クラウジウスの不等式

n個の熱源　任意の体系が行う任意のサイクル C があり，1 サイクルの間に C は温度 T_1 の熱源 R_1 から熱量 Q_1，温度 T_2 の熱源 R_2 から熱量 Q_2，$\cdots$，温度 T_n の熱源 R_n から熱量 Q_n を吸収したとすれば

$$\frac{Q_1}{T_1} + \frac{Q_2}{T_2} + \cdots + \frac{Q_n}{T_n} \leqq 0 \tag{5.33}$$

が成り立つ．等号が可逆サイクル，不等号が不可逆サイクルに対応し，これを**クラウジウスの不等式**という．

不等式の証明　温度 T をもつ任意の熱源 R を考え，R と $R_1, R_2, \cdots, R_n$ との間にカルノーサイクル $C_1, C_2, \cdots, C_n$ を働かせる（図 **5.16**）．元に戻したとき図のような熱量を吸収すれば，カルノーサイクル C_i は温度 T の熱源 R から Q'_i の熱量を吸収し，温度 T_i の熱源 R_i に Q_i の熱量を供給しているので

$$\frac{Q'_i}{T} = \frac{Q_i}{T_i} \quad (i = 1, 2, \cdots, n) \tag{5.34}$$

となる．すべてのサイクルが完了した時点で，C, $C_1, C_2, \cdots, C_n$ は元に戻り，また熱源 R_i からは Q_i と $-Q_i$ の熱量が出ているから差し引き変化は 0 で，$R_1, R_2, \cdots, R_n$ も元に戻る．1 サイクルの間に C_i は $Q'_i - Q_i$，C は $Q_1 + Q_2 + \cdots + Q_n$ の仕事を外部に対して行う．これらを総計すると，外部にした仕事は $Q'_1 + Q'_2 + \cdots + Q'_n$ となる．よって，すべてのサイクルが完了したとき，変化があるのは R が $Q'_1 + Q'_2 + \cdots + Q'_n$ の熱量を失い，外部にこれだけの仕事が残っているという点である．もし，この仕事が正だと，熱がひとりでに仕事に変わったことになり，トムソンの原理に反する．このため $Q'_1 + Q'_2 + \cdots + Q'_n \leqq 0$ と書け，前節と同様の議論により $= 0$ と可逆サイクルとが，< 0 と不可逆サイクルとが等価になる．この関係に (5.34) を代入し $T > 0$ に注意すれば，(5.33) が導かれる．

カルノーサイクルの効率　可逆サイクルを考え (5.33) で $n = 2$ とおけば

$$\frac{Q_1}{T_1} + \frac{Q_2}{T_2} = 0 \tag{5.35}$$

が得られる．これからカルノーサイクルの効率 η は $\eta = (T_1 - T_2)/T_1$ と計算される．通常この式は等温変化のときに気体のする仕事を求めて導出するが，それには積分計算が必要なので本書では意識的に割愛した．(5.34) は結果的に (5.35) を表しているが，このように仮定と結果が一致することを**自己無撞着** (self-consistent) という．

5.7 クラウジウスの不等式

図 5.16 クラウジウスの不等式の導出

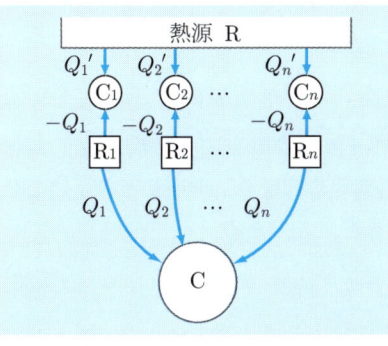

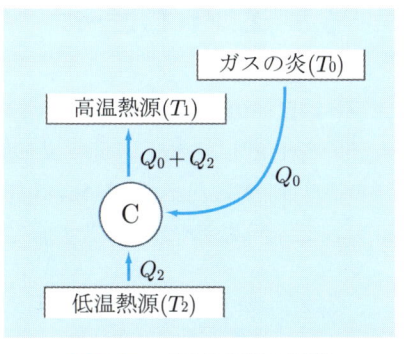

図 5.17 ガス冷蔵庫の原理

例題 12 図 5.17 はガス冷蔵庫の原理を示す．あるサイクルがガスの炎 (温度 T_0) から Q_0，低温熱源 (温度 T_2) から Q_2 の熱量を吸収し，高温熱源 (温度 T_1) に $Q_0 + Q_2$ の熱量を供給して元に戻る．すべての変化が可逆的であるとして Q_2 を求めよ．

解 すべての変化が可逆的であれば，(5.33) で等号が成立し

$$\frac{Q_0}{T_0} - \frac{Q_0 + Q_2}{T_1} + \frac{Q_2}{T_2} = 0 \tag{1}$$

となり，(1) から Q_2 を解いて

$$Q_2 = \frac{T_2}{T_0} \frac{T_0 - T_1}{T_1 - T_2} Q_0 \tag{2}$$

が得られる．$T_0 > T_1 > T_2$ だと (2) からわかるように $Q_2 > 0$ で，低温熱源から高温熱源へと熱が移動し冷蔵庫としての機能が生じる．

参考 連続的な状態変化 サイクルが連続的に温度の変わる熱源との間で熱を交換するとし，体系の 1 サイクルを概念的に図 5.18 のような閉曲線で表す．この曲線を細かく分割し，各微小部分で体系が吸収する熱量を $\Delta' Q$，そのときの熱源の温度を T' とする．T' と $'$ をつけたのは，それが体系の温度 T ではなく，熱源の温度であることを明記するためである．分割を十分細かくすれば (5.33) は

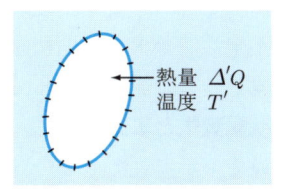

図 5.18 連続的な状態変化

$$\sum \frac{\Delta' Q}{T'} \leqq 0$$

と表される．あるいは積分の記号を使うと

$$\oint \frac{d' Q}{T'} \leqq 0$$

と書ける．ここで，積分記号につけた ○ はサイクル (閉曲線) に関する積分を意味する．上の関係は次節で述べるように，エントロピーの議論の出発点となる．

5.8 エントロピー

エントロピーの定義　図5.19(a)のように，1から2に経路L_1に沿って変化し，$2 \to 1$とL_2'をたどり元へ戻る可逆サイクルを考える．体系の温度Tと熱源の温度T'が違うと熱伝導という不可逆過程が起こり，可逆サイクルになり得ないので，可逆サイクルでは$T=T'$である．このため

$$\sum_{L_1} \frac{\Delta' Q}{T} + \sum_{L_2'} \frac{\Delta' Q}{T} = 0 \tag{5.36}$$

となる．可逆過程では変化の向きを逆転させると熱量の符号が逆転する．このため図5.19(b)のように，L_2'と逆向きの経路をL_2とすれば，(5.36)は

$$\sum_{L_1} \frac{\Delta' Q}{T} = \sum_{L_2} \frac{\Delta' Q}{T} \tag{5.37}$$

と表される．すなわち，$1 \to 2$の可逆過程を表す任意の経路をLとしたとき

$$\sum_{L} \frac{\Delta' Q}{T} \tag{5.38}$$

はLの選び方に依存しない．Lの始点0を決め$0 \to 1$, $0 \to 2$の可逆過程を表す任意の経路を新たに，L_1, L_2とする（図5.20）．0を固定したと思えば

$$\sum_{L_1} \frac{\Delta' Q}{T} = S(1), \quad \sum_{L_2} \frac{\Delta' Q}{T} = S(2) \tag{5.39}$$

で定義される$S(1), S(2)$はそれぞれ状態1, 2に依存し状態量となる．このSを**エントロピー**という．基準状態0の選び方は任意であるからエントロピーには不定性がある．物理的に意味のあるのはエントロピーの差であるから，この不定性が重大な問題になることはない．重力の位置エネルギーがエネルギーの原点のとり方に依存し，一義的に決まらないのと事情は似ている．

状態変化とエントロピーの差　図5.20のように，$1 \to 2$の任意の経路L（可逆でも不可逆でもよい）を考え，$0 \to 1 \to 2 \to 0$のサイクルに注目すると

$$\sum_{L} \frac{\Delta' Q}{T'} + \sum_{L_1} \frac{\Delta' Q}{T} - \sum_{L_2} \frac{\Delta' Q}{T} \leqq 0 \tag{5.40}$$

が導かれる．ここで，(5.39)を使うと

$$\sum_{L} \frac{\Delta' Q}{T'} \leqq S(2) - S(1) \tag{5.41}$$

となる．ただし，等号は$1 \to 2$の状態変化が可逆な場合，不等号は$1 \to 2$の状態変化が不可逆な場合に対応する．

5.8 エントロピー

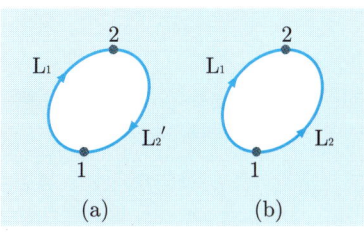

図 5.19 可逆サイクル

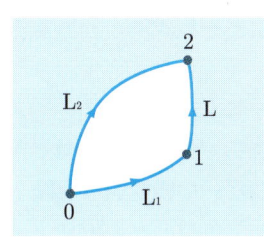

図 5.20 エントロピーの定義

参考 **微小変化の場合** (5.41) で状態 2 が状態 1 に限りなく近づくと，この式は微小量の間の関係となり

$$\frac{\Delta' Q}{T'} \leq \Delta S \tag{1}$$

と書ける．不等号は不可逆過程の場合を表す．一方，可逆過程では (1) で等号が成立し，T' は T に等しい．したがって

$$\Delta' Q = T \Delta S \tag{2}$$

と表される．熱力学第一法則は $\Delta U = -p\Delta V + \Delta' Q$ と書けるから (2) を利用すると

$$\Delta U = -p\Delta V + T\Delta S \tag{3}$$

が得られる．

例題 13 理想気体 (質量 m，分子量 M) のエントロピーを求めよ．

解 (3) から $\Delta S = \Delta U/T + p\Delta V/T$ となる．理想気体では $\Delta U = mc_v \Delta T$, $pV = mRT/M$ と表され，これらを利用すると

$$\Delta S = mc_v \frac{\Delta T}{T} + \frac{mR}{M}\frac{\Delta V}{V}$$

である．$\Delta(\ln T) = \Delta T/T$ などの関係を使うと上式から

$$S = mc_v \ln T + \frac{mR}{M} \ln V + S_0$$

が得られる．S_0 は任意定数でエントロピーの不定性を表す．

例題 14 1 気圧下で $100\,°\mathrm{C}$ の水を同温度の水蒸気にする気化熱は 1g 当たり 539 cal である．5 g の水を同温度の水蒸気にしたときのエントロピーの増加分を求めよ．

解 融解や気化では状態変化が起こる温度は一定なので，(2) で $\Delta' Q$, ΔS は有限としてよい．$100\,°\mathrm{C} = 373\,\mathrm{K}$ で，加える熱量は 2695 cal = 11292 J であるからエントロピーの増加分は次のように計算される．

$$(11292/373)\,\mathrm{J\cdot K^{-1}} = 30.3\,\mathrm{J\cdot K^{-1}}$$

エントロピー増大則　断熱過程 ($\Delta'Q = 0$) を考えると，$0 \leq \Delta S$ となる．すなわち，可逆断熱過程ではエントロピーは不変だが，不可逆断熱過程ではエントロピーは必ず増大する．これを**エントロピー増大則**という．全宇宙は断熱不可逆的なのでそのエントロピーは増大する一方であると考えられている．

エントロピーの微視的な意味　例題14で一定量の水が液体から気体に変わったときエントロピーが増加することを学んだ．演習問題10でみるように，同様な事情は固体が液体になる場合にも成り立つ．これは固体，液体，気体の順に体系の乱雑さが増すためである．ボルツマンはエントロピーの微視的な解釈として次のような公式を導いた．

$$S = k_{\mathrm{B}} \ln W$$

k_{B} は**ボルツマン定数**と呼ばれ，$k_{\mathrm{B}} = 1.38 \times 10^{-23}\,\mathrm{J \cdot K^{-1}}$ という値をもつ．体系全体の粒子数，エネルギーが決まっているとき，W は可能な微視的状態数である．液体に比べ気体の W が多いことから，後者のエントロピーが前者より大きくなる．同様な事情は液体，固体の比較のときにも成立する．ボルツマンの導いた公式は有名で，彼の墓碑にはこの公式が刻み込まれている．

エントロピー増大則の日常的な意味　エントロピー増大則は，物事が乱雑になろうとする傾向を表す法則で日常的にも各所で見られる．これらを日本語で表現すれば次のような例が挙げられよう．

玲瓏 → 混濁	安静 → 活発	規則的 → 出鱈目	建設 → 破壊
清潔 → 汚れ	楽音 → 雑音	整然 → 混沌	商品 → 廃品
純 → 雑	清澄 → 汚染	凪ぎ → 嵐	記憶 → 忘却
集中 → 拡散	整頓 → 乱雑	精緻 → 茫漠	統合 → 離散
秩序 → 乱れ	静粛 → 喧噪	透明 → 不透明	平穏 → 動乱
分離 → 混合	盆水 → 覆水	清 → 濁	明瞭 → 不明瞭
一義 → 多様	光沢 → 曇り	確定 → 不確定	

これらのうちで 分離 → 混合 という例は少々わかりにくいかもしれないが，エントロピー増大則の典型例であるのでもう少し詳しく説明しよう．例えば，一方の容器に酸素気体，もう一方の容器に窒素気体を封入し両者を分離しておく．このような状況で両者間の壁をはずすと，酸素気体と窒素気体が混合し，混合のエントロピーが増大する．私たちの身のまわりにある空気はまさに酸素と窒素の混合気体で自然にそれらが分離することはない．混合は不可逆過程の一例であるといってもよい．生物の成長，老衰，死などはそもそも逆過程を考えることができない現象で，人によってはこれらを絶対不可逆と呼んでいる．

力学の法則と不可逆過程

不可逆過程という現象は，いわば自然界における一方通行である．力学の法則はそもそも可逆であるのになぜ不可逆過程が起こるのか，19 世紀後半から多くの議論があった．オーストリアの物理学者ボルツマン (1844-1906) は，1872 年，H 定理というものを唱え一応，不可逆性の説明に成功したように思えた．これに対しオーストリアの物理学者ロシュミット (1821-1895) は 1876 年にボルツマンの説に鋭い批判を加えた．これはロシュミットの可逆性パラドックスと呼ばれている．すべての物質は分子や原子から構成され，これらの運動は力学の法則に支配されているため，不可逆過程は起こるはずがないというのがロシュミットの可逆性パラドックスである．高温物体から低温物体への熱の移動や，摩擦熱の発生なども，せんじつめれば，分子や原子の運動に基づくものである．しかし，現実には不可逆な現象が起こる．これは，力学の法則と矛盾しないか．この批判がロシュミットの可逆性パラドックスである．

ロシュミットのパラドックスの他に，もう 1 つ，不可逆過程の説明に困った点がある．それは，ドイツの数学者ツェルメロ (1871-1953) が 1896 年に指摘した再帰パラドックスである．力学ではポアンカレ (1854-1912) の再帰定理が成り立ち，質点系内の各質点が運動しているとき，ある時間がたつと最初の運動状態にいくらでも接近した状態に戻るし，さらにそれを何回も繰り返す．この現象をポアンカレサイクルという．ポアンカレサイクルの簡単な例として，1 次元振動子が N 個あり，振動子の間には相互作用が働かないとする．i 番目の振動子の座標を x_i とすれば，振幅を r_i，初期位相を α_i として

$$x_i = r_i \sin\left(\frac{2\pi}{T_i}t + \alpha_i\right)$$

と表される．周期 T_i が整数のとき，その最小公倍数 (およびその整数倍) だけ時間が経過すればすべての振動子は初期の状態に戻り，ポアンカレサイクルが実現する．

ポアンカレの再帰定理は，不可逆過程の説明にとってはなはだ具合が悪い．例えば，気体を自由膨張させたとき，ポアンカレサイクルの周期だけ時間がたつと，気体は元の状態に戻るわけで，このことは不可逆過程の存在を否定する．それでは不可逆過程というものをどう理解すればよいだろう．ボルツマンは次のような例を考え，ポアンカレサイクルの周期を評価した．いま，1 cm^3 の気体中に 10^{18} 個の分子があり，初期には互いに 10^{-6} cm 程度離れているとし，各分子に 500 m·s^{-1} の速さをでたらめな方向に与えたとする．位置は 10^{-7} cm 以内，速さは 1 m·s^{-1} 以内に戻る時間を評価して $10^{10^{19}}$ 秒程度の値を得た．10^{19} という数は非常に大きいが，それが 10 の肩に乗っているのである．これまでの地球の歴史は 40 億年とも 50 億年ともいわれている．また，宇宙は約 137 億年前のビッグバンによって始まったと考えられている．上述の例からもわかるように，ポアンカレサイクルは地球の寿命や宇宙の寿命よりはるかに長く，可逆的な力学現象が不可逆に見えるのである．一般に N 個の粒子から構成される系を考えると，そのポアンカレサイクルの周期は $N \to \infty$ の極限で無限大になると考えられている．$N \to \infty$ の極限を熱力学的極限というが，物理の問題を扱うときまず熱力学的極限をとりポアンカレサイクルの周期を無限大とする．そうすると上の例と同様力学の法則と矛盾しないで不可逆現象が理解できる．

演習問題 第5章

1. 理想気体の等温圧縮率 κ_T に関する次の問に答えよ．
   (a) κ_T は次のように表されることを示せ．
   $$\kappa_T = \frac{1}{p}$$
   (b) 標準状態における κ_T の数値はいくらか．

2. 10 g の窒素気体は 20°C，3 気圧において何 m^3 の体積を占めるか．ただし，窒素の原子量を 14 とせよ．

3. 3 J の仕事を加え，それと同時に 2 cal の熱量を奪ったとき，体系に内部エネルギーはどう変化したか．

4. 図 5.7 (p.69) に示す状態変化で以下の量を求めよ．
   (a) A → C → B で気体に加わった熱量
   (b) A → D → B で気体に加わった熱量

5. 木炭の発火点を 400°C とする．$T = 300$ K の空気を断熱圧縮し木炭を発火させたい．最初の体積の何倍まで空気を圧縮すればよいか．空気は O$_2$ と N$_2$ の混合物で O$_2$ と N$_2$ の γ は 1.4 であるから，空気の γ も同じ値をとるとする．

6. 理想気体の定圧モル比熱 C_p，定圧モル比熱 C_V を求めよ．

7. 1 サイクルの間に高温熱源 (温度 T_1) から Q'_1 と熱量，低温熱源から (温度 T_2) から熱量 Q'_2 の熱量を吸収するカルノーサイクルがある．このサイクルの効率が
   $$\eta = \frac{T_1 - T_2}{T_1}$$
   であることを利用し次の等式を導け．
   $$\frac{Q'_1}{T_1} + \frac{Q'_2}{T_2} = 0$$

8. 例題 12 (p.81) で $T_0 = 1000$ K, $T_1 = 500$ K, $T_2 = 300$ K とする．$Q_0 = 1$ J のとき Q_2 は何 J か．

9. 単位質量当たりのエントロピーを s とする．物理量 x が一定なときの比熱を c_x，このときの s の変化分を Δs と書けば，c_x は $c_x = T \lim (\Delta s / \Delta T)$ で与えられる．これを使い，例題 13 (p.83) の結果に基づいて理想気体の定圧比熱 c_p を計算し，マイヤーの関係が導かれることを確かめよ．

10. 1 気圧下で 0°C の氷を水にするためには 1 g 当たり 80 cal の熱量を加える必要がある．1 g の水の固体，液体におけるエントロピー差はいくらか．

第6章

波 動

　海岸に打ち寄せる波は典型的な波動現象である．日本人なら誰もが芭蕉の名句「古池や蛙飛び込む水の音」を知っているであろう．蛙が池に飛び込んだ後，水面上を広がっていく水面波も波動の一例である．波動はこのように日常生活と密接に結び付いているが，本章では波の示す主要な性質について論じる．また，特に音波に注目し，音に関連したいくつかの事項に関して学ぶ．

本章の内容
- 6.1 波動の基礎概念
- 6.2 波を表す方程式
- 6.3 波の性質
- 6.4 音　波
- 6.5 ドップラー効果
- 6.6 定　常　波

6.1 波動の基礎概念

進行波 池の水面に小石を投げると，小石の落ちた点を中心として水面は上下に変化し凹凸の状態になって，この変位は一定の速さで周辺に伝わっていく (図 6.1)．このようにある物理量 (**波動量**) が 1 つの場所から次々と周囲に伝わっていく現象を**波動**あるいは**波**という．波動の伝わる速さ v を**波の速さ**，波動を伝える物質 (上の例では池の水) を**媒質**という．また，ある方向に進む波は**進行波**と呼ばれる．波動は波動量が伝わっていく現象で，必ずしもある物体が伝わっていくものではない．上の水面波の例では，水面に浮かんだ木の葉が上下に振動し，この振動状態が波として伝わっていき，水自身が波動として動いていくのではない．一般に，波動量として何を選ぶかは注目する現象に依存する．上記の水面波では水面の各点における水準面からの上下方向の変位を波動量と考えればよい．

縦波，横波 図 6.2(a) のように滑らかな床の上にある長いばねの一端を固定し，他端を図のように振動させると，その変位は波動として，ばねの上を伝わっていく．この場合，変位の方向と波の進行方向とは平行であり，このような波を**縦波**という．一方，水平面上の長い綱の一端を固定し，他端を左右に振らすと，変位は波の形で伝わるが [図 6.2(b)]，変位の方向と波の進行方向とは垂直である．この種の波を**横波**という．

波動の例 音波，電磁波，地震波，… というように波の字のついた物理現象にはいろいろなものが存在する．これらはいずれも波動であるが，その特徴をまとめて表 6.1 に示してある．

光は電磁波の一種でその伝わる速さ，すなわち光速 c は (1.2) (p.4) のように定義される．光に関する学問は**光学**と呼ばれるが，第 7 章で光学の概要を学ぶ．地震波には縦波と横波の 2 種類があり，縦波の伝わる速さは横波のそれより大きい (例題 1)．このため，地震が発生すると最初縦波の振動を感じるが，引き続き横波の振動が到着する．災害をもたらすのは横波の方である．

表 6.1 波動の例

	波 動 量	媒質	縦波か横波か
水面波	水準面からの変位	水	横波
空気中の音波	空気の密度	空気	縦波
電磁波	電気ベクトル・磁気ベクトル	真空	横波
地震波	密度・変位	地球	縦波・横波

6.1 波動の基礎概念

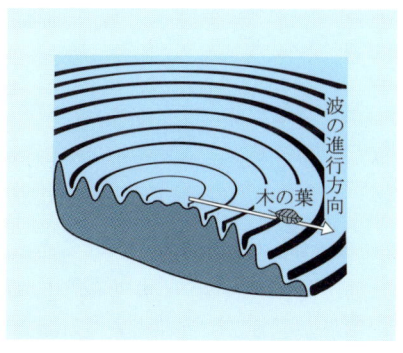

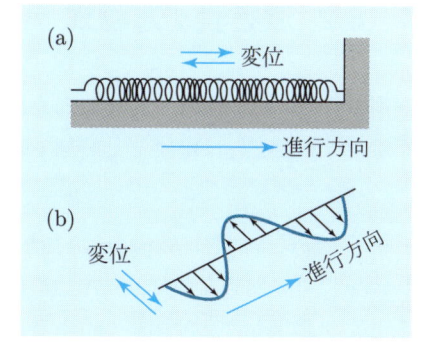

図 6.1 水面波

図 6.2 縦波，横波

例題 1 地震波に関する以下の問に答えよ．
(a) 震源から距離 s だけ離れた地点で地震波を観測したところ最初縦波が到達してから時間 t だけ遅れて横波を観測した．縦波，横波の速さを v_l, v_t とする（l は longitudinal，t は transverse の略）．s を v_l, v_t, t を用いて表せ．
(b) $v_l = 8 \, \text{km} \cdot \text{s}^{-1}$, $v_t = 4.5 \, \text{km} \cdot \text{s}^{-1}$, $t = 10 \, \text{s}$ とする．s を求めよ．

解 (a) 地震が発生したときを時間の原点にとれば，距離 s だけ離れた地点に到達する時刻はそれぞれ

$$t_l = \frac{s}{v_l}, \quad t_t = \frac{s}{v_t}$$

と書ける．題意により $t = t_t - t_l$ で，この関係から s は次のように求まる．

$$s = \frac{v_l v_t}{v_l - v_t} t$$

(b) (a) の結果に数値を代入し次のようになる．

$$s = \frac{8 \times 4.5}{8 - 4.5} \times 10 \, \text{km} = 103 \, \text{km}$$

補足 **P 波，S 波** 地震波は地球内部を伝わる弾性波である．地震のとき最初にくる波は縦波だがこれを **P 波** という．P はラテン語の undae primae (1 次波) による．一方，横波を **S 波** と呼ぶが，命名は同じくラテン語の undae secundae (2 次波) にその起源をもつ．地震の始まった当初は比較的振動はゆるいが，少したつと振動がはげしくなるのを読者は経験したことがあろう．これは，横波が到着したために，振動がよりはげしくなることを意味する．

参考 **エーテル** 表 6.1 をみると電磁波を伝える媒質として真空と記載してある．最初からそうだったのではなく，昔電磁波を伝える物質としてエーテルというものを仮定した人もいる．しかし，エーテルの存在は実験的に否定されたので，現在では真空そのものの性質として，真空は電磁波を伝えることができるとしている．

6.2 波を表す方程式

波形　一直線 (x 軸) 上を正の向きに v の速さで進む進行波を考える．波動量を u とすれば，u は座標 x と時刻 t の関数となるので，これを

$$u = u(x, t) \tag{6.1}$$

と書く．特に時刻ゼロ ($t = 0$) のとき，波動量 u は $u(x, 0)$ で与えられるが，これは x だけの関数なので $u(x, 0) = f(x)$ と表す．x を横軸に，u を縦軸にとって u を x の関数として図示したとき，この関係が図 6.3 の実線で表されるとする．横波の場合，この曲線は実際の波の形を記述するのでそれを **波形** という．

$u(x, t)$ の表式　正の向きに進む波を考えているから，時間がたつにつれ図 6.3 の実線はその形を変えずに右側に移動する．時刻 t における波動量は図のように実線を vt だけ右側へ動かした点線のように表される．x 軸上の任意の座標 x をとり，図のような座標 x' を考えると $x' = x - vt$ が成り立つ．x での点線の u 座標は x' での実線の u 座標に等しい．すなわち，x における u 座標は $f(x') = f(x - vt)$ と同じである．これから点線を表す関数 $u(x, t)$ は

$$u(x, t) = f(x - vt) \tag{6.2}$$

で与えられることがわかる．同様に，x 軸上を負の向きに進む波の場合には，$t = 0$ で $u = g(x)$ とすれば

$$u(x, t) = g(x + vt) \tag{6.3}$$

と書ける．一般には $u(x, t)$ は (6.2) と (6.3) の和で次のように表される．

$$u(x, t) = f(x - vt) + g(x + vt) \tag{6.4}$$

正弦波　波形を表す $f(x)$ が図 6.4 のような三角関数で与えられる場合，この波を **正弦波** という．普通，波といえばこの正弦波を指す．正弦波の 1 つの山から次の山までの距離，あるいは 1 つの谷から次の谷までの距離が **波長** λ である．正弦波の場合，$x - vt$ という形は一塊として含まれているから，この場合の波動量は

$$u = r \sin \omega \left(t - \frac{x}{v} \right) \tag{6.5}$$

と書ける．(6.5) で $x = $ 一定 とすれば $u = r \sin(\omega t + \alpha)$ となり，u は振幅 r，角振動数 ω の単振動として記述される．$\omega / v = 2\pi / \lambda$ が成り立つが振動数 f を導入すると $\omega = 2\pi f$ と書けるので，次の **波の基本式** が成立する．

$$v = \lambda f \tag{6.6}$$

6.2 波を表す方程式

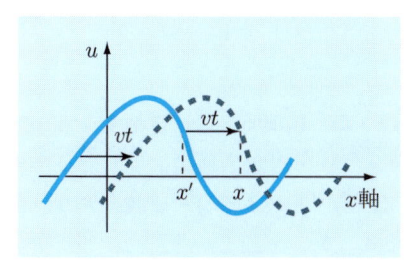

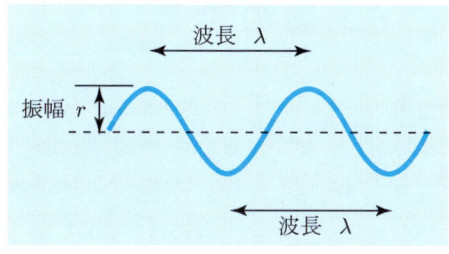

図 6.3 波形

図 6.4 正弦波

[補足] 波の基本式の物理的意味 1 回振動が起こると波は波長 λ だけ進む．単位時間の間に f 回振動するのでその間に波は λf だけ進みこれは波の速さ v に等しい．以上の関係を表したのが (6.6) である．

例題 2 振幅 6 cm，振動数 30 Hz，波長 24 cm の正弦波が x の正方向に進行している．時間 t がゼロのとき，原点の変位 u は 3 cm であるとし，この正弦波を表す方程式を導け．

[解] 単振動の初期位相 α に相当する φ を導入し，$\omega = 2\pi f$，$\omega/v = 2\pi/\lambda$ を利用すると (6.5) は

$$u = r \sin\left[2\pi\left(ft - \frac{x}{\lambda}\right) + \varphi\right]$$

と書ける．上式で $t=0$, $x=0$, $r=6$, $u=3$ とおき $\sin\varphi = 1/2$ となる．これから $\varphi = \pi/6$ と求まる．よって，u, x に cm 単位を用い，u は次式のように求まる．

$$u = 6 \sin\left[2\pi\left(30t - \frac{x}{24}\right) + \frac{\pi}{6}\right]$$

=== **ソリトン** ===

波動は適当な方程式を満たし，方程式の性質から u_1, u_2 が方程式の解であれば $u_1 + u_2$ も方程式の解 (合成波) となる．これを**波の重ね合わせの原理**という．(6.4) はこの原理を表している．また，このような原理が成立するとき元の方程式を**線形**という．波動の振幅が小さいとき線形の範囲内で物理現象を十分説明できる．しかし，振幅が大きくなると非線形効果がきいてくる．この種の非線形効果は電子計算機で処理され，粒子のように振る舞う波動の解が 1965 年に発見された．これを**ソリトン**という．語源は孤立波を意味する solitary wave に由来する．厳密にいうと，空間的に局在した波が，(1) 形や速度などを変えず伝わる，(2) 互いの衝突に対して安定である，という 2 つの性質をもつときその波をソリトンという．機密保持のコマーシャル用語としてソリトンという言葉が使われているが，多少，有難迷惑な感じがする．

6.3 波の性質

位相 ここでは，正弦波を考え，横波を扱うことにする．縦波は適当な方法で横波として表現できるので(次節参照)，横波だけを考慮すれば十分である．正弦波は sin( ) を含むが，括弧の中を**位相**，位相が $\pm\pi/2$ の場所を**腹**という．位相が 0 または π のときには波動量は 0 となり，そこを**節**という．

波面と射線 時間を固定したとき，同位相の点をつないだ面を**波面**という．時間の経過に伴い，波面は波の速度で空間中を広がる (例題 3)．波の進行方向は波面に垂直で，波の進路を表す線を**射線** (光のときには**光線**) という．図 6.5 に波の山を記述する波面をとったとし，一般の波の波面と射線を示す．(6.5) (p.90) の正弦波の場合，射線は x 軸あるいはそれと平行な直線となる．波面は x 軸に垂直な平面で，波面が平面である波を**平面波**という．

ホイヘンスの原理 一様な媒質中の 1 点 O から出た波は O を中心として球面状に広がっていく．このときの波面は O を中心とする球面で，このような波を**球面波**という．一般に，波が伝わるとき，波面上の各点から到達した波と同じ振動数と速さをもつ 2 次的な球面波ができるとし，それらを合成すると次の波面を求めることができる．あるいは，例題 4，図 6.6 で学ぶように，波の進む前方でこれらの球面波に共通に接する面が次の波面となる．これを**ホイヘンスの原理**という．また，波面上の各点から出ると考えられる球面波を **2 次波** (あるいは**素元波**，**要素波**) という．

反射・屈折の法則 平面を境界面として 2 種類の媒質 1 と媒質 2 とが接しているとする (図 6.7)．ある方向から波が入射する場合を考え，図の AO は入射波の射線を表すとする．入射波の一部分は OB のように反射され，残りの部分は OC のように屈折して進む．点 O における境界面への法線と入射射線とのなす角を**入射角**，反射射線と法線とのなす角を**反射角**，屈折射線と法線とのなす角を**屈折角**という．以下，入射角，反射角，屈折角をそれぞれ θ, θ', φ で表す．そうすると次のようになる．

$$\theta = \theta' \tag{6.7}$$

これを**反射の法則**という．また，媒質 1, 2 中の波の速さを v_1, v_2 とすれば

$$\frac{\sin\theta}{\sin\varphi} = \frac{v_1}{v_2} \tag{6.8}$$

が成り立つ．これを**屈折の法則**という．

6.3 波の性質

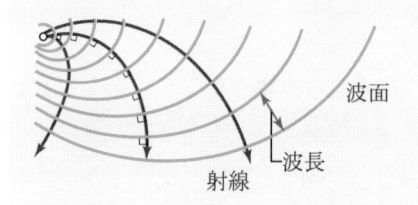

波の同位相の点をつないだ面を波面といい，水面波では直線または曲線となる．波面に垂直な線は射線である．射線は波の進路を与える．波の速度が場所によって違うような一般の場合，波面は図のようになる．

図 6.5 一般の波の波面と射線

例題 3 (6.5) (p.90) で論じた正弦波の山が速さ v で伝わることを示せ．また，(6.2) あるいは (6.3) で表される波の場合はどうか．

解 (6.5) で $\omega(t - x/v) = \pi/2$ は波の山を与える．したがって，この関係の微小変化をとると $\Delta x/\Delta t = v$ となり，山の速さは v であることがわかる．(6.2) で記述される $f(x - vt)$ では $x - vt = $ 一定 だと波動量も一定となり，上と同様伝わる速さは v となる．同様に $g(x + vt)$ は x の負方向に速さ v で進む波を表す．

例題 4 平面波が伝わる様子とホイヘンスの原理との関係について論じよ．

解 時刻 0 で図 6.6 のような平面波の波面 AB があるとする．この場合，媒質が一様であれば，波の進む向きは AB と垂直である．波の速さを v とすれば時刻 0 から時間 t だけたった後の波面は図の A′B′ のようになる．この波面上の各点から 2 次波が出るが，時間 Δt 後には図のような $v\Delta t$ を半径とする球面波が無数にできる．ここで図に示した点 P をとると，この点に達する 2 次波のあるものは正，あるものは負の波動量を与え，これらを重ね合わせると結局は打ち消し合うと考えられる．このような打ち消し合いが起こらないのは，すべての 2 次波と共通に接する A″B″ で，これが時刻 $t + \Delta t$ における波面となる．このようにして，ホイヘンスの原理から平面波の伝わる様子を理解することができる．

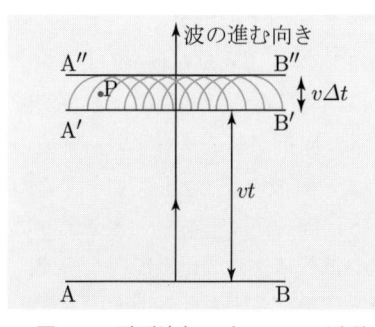

図 6.6 平面波とホイヘンスの原理

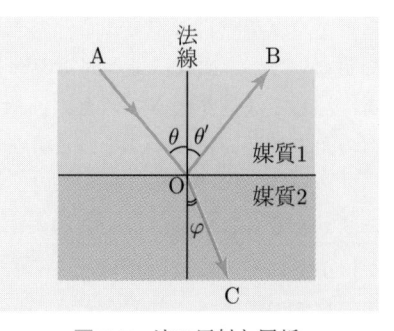

図 6.7 波の反射と屈折

干渉　媒質中に2つの波が同時に伝わるときそれぞれの波の波動量を u_1, u_2 とすれば，波の重ね合わせの原理により，合成波の波動量 u は $u = u_1 + u_2$ と書ける．2つの波を合成したとき，山と山が重なると u は大きくなるし山と谷が重なると u は小さくなる．このように2つの波が重なり合って，強め合ったり，弱め合ったりする現象を**干渉**という．光に対する干渉の実例を第7章で紹介するが，干渉は波の示す重要な現象の1つである．

干渉に対する条件　波を出す原因になるものを**波源**という．図 **6.8** に示すように，波源 S_1 から出る波 (a) とまったく同じ波源 S_2 から出る波 (b) を点 P で観測するとき，例えば $PS_1 - PS_2 = \lambda$ であれば2つの波 (a), (b) の山と山が重なり，合成波の振幅は元の波の2倍となって合成波は強くなる．これを拡張すれば，一般に

$$PS_1 - PS_2 = 0, \pm\lambda, \pm2\lambda, \cdots \tag{6.9a}$$

のとき，合成波は強くその振幅は元の2倍となる．一方，$PS_1 - PS_2$ が $\lambda/2$ の奇数倍だと山と谷が重なり合い合成波の振幅は0となる．この条件は

$$PS_1 - PS_2 = \pm\frac{\lambda}{2}, \pm\frac{3\lambda}{2}, \pm\frac{5\lambda}{2}, \cdots \tag{6.9b}$$

と表される．実際，数式を利用し (6.9a), (6.9b) の条件が導かれる (例題 5)．

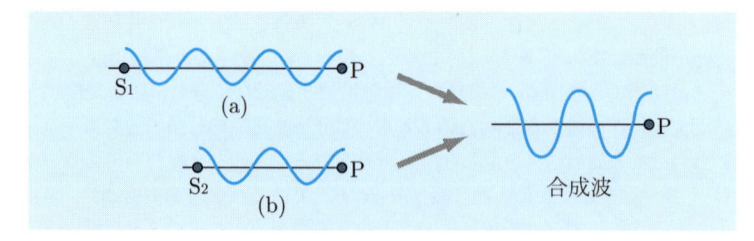

図 6.8　干渉の条件

回折　波が障害物でさえぎられたとき，波がその障害物の陰に達する現象を**回折**という．水面波による回折の例を図 **6.9** に示す．これからわかるように，隙間に対して波長が大きいほど，回折の効果は顕著になる．一般に，波長が障害物の大きさと同程度か，それより大きいとき，回折が起こりやすい．音波の波長は数 m 程度なので回折がよく起き，このため音波をシャットアウトするのは容易でなく騒音対策は難しいのである．一方，波長が障害物の大きさよりはるかに小さいときには回折は起こらない．光の波長は 10^{-6} m の程度なので，通常の物体の大きさよりずっと小さいため回折は起こらず光は直進すると考えてよい．

6.3 波の性質

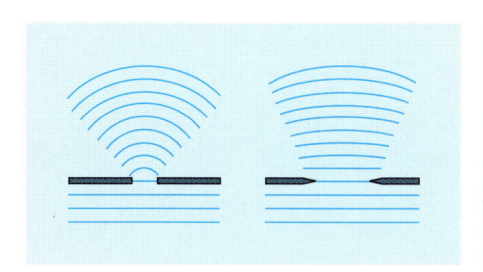

図 6.9 水面波の回折

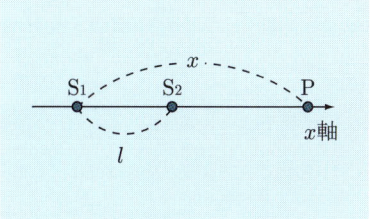

図 6.10 S_1, S_2 から出る波

例題 5 x 軸上の波源 S_1, S_2 から発する 2 つの正弦波 (図 6.10 参照) を合成し，(6.9a), (6.9b) の条件を確かめよ．

解 x 軸上の波源 S_1 から出る正弦波の波動量が

$$u_1 = r \sin\left[2\pi\left(ft - \frac{x}{\lambda}\right)\right] \tag{1}$$

と表されるとする．これと全く同じ波源が S_2 にあるとし，$S_1S_2 = l$ とおき，波動量を u_2 とする．S_2 から見ると点 P の座標は $x - l$ であり，u_2 は

$$u_2 = r \sin\left[2\pi\left(ft - \frac{x-l}{\lambda}\right)\right] \tag{2}$$

と書ける．三角関数の公式

$$\sin A + \sin B = 2 \sin\frac{A+B}{2} \cos\frac{A-B}{2}$$

を用いると，(1), (2) から $\cos(-x) = \cos x$ に注意し合成波 $u = u_1 + u_2$ は

$$u = 2r \cos\frac{\pi l}{\lambda} \sin 2\pi\left[\left(ft - \frac{x - l/2}{\lambda}\right)\right] \tag{3}$$

となる．(3) は $2r\cos(\pi l/\lambda)$ の振幅をもつ振動数 f の単振動の式を表す．したがって，このことから

$$\frac{\pi l}{\lambda} = 0, \pm\pi, \pm 2\pi, \cdots$$

のときは合成波は強くなり

$$\frac{\pi l}{\lambda} = \pm\frac{1}{2}\pi, \pm\frac{3}{2}\pi, \pm\frac{5}{2}\pi, \cdots$$

のときは合成波は弱くなって，$PS_1 - PS_2 = l$ であることを使えば (6.9a), (6.9b) の条件が得られる．なお，この条件は図 6.10 から直観的に理解できる．

6.4 音 波

音波　音は媒質中を波の形で伝わり，この波を**音波**という．気体，液体を総称して**流体**というが，流体中では縦波だけの音波が伝わる．これに反し，固体中では縦波と横波の両方の音波が可能である．地震波は地球中を伝播する音波ということができる．

横波による縦波の表現　空気中を伝わる音波は縦波で，空気の振動方向は波の進行方向と平行になる．このような縦波を表現する場合，波の進行方向への空気の変位を＋，反対向きの変位を − とし，空気の変位を横波のように表現することができる．図 **6.11** はこのような方法で空気の振動を図示したもので，これを**横波による縦波の表現**という．図からわかるように，音波の進行に伴い，空気の粗な部分と密な部分が生じるのでこの波を**粗密波**という．音源があるとそれを中心として，このような粗密波が四方八方に広がっていく．

音波の速さ (音速)　空気中の音速は気温により違う．$t\,°\mathrm{C}$ における音速 v は

$$v = (331.5 + 0.6\,t)\,\mathrm{m\cdot s^{-1}} \tag{6.10}$$

と表される．通常の計算では $t = 15\,°\mathrm{C}$ ととり $v = 340\,\mathrm{m\cdot s^{-1}}$ としてよい．空気が振動するとき，熱の出入りする余裕がないため，状態変化は断熱変化で記述される．

デシベル　音の大きさは音の三要素の 1 つだが (右ページ参照)，これは振動の振幅と関係し，振幅の大きいほど音も大きくなる．音の大きさは音の強さ I で記述され，これは音の進行方向と垂直な単位面積の面を単位時間当たりに通過する音のエネルギーと定義される．その国際単位系での単位は $\mathrm{W\cdot m^{-2}}$ である．人間の耳に聴こえる最小の音の強さ I_0 は $I_0 = 10^{-12}\,\mathrm{W\cdot m^{-2}}$ と測定されている (これを**聴覚のしきい値**という)．常用対数を log の記号で示したとき，音の強さを $\log(I/I_0)$ という量で表すことができる．この量の単位は電話の発明者ベルにちなんでベルと呼ばれる．通常はベルの 1/10 の単位を使いこれを**デシベル** (dB) という．単位が 1/10 になったので，数値は 10 倍となる．すなわち，音の大きさは

$$10\log\frac{I}{I_0}\,\mathrm{dB} \tag{6.11}$$

と表される．聴覚のしきい値では $0\,\mathrm{dB}$，静かな図書館では $40\,\mathrm{dB}$，市内交通では $70\,\mathrm{dB}$，ジェット機の離陸の際には $140\,\mathrm{dB}$ となる．

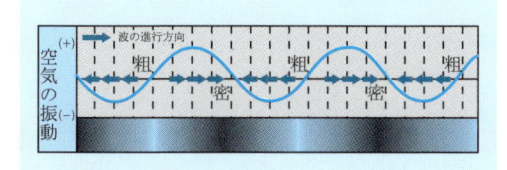

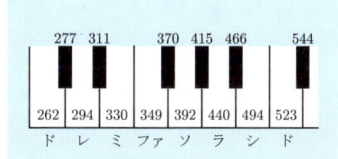

図 6.11 横波による縦波の表現　　**図 6.12** 平均律による振動数 (単位は Hz)

> [補足]　**楽音と騒音**　音には音叉や楽器が生じる**楽音**と騒々しくやかましい**騒音**とがある．両者の違いは音色の差でこれについては下の補足で述べる．楽音は正弦波に近い波形をもち，特に音叉の発する音は正弦波である．ドレミファソラシドという音階は身近な楽音である．我が国固有の邦楽には現代音楽とは違う音階が使われているが，近代音楽の祖と呼ばれるドイツの作曲家バッハは，1 オクターブの間を 12 個の半音に等分する**平均律**を採用した．ピアノの中央のドから始まる音階のラの振動数を現在では 440 Hz と決めているが，平均律では振動数を図 6.12 のようにする．ただし，小数点以下は四捨五入した．この図で 1 つの鍵盤からすぐ次の右の鍵盤に移ると，振動数は $2^{1/12}$ 倍 $= 1.05946\cdots$ 倍となる．1 オクターブ上がると振動数は倍となり，12 個の半音に等分するため $2^{1/12}$ という数が現れた．平均律はあらゆる転調を可能にするため大変便利であり，近代音楽の発展の元となった．交響楽，唱歌，ジャズ，歌謡曲などはいずれも平均律に基づき作曲されている．

> [参考]　**音の三要素**　音の性質として基本的なものは，**高さ**，**大きさ**，**音色**の 3 つでこれを**音の三要素**という．高さは振動数に依存し，振動数の大きい音ほど高い音になる．ピアノの中央のドの音の振動数は図 6.12 からわかるように 262 Hz であるが，その波長は $(340/262)\,\mathrm{m} = 1.3\,\mathrm{m}$ と計算される．1 オクターブ上のドでは振動数が倍となるので波長は半分の 0.65 m，逆に 1 オクターブ下のドに対しては 2.6 m となる．このことから通常の音波の波長は m の程度であることがわかる．人間の耳に聴こえる音の振動数は，およそ 16 Hz ～ 20 kHz で，これより振動数が大きい音波は**超音波**と呼ばれる．超音波は医療などの分野で利用されている．

> [補足]　**音色**　音色は波形に対応していて，図 6.13 にいくつかの楽器の波形を示す．このような図形は音の振動を電気信号に変え，それをブラウン管上に表示すれば観測される．楽器により波形の違う理由については 6.6 節で述べる．

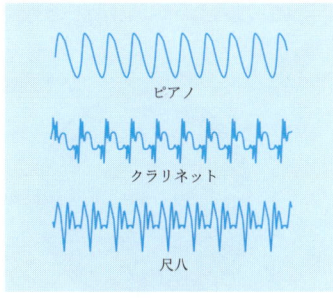

図 6.13 楽器の波形

6.5 ドップラー効果

ドップラー効果　サイレンを鳴らすパトカーが近づいてくるときサイレンの音が高く聞こえ，遠ざかるときには低く聞こえる．このように音を発するもの (音源) とそれを聞く人があるとき，音源または人，あるいはその両方が運動しているとき，人の聞く音の振動数は本来の音源の振動数と違う．これをドップラー効果という．ドップラーはオーストリアの物理学者で，1842 年初めてこの効果の研究をした．

音源の運動　音源が静止しているとき静止している人が聞く音の振動数を f_0 とする．f_0 は音源の振動数である．音源は点 O に静止しているとし，点 O から出た音波を考えると，単位時間たった後に，図 **6.14(a)** のようにこの音波は点 O を中心とする半径 v の球面上に達する．1 つの山から次の山までを 1 つの波と数えると，A にいる人が単位時間中に観測する波の数が振動数 f_0 である．図 **6.14(b)** のように音源が u の速さで右向きに運動するときでも，点 O を出た音波は単位時間後に半径 v の球面上に達する．しかし，その間に音源は u だけ右に動き点 O′ に到達する．音源が動いても音源から単位時間中に出る波の数は変わらないから，結局，音源の右側の A にいる人は $v-u$ の長さの間に f_0 個の波を観測することになる．すなわち，この人の聞く音の波長は

$$\frac{v-u}{f_0} \tag{6.12}$$

と表される．(6.12) からわかるように，音源の進行方向に進む波の波長は元の波長 v/f_0 より短くなって音は高い方にずれる．音源の左側の B にいる人の聞く音の波長は $(v+u)/f_0$ となり，元の波長より長くなる．

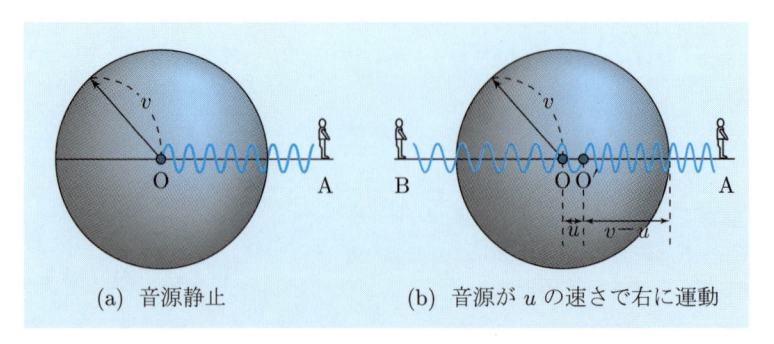

(a) 音源静止　　　(b) 音源が u の速さで右に運動

図 **6.14**　音源の運動

6.5 ドップラー効果

例題 6 音源の振動数を f_0 とする．音源が u の速さで右向きに運動し，それと同時に人が w の速さで右向きに運動するとき，人の観測する音波の振動数 f を求めよ．

解 図 6.15(a) に示すように，音源が u の速さで右向きに運動するとき，音の波長は前述のように $(v-u)/f_0$ となる．w は地面に対する速さであるが，人の聞く音の振動数を求めるには，その人の身になって考えないといけない．そこで，人と同時に動く座標系，すなわち人が静止しているような座標系をとる．この座標系から見ると，図 6.15(b) のように音波は相対速度 $v-w$ で右側に進むことになる．したがって，人の聞く音波は音速 $v-w$，波長 $(v-u)/f_0$ をもつ．この人から見ると，音波は単位時間中に $v-w$ だけ進み，その波の波長は $(v-u)/f_0$ であるから，人は単位時間の間に $v-w$ を波長で割った $f = f_0(v-w)/(v-u)$ 個の波を観測する．すなわち，人の観測する音波の振動数 f は次のように表される．

$$f = f_0 \frac{v-w}{v-u}$$

補足 u, w の符号 u, w は右向きを正とした．したがって，音源あるいは人が左向きに運動するときには上式で u あるいは w が負であるとすればよい．

参考 赤方偏移 ドップラー効果は音波だけでなく，水面波，電磁波など一般の波動についても生じる現象である．可視光線のドップラー効果では，光源 (恒星や銀河などの天体) が地球から遠ざかっていくとき，光の波長は長くなりスペクトル線は赤い方にずれる．これを赤方偏移という．アメリカの天文学者ハッブルは銀河の赤方偏移の観測から，遠方の銀河は地球から遠ざかっていき，その後退速度は銀河までの距離に比例するという法則を発見した．この比例定数はハッブル定数である．この法則は膨張宇宙や宇宙の創成に関するビッグバンの根拠を与えた．1990 年，アメリカが打ち上げた望遠鏡はハッブルの名前を記念してハッブル宇宙望遠鏡と命名されている．地球の大気の影響を受けないので天体の高解像の撮影が可能となる．

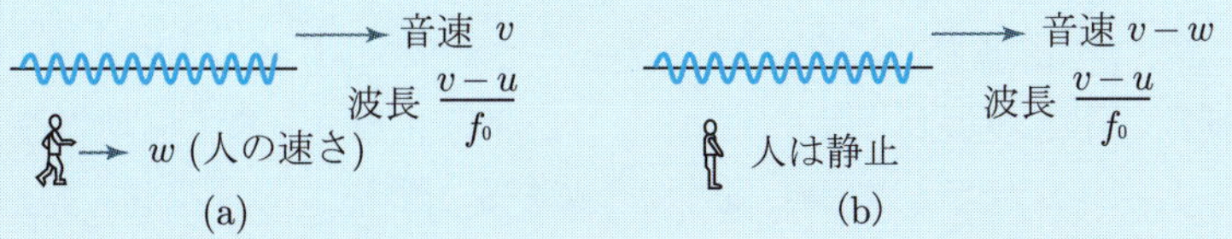

図 6.15 ドップラー効果

6.6 定 常 波

弦の横振動　進行波に対し，空間を進まない波を**定常波**または**定在波**という．バイオリンやギターの発する音は定常波の一例である．一般に太さの一定な針金あるいは糸に張力を加え両端を固定したものを**弦**という．弦を弾くと，両端が節となるような横波の定常波ができる．これを**弦の横振動**という．弦の長さを L とし，弦に沿って x 軸をとり，一方の端を $x=0$ と選べば，すべての時刻 t に対し波動量 φ は

$$\varphi = 0 \quad (x=0, x=L) \tag{6.13}$$

を満たさねばならない．$x=0, x=L$ を**固定端**という．

固有振動　上記の (6.13) の条件を満たす定常波の波動量は次式で表される．

$$\varphi_n = r_n \sin\frac{n\pi x}{L} \sin(\omega_n t + \alpha_n) \tag{6.14}$$

n は $n=1, 2, 3, \cdots$ で与えられ，(6.14) はすべての t に対し (6.13) を満たす．x を固定したとき φ は単振動を行うが，振幅 r，角振動数 ω，初期位相 α は n に依存し，$\omega_n = n\pi v/L$ である．ここで v は弦を伝わる音波の速さである．(6.14) のような振動を**固有振動**という．図 **6.16** に示すように，$n=1, 2, 3$ に対応する固有振動をそれぞれ**基本振動**，**2倍振動**，**3倍振動**という．2倍振動，3倍振動の振動数は基本振動の振動数の 2倍，3倍となっている．このような振動でもっとも大きく振動するところは腹，つねに静止しているところは節である．

気柱の縦振動　適当な方法で管内の空気を振動させると，管内に空気の縦波が発生する．これを**気柱の縦振動**という．フルート，尺八などは気柱の縦振動を利用した楽器である．

閉管　一端を閉じ，他端を開いた管を**閉管**という．この場合には，閉じた端はふさがっているので，そこでは振動は起こらず，よって閉端は振動の節となる．一方，開いた端は振動の腹となる．したがって，管の長さを L とすれば，もっとも振動数の小さい振動は図 **6.17** に示したようになり，基本振動の波長 λ_1 は $\lambda_1 = 4L$ と書ける．このため，気柱の音速を v とすれば，基本振動の振動数 f_1 は

$$f_1 = \frac{v}{\lambda_1} = \frac{v}{4L} \tag{6.15}$$

で与えられる．一般に n 個の節のある振動の振動数 f_n は次のようになる．

$$f_n = \frac{v}{4L}(2n-1) \quad (n=1, 2, 3, \cdots) \tag{6.16}$$

6.6 定常波

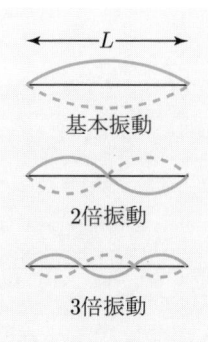

図 6.16 弦の固有振動

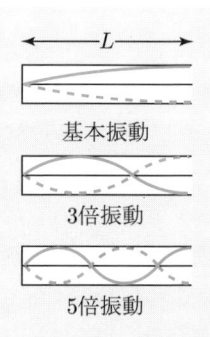

図 6.17 閉管中の振動

例題 7 管の長さ L の閉管の固有振動で n 個の節がある場合を考える．この振動数は (6.16) のように表されることを示せ．

解 図 6.18 を参考にすると
$$(n-1)\frac{1}{2}\lambda_n + \frac{1}{4}\lambda_n = L$$
が得られる．これから λ_n は
$$\lambda_n = \frac{4L}{2n-1}$$
となり，波の基本式 $v = \lambda_n f_n$ を使えば (6.16) が導かれる．$n = 2, 3$ に対応する振動が 3 倍振動，5 倍振動である (図 6.17)．

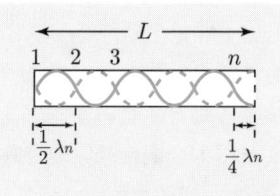

図 6.18 n 個の節がある場合

参考 **共鳴** 閉管の開いた端に音さを近づけ，図 6.19 のようにピストンを動かし管の長さを変えると，ある長さのところで大きな音が生じる．これは音さの振動数がちょうど閉管の固有振動数と一致し，管内に気柱の定常波ができたためである．この現象を**共鳴**という．管の口から L_1, L_2 の距離のところで共鳴が起こったとすれば $\lambda/2 = L_2 - L_1$ が成り立つ．音さの振動数を f とすれば
$$f = \frac{v}{\lambda} = \frac{v}{2(L_2 - L_1)}$$

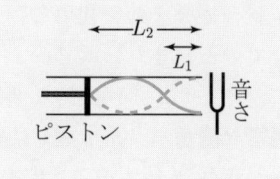

図 6.19 共鳴

と書ける．f がわかっていれば L_1, L_2 の測定によって音速 v が求まる．一般に物体にはその物体に固有な振動数があり，外部振動の振動数がこれと一致すると，物体の振動ははげしくなる．これを**共振**という．地震波の振動が建物に固有な振動と共振すると，被害は大きくなる．巨大な吊り橋が風と共振して壊れてしまった例もある．時として，共振は思わぬ災害を招くことがある．

人の発する音声　人の出す声は会話を行うという点で重要である．人により，声が高かったり，低かったり，大きかったり，小さかったり，澄んだ声だったり，しゃがれ声だったり，千差万別である．これらの性質は音の三要素という立場から理解できる．人は声帯の振動によって音声を発生させる．その音声は単に会話だけでなく，声楽に使われる．プロの声楽家の場合，男性で 80 〜 470 Hz，女性で 200 〜 1050 Hz の範囲の音を出すことができる．バス，バリトン，テノール，アルト，ソプラノと呼ばれる人の音声の音域を図 6.20 に示す．

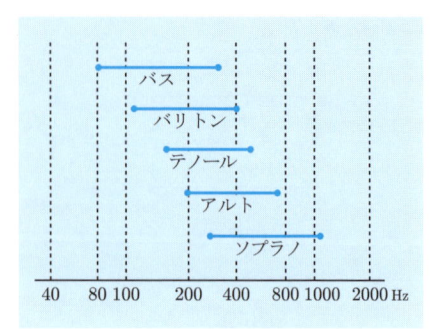

図 6.20　人の声の振動数範囲
(「物理のトビラをたたこう」，阿部龍蔵，岩波ジュニア新書，2003)

いろいろな楽器　我が国古来の楽器として三味線，琴，尺八があるし，交響曲ではバイオリン，フルート，クラリネットなど多数の楽器が使われる．これらの音楽は管弦楽と呼ばれるが，一般には弦楽器を主体とし，それに管楽器，打楽器などが付け加わったものである．それらの弦楽器，管楽器はこれまで論じてきた弦の振動，空気の振動などを利用し音を発生させている．また，太鼓のような打楽器は膜の振動を利用して音を出す装置である．いくつかの代表的な楽器の振動数範囲を図 6.21 に示した．

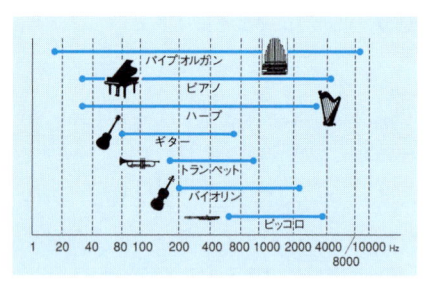

図 6.21　楽器の振動数範囲
(「物理のトビラをたたこう」，阿部龍蔵，岩波ジュニア新書，2003)

基音と倍音　基本振動に対応する音を**基音**，その 2 倍，3 倍，… の振動数をもつ正弦波を **2 倍音**，**3 倍音**，… という．図 6.12 (p.97) で説明したように，ピアノの中央のドの振動数は 262 Hz であるが，その波形は正弦波と多少違っている．それは，ピアノのドがドの基音とこれの 2 倍音，3 倍音，… の混合した音 (**協和音**) として表されるためである．一般に，基本と倍音の混ざり具合によって，その楽器の音色が決まる．逆に，基本と倍音の混合状態を電気的に実現すれば，その楽器の音が再現できる．キーボードは実際，このような方法でピアノ，バイオリン，ギターなどの音を発することが可能である．

================ 自然界に見られる波の回折現象 ================

　自然は時として思わぬドラマを演じてくれる．そのような1つの例として自然界に見られる波の回折現象をとり上げよう．まず図 6.22 をご覧いただきたい．この図は鳥取県皆生温泉の航空写真である (遠方の山は大山)．海岸線から少し離れた所に岩が連なっていて，その隙間から波が押し寄せる．事情は図 6.9 (p.95) と同じである．波長に比べ隙間が小さいと事実上，隙間は点とみなしてよい．ホイヘンスの原理により，この点を中心とする円形波が広がっていく．図のような円形の海岸線はこの種の回折現象の現れであると考えられる．なお，写真提供は皆生温泉旅館組合 (www.kaike-onsen.com) でこの現象に気づかれたのは神奈川工科大学教授の遠山紘司氏である．

　このような波の回折現象に到達した経緯を紹介しよう．著者が放送大学に在籍中「物理の世界」という課目を担当することになった．上記の遠山先生は放送大学におられたこともあり，この方面の経験豊富な方である．そこで，平成6年度に遠山先生のお助けを借り著者を主任講師とする「物理の世界」の講義が開講された．遠山先生は長野県に出張され新しくできた医院で「医療の物理」のロケを担当された．当時，先生は文部省主任調査官を務めておられた．放送大学では4年たつと授業の改訂が行われる．そこで，平成10年度から阿部・遠山を主任講師とする「物理の世界」の改訂版が作られた．放送大学の講義では，テレビの授業と同時に印刷教材という教科書が出版される．改訂版では「宝石の物理」というテーマがとり上げられ，いくつかの宝石の口絵写真が印刷教材に挿入されることとなった．カラー写真が入るという次第で，中部新聞社をチャーターした皆生温泉の航空写真が載る運びとなった．この写真は回折現象の説明として最適である．そこで以上の話をサイエンス社の田島氏に連絡したところ，同じような写真がインターネット上にあるということであった．皆生温泉旅館組合の許諾をいただき，図として提供したのが図 6.22 である．著者のように関東地方に住んでいるものは皆生温泉に行く機会はあまりない．しかし，関西地方の方は当地を訪問することがあろう．その節は，自然の作り上げた見事な回折現象を堪能してほしい．

図 6.22　鳥取県皆生温泉
(写真提供：皆生温泉旅館組合)

演習問題
第6章

1. 例題 2 (p.91) で扱った正弦波の場合, $t = (1/60)\,\text{s}$, $x = 10\,\text{cm}$ における変位の値は何 cm か.

2. ホイヘンスの原理を利用し反射の法則を導け.

3. ホイヘンスの原理を利用し屈折の法則を導け.

4. 2つの媒質が図 6.23 のように面 S を境に接している. 媒質 1 の波の速さを v_1, 媒質 2 の波の速さを v_2 とする. 媒質 1 中の点 O から出て斜めに面 S に入射し, さらにその波が進んで面 S′ に入射した. 波の進行方向が面 S および面 S′ となす角を θ_1, θ_2 として次の問に答えよ. ただし, 面 S′ は面 S に平行であるとし, また点 O から面 S, S′ に下ろした垂線の足をそれぞれ A, B とする.

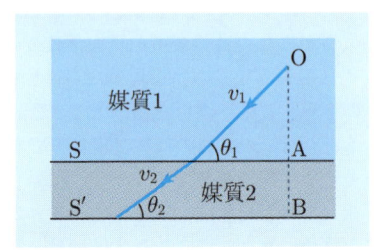

    図 6.23 波の屈折

    (a) $v_1, v_2, \theta_1, \theta_2$ の間の関係式を示せ.
    (b) 点 B から 2.46 m 離れたところで θ_2 を測定した結果, $\cos\theta_2 = 12/13$ を得た. $\text{OB} = 1.2\,\text{m}$, $\text{AB} = 0.4\,\text{m}$ とすれば, v_1/v_2 の値はいくらか.

5. 30°C における音速を求めよ.

6. デシベルに関する次の性質を導け.
    (a) 音の強さが 2 倍になると 3 dB だけ増える.
    (b) 音の強さのレベルが 10 dB 増すごとに, 音の強さは 10 倍ずつ増加する.

7. 地下鉄車内の音のレベルは 90 dB である. このときの音の強さを求めよ.

8. 1000 Hz のサイレンを鳴らしながら時速 40 km で走行するパトカーがある. パトカーが近づくとき, あるいは遠ざかるときのサイレンの振動数は何 Hz か.

9. 時速 144 km の速さで走っている列車に乗っている人が, 汽笛を鳴らしながら走ってくる列車の振動数と, すれ違った後の汽笛の振動数とを測定したところ, 振動数の比は 3 : 2 であった. すれ違った列車の速度はいくらか. ただし, 音速を $340\,\text{m}\cdot\text{s}^{-1}$ とし, どちらの列車にも加速はないとする.

10. 音源の速さが音速を超えるとする. このとき, 音波はどのような運動を行うかについて論じよ.

11. 両端が開いた管を**開管**という. 管の両端には何も障害物がないから, そこでの振動はもっともはげしくなる. すなわち, 管の両端は腹となる. この点に注意し, 長さ L の開管の固有振動数を求めよ.

第7章

光

　創世記によると天地創造の際，神は初めに「光あれ」といわれた．宇宙は放射と物質から構成されているが，光は一種の放射で電磁波に属する波動と考えてよい．このため，第6章で学んだ波動の性質が成り立ち 7.5 節まではそのような立場で光を扱う．光は現代物理学での主役だが，それは光が波動とともに粒子の性質をもつためである．7.6 節でこの事情に触れる．

本章の内容
- 7.1 光　線
- 7.2 光の干渉
- 7.3 光の分散
- 7.4 光学器械とレンズ
- 7.5 光と電磁波
- 7.6 光電効果と熱放射

7.1 光 線

光学 光に関する学問を**光学**という．後述のように，光は電磁波の一種なので光は波としての性質，すなわち反射，屈折，干渉，回折などを示す．光が波であるという立場の光学を**波動光学**という．光の波長は通常の物体の大きさよりはるかに小さいため，波長を 0 とみなし，波としての性質を忘れることもできる．この場合には波の進む線，すなわち射線だけを考慮すれば十分である．光の射線を**光線**，光線の振る舞いを幾何学的に扱う立場を**幾何光学**という．

光の反射・屈折 物質 1 と物質 2 の境界面が平面で，AO という入射光線があたると，一部は OB のように反射され，残りは OC のように屈折して進む（図 7.1）．前章でみたように，波という立場からこのような反射・屈折の現象が理解できるが，以下，これを光線の場合にまとめておく．平面に対する法線を考えると，入射光線，反射光線，屈折光線，法線はすべて同一平面内にある．また，図のような入射角 θ，反射角 θ' を定義すると反射の法則は

$$\theta = \theta' \tag{7.1}$$

と書ける．また屈折の法則は

$$\frac{\sin\theta}{\sin\varphi} = \frac{c_1}{c_2} = n \tag{7.2}$$

となる．上式で c_1, c_2 はそれぞれ物質 1, 2 中の光速で，n を物質 1 に対する物質 2 の**屈折率**という．特に真空に対する屈折率を**絶対屈折率**という．物質 1, 2 の絶対屈折率を n_1, n_2 とし，真空中の光速を c とすれば $c_1 = c/n_1, c_2 = c/n_2$ と書け $n = n_2/n_1$ が成り立つ．

乱反射 光線が (7.1) の反射の法則に従う場合を**正反射**という．通常の物体の表面には細かい凹凸が無数にあり，このためその表面を平面とみなすことはできない．しかし，入射点のごく近傍を考えると，それを近似的に平面とみなせる．反射の法則はこの平面に対して成り立ち，図 7.2 のように，でこぼこ表面からの反射光はあらゆる方向に散らされて進む．この種の反射を**乱反射**という．

逆進性 光がある点 P から他の点 Q へ進むとき，光は逆の道筋を通って点 Q から点 P へ進むことができる．これを光の**逆進性**という．例えば，図 7.1 で CO に進む光線は屈折して OA に進む．

7.1 光線

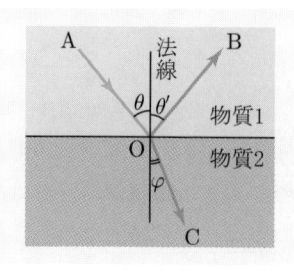

図 7.1 光の反射と屈折

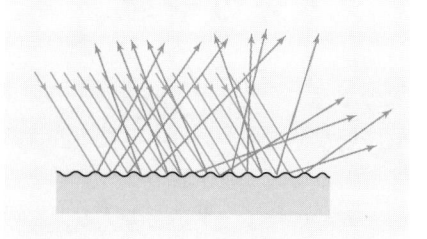

図 7.2 光の乱反射

例題 1 空気に対する水の屈折率は 1.33 である．空気中から水中へ入射角 $50°$ で光が入射するときの屈折角 φ を求めよ．

解 $\sin 50° = 0.766$ であるから $\sin\varphi = 0.766/1.33 = 0.576$ となる．したがって，φ は $\varphi = 35.2°$ と計算される．

例題 2 光の屈折のため，水中の魚を上から見ると少し浮き上がっているように感じる．光の逆進性を利用し，深さ H にある水中の魚を真上から見たとき，見かけ上の深さは $h = H/n$ であることを示せ．

解 図 7.3 のように深さ H のところにいる魚 C を考える．C から出た光は空気と水との境界面上の点 O を通って人の眼 A に達するとする．光の逆進性によって $\sin\theta/\sin\varphi = n$ が成立する．空気中にいる人は OA に進む光を見るため，魚の位置は OA を延長し C′ のところにあるように感じる．このため，見かけ上，魚の深さが浅くなったように感じる．魚を真上から見るときには，O を魚の真上の点 O′ に近づければ

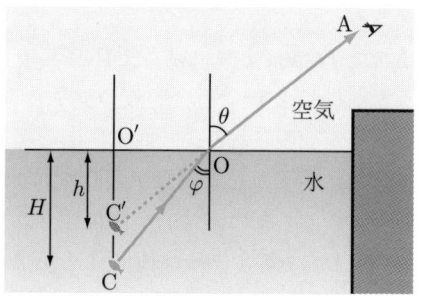

図 7.3 水中の物体の見かけ上の深さ

よい．この極限では θ も φ も 0 に近づき，$\sin\theta \simeq \theta$, $\sin\varphi \simeq \varphi$ という近似式が適用できる．図からわかるように $h\tan\theta = \mathrm{OO}'$, $H\tan\varphi = \mathrm{OO}'$ であるが，θ, φ が小さければ $\tan\theta \simeq \theta$, $\tan\varphi \simeq \varphi$ としてよい．こうして

$$\frac{H}{h} = \frac{\tan\theta}{\tan\varphi} \simeq \frac{\theta}{\varphi} \simeq \frac{\sin\theta}{\sin\varphi} = n$$

となり，上式から $h = H/n$ が得られる．$n \simeq 4/3$ であるから，例えば 1 m の深さの魚は見かけ上 75 cm の深さに見える．

7.2 光の干渉

光の本性　光の示すいくつかの現象はすでにギリシア-ローマ時代から知られていた．古来，光はある種の波であるという**波動説**と，大きな速さをもつ粒子であるという**粒子説**の2つが唱えられてきた．現在の物理学では光は波であると同時に粒子であると考える．このようないわば二重人格的な性格は現代科学の1つの特徴だが，その点については今後本書の随所で説明する．

ヤングの実験　1807年，イギリスの物理学者ヤングは光の干渉実験を行った．この実験は，光が波であることを実証したものとして物理学史上著名である．図7.4にヤングの実験の概略を示す．光源Lから出た光はスリットSを通り，2つの接近した平行なスリットS_1, S_2で2つに分けられる．すべてのスリットは紙面の垂直方向で十分長く，またスリット自身は十分狭いとする．$S_1S_2 = d$とおき，SCはS_1S_2の垂直二等分線とし，スクリーンAB上の点Pで光を観測したとする．また，図のように，S_1あるいはS_2とスクリーンとの距離をDとおく．さらに，$SS_1 = SS_2$とし，光はS_1, S_2で同じ状態であるとする．もしS_1, S_2に独立な光源をおけばこれらの光源の位相は互いに無関係であるから干渉は起こらない．同じ光源から出る波を2つに分けた点にヤングの実験の巧妙さがある．

ここで$D \gg d$とすれば，S_1PとS_2Pとはほぼ平行であるとみなせる．そのような前提で点Pでの合成波の様子を考える．$S_2P - S_1P = \lambda$だと波が強め合い明線が観測される．一般に，上の関係の右辺はλの整数倍でよいのでスクリーン上に明暗のしま模様が観測される(例題3)．このようなしまを**干渉じま**という．干渉じまの定性的な図は図7.5に示してある．なお，ヤング率はヤングが導入したものである．彼は質量mが速さvで運動しているときの運動エネルギーをmv^2としたが，1/2の係数だけ違っていた．しかし，エネルギーという言葉を導入したのはヤングである．

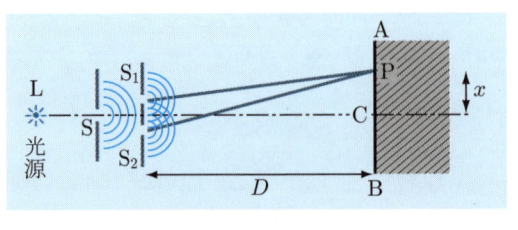

図7.4　ヤングの実験　　　　　図7.5　干渉じま

7.2 光の干渉

例題 3 ヤングの実験でスクリーン AB 上で点 P を表す座標を図 7.4 のように x とする．明線あるいは暗線が観測される条件を導き，明線と次の明線の間の間隔 Δx を光の波長 λ と d および D の関数として求めよ．

解 図 7.4 において $D \gg d$, $D \gg x$ と仮定しているので

$$S_1P = \left[D^2 + \left(x - \frac{d}{2}\right)^2\right]^{1/2} = D\left[1 + \frac{(x-d/2)^2}{D^2}\right]^{1/2}$$

$$\simeq D\left[1 + \frac{(x-d/2)^2}{2D^2}\right] = D\left[1 + \frac{x^2 - xd + d^2/4}{2D^2}\right]$$

となる．S_2P を求めるには上式で $d \to -d$ とおけばよい．すなわち S_2P は

$$S_2P \simeq D\left[1 + \frac{x^2 + xd + d^2/4}{2D^2}\right]$$

と表される．こうして

$$S_2P - S_1P \simeq \frac{d}{D}x$$

が得られる．上式が $0, \pm\lambda, \pm 2\lambda, \cdots$ なら合成波は山と山，谷と谷が重なり明るくなる．逆にこれが $\pm\lambda/2, \pm 3\lambda/2, \pm 5\lambda/2, \cdots$ だと山と谷が重なり合成波は暗くなる．このようにして

$$x = \frac{nD}{d}\lambda \qquad (n = 0, \pm 1, \pm 2, \cdots) \quad \cdots\text{明線} \tag{1}$$

$$x = \frac{(2n+1)D}{2d}\lambda \quad (n = 0, \pm 1, \pm 2, \cdots) \quad \cdots\text{暗線} \tag{2}$$

という条件が得られる．(1) で n が 1 だけ変わるとすれば，干渉じまでの明線間の間隔 Δx は

$$\Delta x = \frac{D\lambda}{d} \tag{3}$$

と表される．

例題 4 ヤングの実験において，$d = 1\,\text{mm}$, $D = 1\,\text{m}$, $\lambda = 400\,\text{nm}$ とする．干渉じまの明線間の間隔はいくらか．ただし，1 nm は

$$1\,\text{nm} = 10^{-9}\,\text{m}$$

である．

解 明線間の間隔 Δx は (3) により

$$\Delta x = \frac{D\lambda}{d} = \frac{1 \times 400 \times 10^{-9}}{10^{-3}}\,\text{m} = 0.0004\,\text{m} = 0.4\,\text{mm}$$

と計算される．

7.3 光の分散

分散　物質の屈折率は光の色 (正確には波長) によってわずかではあるが異なる．これを光の**分散**という．例えば，石英ガラスではその屈折率 n は表 7.1 のような波長依存性を示す．太陽光線をプリズムにあてると，図 7.6 のように光は赤・橙・黄・緑・青・藍・紫という虹の 7 色に分かれる．一般に，波長の短い光 (青色の光) の屈折率は波長の長い光 (赤色の光) の屈折率より大きい．このためプリズムを通る際，青色の光の方が赤色の光より余計に曲げられる．プリズムでそれ以上分かれない光を**単色光**という．単色光はある一定の波長をもつ光であると考えてよい．人の眼に感じる色は単色光の波長によって異なる．波長と色との関係を図 7.7 に示す．ここで $1\,\mu\mathrm{m} = 10^3\,\mathrm{nm} = 10^{-6}\,\mathrm{m}$ の関係が成り立つ．$1\,\mu\mathrm{m}$ は $1\,\mathrm{mm}$ の千分の 1 にあたる．

表 7.1　石英ガラスの屈折率

光の波長 (nm)	n
589.3	1.4585
404.7	1.4597
214.4	1.5359

スペクトル　光をその波長 (振動数) によって分けたものを光の**スペクトル**という．白色電球や太陽光はすべての波長の光を含んでいて**連続スペクトル**を示す．ナトリウムランプや水銀ランプなどからの光は，特定の波長の光だけをもち，**線スペクトル**と呼ばれる．これらの光は単色光である．白色電球や太陽光などの光を**白色光**という場合がある．原子の出す光のスペクトルはその原子の構造と密接に関係する．

分光器　光をスペクトルに分ける光学装置を**分光器**といい，大略図 7.8 のような構造をもつ．すなわち，光源から出た光はレンズを利用したコリメーターで平行光線に変えられ，プリズムに照射される．プリズムによる屈折光はレンズで集光されて乾板上で像を結び，その写真を調べればスペクトルが観測される．あるいは直接，眼視でスペクトルを見てもよい．

ナトリウムランプ　高速道路のトンネルなどの照明に使われる**ナトリウムランプ**は，ナトリウム蒸気中で放電するときに発光する橙黄色の光を利用している．この光は D 線と呼ばれ，その光を分光器で調べると波長がそれぞれ 589.0 nm と 589.6 nm のごく接近した単色光から構成されることがわかる．このようなスペクトルを**二重線**という．ナトリウムの D 線はナトリウム原子の構造と関係していることがわかっている．このような光の構造を研究する分野を**分光学**という．

7.3 光の分散

図 7.6　プリズムによる光の分散

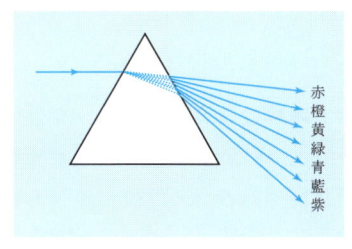

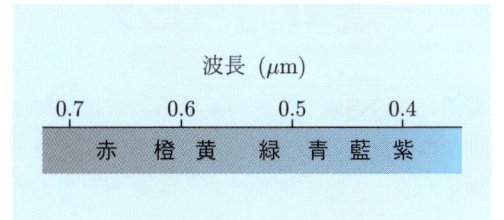

図 7.7　波長と色との関係

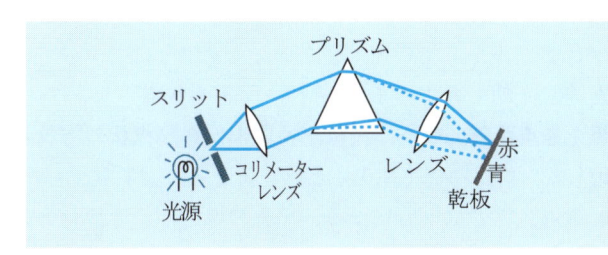

図 7.8　分光器

虹の 7 色

　虹の 7 色を覚える 1 つの方法は図 7.7 で示した色の名前を音読し,「せき・とう・おう・りょく・せい・らん・し」とすることである. 著者は中学校の物理の時間でこの覚え方を教わって以来, 60 年余りの年月がたつが, この間忘れたという記憶はない. 口調がよく一旦覚えてしまえば忘れることはむしろ不可能である. もっとも藍という色は通常は「あい」と読み, 濃い青を意味する.「青は藍より出でて藍より青し」という語句は広辞苑にも記載されている. 文字通り藍色は青より濃いという事情を表し, 転じて弟子が先生よりすぐれたことをいう. 現在では死語になった感じもするが「出藍の誉れ」という言葉もある. 雨上がりに太陽光が水滴で散乱され, これが虹の原因となる. 日光があたっているとき水まきをすると小規模な虹が発生し, 7 色が観測される. 虹は美しい自然現象なので人はそれぞれ印象的な虹を記憶しているであろう. 著者の場合, 20 数年前, 福井大学で集中講義をしたが, 機会があって永平寺に参拝した. その帰路見た虹は大変見事でいまでも印象に残っている.
　虹を英語では rainbow という. また, 虹の懸け橋という言葉も使う. これらを合成し東京都の芝浦と台場を結ぶ吊り橋がレインボーブリッジで 1993 年完成した. この名前は一般公募により決められたものだが中々うまいネーミングである. 昔の鉄道唱歌に「窓より近く品川の　台場も見えて波白し」という一節がある. 台場は 1853 年江戸の防衛のため建設された. それが 140 年後に橋により対岸と結び付いたとは, 当時の台場の建設者は夢にも思わなかったに違いない.

7.4 光学器械とレンズ

幾何光学の応用 光の反射や屈折は幾何光学で理解される．このような幾何光学の応用例は鏡，眼鏡，カメラ，望遠鏡，顕微鏡，ビデオカメラなど多種多様である．上述の応用例のうちで簡単なものは眼鏡であろう．近視や遠視あるいは老眼の人は眼鏡を使用し視力を矯正する．

凸レンズ 中央部が厚く周辺にいくほど薄くなっているレンズを**凸レンズ**という．また，レンズの中心を通り，レンズの面と垂直な線を**光軸**という．凸レンズに光軸と平行な光線をあてると，図 7.9 に示すように，すべての光線はレンズを透過した後，光軸上の 1 点 F を通る．点 F を**焦点**，レンズの中心 O と F との間の距離を**焦点距離**という．光線が物質 1 から平板状の物質 2 に入り物質 2 の中を透過して，再び物質 1 に出るときを考える．図 7.10 から明らかなように入射光線と透過光線とは平行になる．平板の厚さが十分薄いと入射光線はそのまま直進し物質 1 に出るとみなせる．このため図 7.9 で O を通る任意の光線はそのまま直進すると考えてよい．

光線の経路 上述の凸レンズの性質を利用すると，レンズに光線をあてたとき，光線の経路を幾何学的に作図できる．図 7.11 のように光軸に垂直な物体 AB があるとしたとき，点 A を出て光軸と平行に進む光線はレンズを通過した後，点 F を通り直線 C のように進む．一方，点 A を出てレンズの中心 O を通る光線はそのまま直進し直線 D のように進む．直線 C と直線 D との交点 A′ が点 A の像である．AB 上の他の点について同様な考察を行うと結局 AB の凸レンズによる像として倒立した A′B′ が得られる．A′B′ のところにフィルムを置けば，物体 AB の写真が撮れることとなり，これがカメラの原理である．水晶体は凸レンズなので物体の像が網膜上に結ばれる．視覚はこのような原理に基づく．また，凹レンズについては演習問題 5 で学ぶ．

レンズの公式 図 7.11 のように点 O から物体までの距離を a，点 O から像までの距離を b，焦点距離を f とすると

$$\frac{1}{a} + \frac{1}{b} = \frac{1}{f} \tag{7.3}$$

である (例題 5)．(7.3) を**レンズの公式**という．例えば $a = 30\,\text{cm}$，$f = 10\,\text{cm}$ のとき b は $b = 15\,\text{cm}$ と計算される．$a > f$ だと $b > 0$ でこの場合の像を**実像**という．$a < f$ だと $b < 0$ となって，このときの像を**虚像**といい，あたかも虚像から光が出ているように感じる．

7.4 光学器械とレンズ

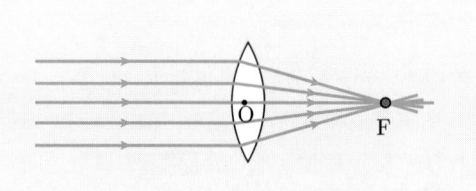

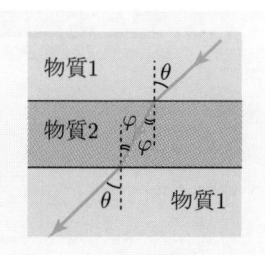

図 7.9 凸レンズの焦点

図 7.10 平板を通過する光

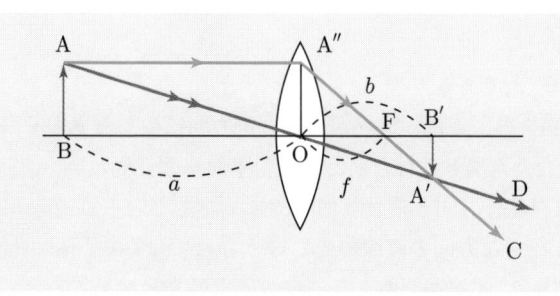

図 7.11 凸レンズを通る光線の経路

例題 5　レンズの公式を導け．

解　図 7.11 において $\triangle \mathrm{ABO}$ と $\triangle \mathrm{A'B'O}$ は相似であるから

$$\frac{\mathrm{AB}}{\mathrm{A'B'}} = \frac{a}{b} \tag{1}$$

が成り立つ．レンズは薄いとすれば A から引いた光軸に平行な線とレンズとの交点を $\mathrm{A''}$ とするとき，$\mathrm{A''}$ は O の鉛直上方にあるとみなせる．$\triangle \mathrm{FB'A'}$ と $\triangle \mathrm{FOA''}$ は相似で $\mathrm{A''O} = \mathrm{AB}$ であるから

$$\frac{\mathrm{AB}}{\mathrm{A'B'}} = \frac{f}{b-f} \tag{2}$$

と書ける．(1), (2) から

$$\frac{b}{a} = \frac{b}{f} - 1$$

となり，これから (7.3) が導かれる．

参考　色収差　単純な凸レンズを使うと光の分散のため，実物とは異なる色がついてしまう．これを**色収差**という．色収差を除くにはクラウンガラスの凸レンズとフリントガラスの凹レンズとを組み合わせたレンズを用いる．それを**色消しレンズ**という．光学器械のレンズは，この種の色消しレンズであると思ってよいだろう．

7.5 光と電磁波

電磁波　電磁波は基本的には第6章で考えた波動で，振動数，波長，波の速さなどで記述される．z軸に進行する正弦波の電磁波の場合，ある瞬間での電磁波の様子を図 7.12 に示す．すなわち，電場 E は x 方向，磁場 H は y 方向に生じ，時間がたつにつれ全体のパターンが矢印の向きに光速で進んでいく．電場と磁場とは垂直で，電場から磁場の方向に右ネジを回したときネジの進む向きに電磁波は伝わる．音波は毎秒 300 m 程度，電磁波は毎秒 30 万 km $= 3 \times 10^8$ m の速さで進むから，電磁波は音波に比べ百万倍も速い．光は右ページに示すように電磁波の一種である．

偏光　図 7.12 のように，電場がある一定方向に生じる光をその方向の**直線偏光**という．また，電場と進行方向とを含む平面を**偏光面**という．自然光では，電場の方向は波の進行方向と垂直な面内でまったくでたらめである．したがって，自然光はある特定な方向の直線偏光というわけではない．しかし，**偏光板**という特殊な板があり，図 7.13 のように自然光を偏光板にあてると，透過した光は偏光板に特有な方向の直線偏光となる．人が物体をみて立体として認識するのは右眼で見る像と左眼で見る像とが若干違うためである．そこで右眼で見る光を上下方向の直線偏光，左眼で見る光を水平方向の直線偏光として映画を撮り，それに相当する偏光板の眼鏡で映画を見ると立体感が得られる．これは，いわゆる立体映画の原理である．

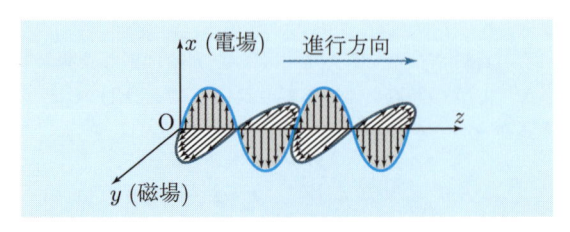

図 7.12　電磁波

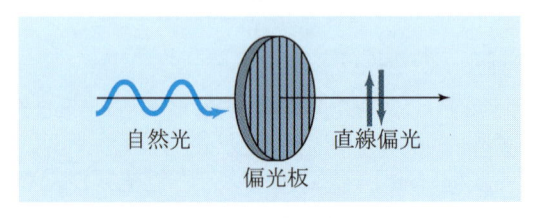

図 7.13　偏光板

7.5 光と電磁波

参考　電磁波の分類　宇宙は物質と放射から構成される．放射とは電磁波で，これは身のまわりにあふれた存在である．電磁波は波長の大きさにより図 7.14 のように分類される．ここで 10^{-4} m 以上の波長をもつ電磁波が電波で，英字による呼び方は国際電気通信条約無線規定に基づく．電波のうち中波，短波はラジオに，VHF，UHF はテレビや携帯電話に利用される．波長が 10^{-4} m から 1 m の範囲をもつ電磁波をマイクロ波といい，レーダーや電子レンジと関連している．可視光の領域は $0.38\,\mu\mathrm{m}$ の紫色から約 $0.77\,\mu\mathrm{m}$ の赤色の範囲だが，その限界および色の境界には個人差がある．可視光より波長が長く 10^{-4} m までの波長をもつ電磁波を近赤外線，赤外線，遠赤外線という．赤外線は物質に吸収されその温度を上げるような熱作用が大きいので，別名，熱線とも呼ばれる．赤外線はまたテレビのリモコンなどに使われる．可視光線より短い波長をもつ電磁波は図 7.14 のように，紫外線，真空紫外線，X 線，γ 線などと呼ばれる．

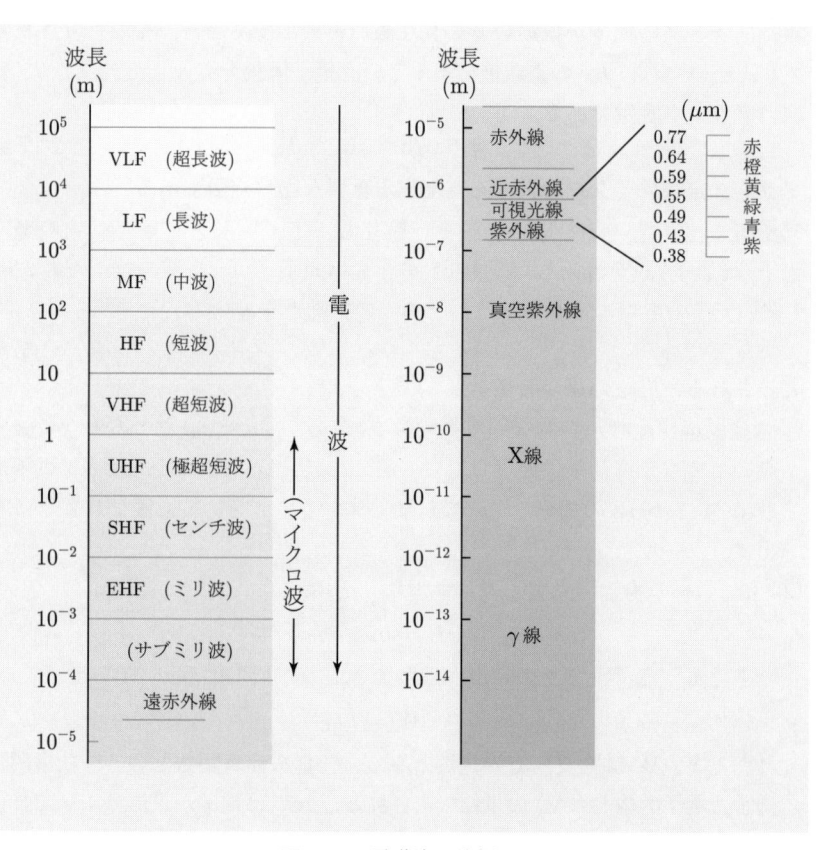

図 7.14　電磁波の分類

7.6 光電効果と熱放射

光電効果 ある種の金属 (Na, Cs など) の表面に光をあてるとその表面から電子 (光電子) が飛び出す．この現象を**光電効果**という．光電効果が発見されたのは 19 世紀の終わり頃であるが，この効果は実用的にはカメラの露出装置や太陽電池に応用されている．光の波動説では光源を中心にエネルギーが四方八方に広がっていくと考える．しかし，このような古典物理学の立場では光電効果の説明は不可能である (演習問題 6)．

プランクの量子仮説 ある温度の物体が放出する電磁波の全エネルギーを古典物理学で求めると ∞ になり，不合理である．この矛盾を解決するため 1900 年，プランクは物体が振動数 ν の光を吸収・放出するとき，やりとりされるエネルギーはつねに $h\nu$ の整数倍であるという**量子仮説**を導入した．ここで，h は次の**プランク定数**である．

$$h = 6.626 \times 10^{-34} \,\text{J} \cdot \text{s} \tag{7.4}$$

プランク定数はミクロの世界を支配する重要な物理定数である．

光子説 プランクの量子仮説を一般化し，アインシュタインは次のような**光子 (光量子) 説**を導入した．すなわち，光は**光子**という一種の粒子の集まりで，1 個の光子のもつエネルギーは，その光の振動数を ν としたとき

$$h\nu \tag{7.5}$$

と表される．光電効果の特徴は

① 金属にはそれに特有な固有振動数 ν_0 があり，$\nu < \nu_0$ だとどんなに強い光をあてても光電効果は起こらない．$\nu > \nu_0$ だと，光をあてた瞬間に電子が飛び出す．$\nu > \nu_0$ の場合，どんなに弱い光でも，光をあてた瞬間に電子が飛び出す．

② $\nu > \nu_0$ の場合，光電子のエネルギー E は

$$E = h\nu - h\nu_0 \tag{7.6}$$

と書ける．光子説で上の特徴が理解できる (演習問題 7)．(7.6) で

$$W = h\nu_0 \tag{7.7}$$

とおくと，W は物質固有の定数となる．これを**仕事関数**という．仕事関数は通常，**電子ボルト** (eV) の単位で表される．1 eV は電子が電位差 1 V で加速されるとき得るエネルギーと定義され，国際単位系で表すと次のように書ける．

$$1\,\text{eV} = 1.602 \times 10^{-19} \,\text{J} \tag{7.8}$$

7.6 光電効果と熱放射

参考) 熱放射　高温の物体の表面から光 (電磁波) が放出される現象を**熱放射**という．一般に，物体の表面に電磁波があたったとき，表面は電磁波の一部を反射し，一部を吸収する．特に，全然反射をせず，あたった電磁波をすべて吸収してしまうものを**完全黒体**あるいは単に**黒体**という．電磁波を通さない空洞を作って小さな孔をあけ，それを外部からみると孔のあたった電磁波は反射されずすべて空洞の中に吸収される．したがって，孔の部分は黒体の表面と同じ役割を演じる．空洞中の電磁波が温度 T で熱平衡にあるとする．この空洞に小さな窓をあけ出てくる電磁波のエネルギーを振動数 ν ごとに測定すると，振動数に対する熱放射のエネルギー分布がわかる．この分布は温度により決まり，実験結果は図 7.15 のようになる．このような放射を**空洞放射**という．空洞放射は黒体放射と等価であることが知られている．

補足) レイリー-ジーンズの放射法則とプランクの放射法則　空洞内の電磁波は調和振動子の集合と等価である．1 次元調和振動子は温度 T において kT だけの熱エネルギーをもつ．ただし，k はボルツマン定数で $k = 1.38 \times 10^{-23}$ J·K^{-1} という数値をもつ．このような考えを利用すると，空洞の体積を V とし，空洞中で振動数が $\nu \sim \nu + d\nu$ の範囲内にある電磁波のエネルギー $E(\nu)d\nu$ は

$$E(\nu)d\nu = \frac{8\pi kTV}{c^3}\nu^2 d\nu \tag{1}$$

で与えられる．(1) を**レイリー-ジーンズの放射法則**といい，図 7.15 中の点線で表している．図からわかるように，点線は ν の大きいところでは実測値とまったく合わない．また，空洞内の全エネルギーを求めるため，上式を ν に関し 0 から ∞ まで加えると，左ページに注意したように，結果は無限大となり物理的に不合理である．プランクは左ページに述べた量子仮説を使い (1) の代わりに

$$E(\nu)d\nu = \frac{h\nu}{e^{h\nu/kT}-1}\frac{8\pi V}{c^3}\nu^2 d\nu \tag{2}$$

を導いた．(2) を**プランクの放射法則**という．これは実験結果と完全に一致する．

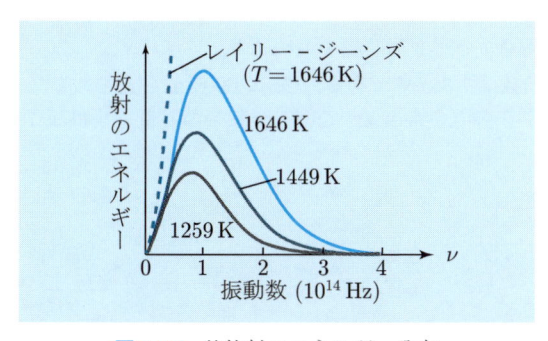

図 7.15　熱放射のエネルギー分布

演習問題 第7章

1. 空気に対する水の屈折率は 1.33 である．空気中から水中に入射角 $60°$ で光が入射する場合の屈折角を求めよ．

2. 屈折率 1.50 のガラスの中での光の速度は何 $\mathrm{m\cdot s^{-1}}$ となるか．また，真空中での波長 500 nm の光のこのガラス中における振動数および波長はいくらか．

3. 水中の光源 P から発した光が空気中に屈折される場合 $\theta > \varphi$ が成り立つので，角 φ がある値 φ_c に達すると θ は $\pi/2$ となる (図 7.16)．φ が φ_c より大きいと $\sin\theta > 1$ となって，これを満たす θ は存在しない．そのため，光源 P から出た光は空気中に出ることなく，境界面で全部反射される．この現象を**全反射**，角 φ_c を**臨界角**という．臨界角と屈折率との関係を導け．

4. ナトリウムからの黄色光に対して屈折率 $n = 1.414$ をもつ砂糖水を作った．この黄色光が，砂糖水から空気に向かって進むときの臨界角は何度か．

5. 凹レンズの場合，図 7.17 に示すように，光軸と平行は光線はレンズを透過した後，あたかも点 F から発したように進んでいく．この点 F を焦点という．この図を参考にして，近視の人が凹レンズの眼鏡をかける理由を述べよ．

6. 光の波動説では光電効果が説明できない例として，豆電球の出力を 1 W とし 600 nm の光が Cs 原子にあたるとする．波動説では，光は電球を中心とし，球面波として周囲の空間に広がるとする．電球から 1 m 離れたところに Cs 原子をおいたとして以下の問に答えよ．
   (a) 電球を中心とする半径 1 m の球面上の面積 $S\,\mathrm{m^2}$ の部分を 1 秒当たりに通過するエネルギーを求めよ．
   (b) Cs 原子の半径は 0.1 nm の程度とし，光電効果が起こる時間を概算せよ．

7. 光子説に基づき光電効果の特徴を説明せよ．

8. Cs の仕事関数は 1.38 eV である．Cs に 600 nm の光をあてたとき飛び出す光電子のエネルギー，速さを求めよ．ただし，電子の質量を 9.11×10^{-31} kg とする．

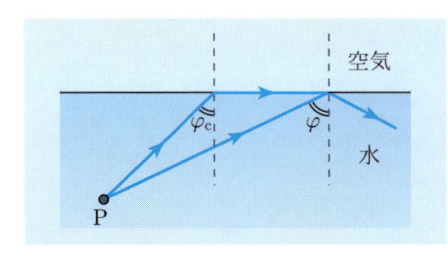

図 7.16 全反射と臨界角

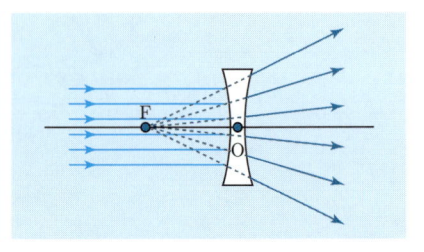

図 7.17 凹レンズの焦点

第8章

電気と磁気

アーク灯が夜の街を明るくしたのは1878年のことである．それより以前の人は，夜の明かりにロウソクか灯心を利用していた．明かりの革命は人類に計り知れない恩恵をもたらしたが，その背後に電気があることはいうまでもない．現在では，電気はガス，水道と並びライフラインの1つとなっている．本章では物理学として電気と磁気の性質，すなわち以下の内容について学ぶ．

本章の内容

- 8.1 静電気
- 8.2 クーロンの法則
- 8.3 電場
- 8.4 電位
- 8.5 コンデンサー
- 8.6 電流
- 8.7 静磁場
- 8.8 磁束密度
- 8.9 電流と磁場
- 8.10 電磁誘導

8.1 静電気

電気の発見 歴史的にいうと，電気の存在は古くから知られていた．すなわち，紀元前 600 年の頃，ギリシアの哲学者ターレスは琥珀を毛皮でこするとまわりの小紙片などを引けつける現象を発見した．物体がこのような性質をもつとき，この物体は**帯電**したという．また，帯電したものには何かが宿っていると考え，それを**電気**と名付けた．このような電気現象は日常生活でも経験されることで，それについては次ページのコラム欄で述べる．

摩擦電気 違った種類の物体をこすり合わせると，電気が発生する．この種の電気を**摩擦電気**という．摩擦電気を調べているうち，電気には 2 種類存在することがわかった．ガラス棒を絹の布で摩擦したときガラス棒に生じる電気を**正 (陽) 電気**と定義する．一方，塩化ビニル棒 (あるいはエボナイト棒) を毛皮で摩擦したとき塩化ビニル棒 (あるいはエボナイト棒) に生じる電気を**負 (陰) 電気**と定義する．8.2 節で論じるように同種の電気は互いに反発し合い，異種の電気は互いに引き合う．このような電気の符号は電気の基本的な性質と考えられている．

静電気 物質は原子・分子・電子などから構成される．分子は原子から作られ，原子は正の電気をもつ原子核のまわりを電子が運動するという構造をもつ．2 つの物質をこすり合わせると一方から他方へ電子が移動し，前者の物質は電子不足となり正に帯電し，後者は電子過剰となって負に帯電する．電子が運動すれば電気の流れ，すなわち電流が発生する．電流が流れない場合，その電気を**静電気**という．エネルギーの観点からいうと，物質をこすり合わせるときの力学的エネルギーの一部は摩擦熱のような熱に変わり，一部は電気的なエネルギーに変わる．

ボルタの帯電列 摩擦電気の正負を決めるのが**ボルタの帯電列**である．この帯電列は図 8.1 に示される．列の 2 種類の物質をこすり合わせると，順序の前のものが正に後のものが負に帯電する．この結果を理解するには帯電列の前の物質ほど電子を失いやすく，逆に後のものほど電子を受け入れやすいと考えればよい．金属は自由に動き回る電子をもっていて，それを**自由電子**という．金属は電流を流しやすい性質をもつが，それは自由電子が存在するためである．金属は電気を流しやすく**導体**と呼ばれる．コードに銅線が使われるのはこのような性質を利用している，それに対し，大理石やベークライトなどは電気を通しにくい**絶縁体**である．

8.1 静電気

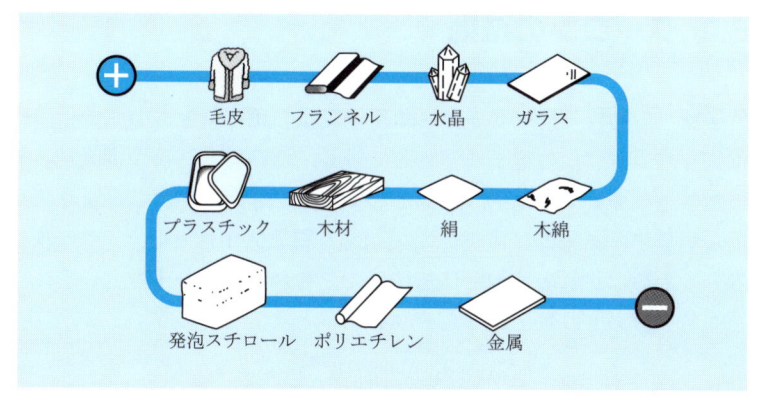

図 8.1 ボルタの帯電列

━━ 静電気との出会い ━━

　冬の乾燥しているある日，小学生だった著者は着ていたセーターの腋の下でセルロイドの下敷きをしっかり挟み前後に運動させた．10 秒位の後，開いたノートの上方に下敷きをもっていくと，紙は下敷きに引かれもち上がる．下敷きを頭の上にもっていくと，頭髪は逆立ち「怒髪天を衝く」といった感じになった．友達と逆立った頭髪をみつめ合いお互いに大笑いしたものだ．読者も似たような体験をされたと思うが，このような現象はいうまでもなく静電気のなせる技である．中学，高校へと進学し物理のことがわかってくると，電気を帯びたセルロイドの下敷きに拳を近づけ火花放電させたり，その近くのラジオでガリッという雑音を聞き，電磁波の発生を確認したりした．雷が近づくと稲光が光る度にラジオに雑音が入り，雷鳴と同時にこの雑音は夏の風物詩であったと記憶している．しかし，この頃セルロイド，雷以外，日常生活で静電気の存在を感じさせる現象は体験しなかったように思える．

　1959 年にアメリカに留学したが，冬のある日，研究室の鍵を開けようとした途端静電気に感電しびっくりしたことがある．ハイウェーをドライブしているとき，前方のガソリン輸送車の後尾に吊るされた鎖の先端が路面に触れ火花を発しているのを目撃し，カルチャーショックを経験した．車に溜った静電気をこのような方法で地球に逃がさないと，スパークし火事の原因になるとの話であった．最近ではタイヤに導電性をもたせているとかでこのような現象もなくなった．我が国でも高度経済成長後，衣類，住居などが改善され，電気に対する絶縁性がよくなったせいか，日常的に静電気の存在を実感する事件が増えた．ドアノブに触れて感電したり，衣類の裾が絡まったりするのは日常茶飯事になってしまった．このように書くと，静電気は困り者という感じであるが，コピー機や空気清浄器は静電気を利用する装置で，静電気には有用な点も多い．

8.2 クーロンの法則

モル分子数 物質の構成要素である原子では，正電気をもつ原子核のまわりを負電気をもつ何個かの電子が運動している．この場合，正の電気量と負の電気量の大きさは等しく，原子は全体として電気をもたない．このように正負の電気量が同量で，結果的に電気のない状態を**電気的中性**という．1モル中に含まれる分子の数は物質の種類とは無関係で，これを**モル分子数**という．モル分子数を別名**アボガドロ数**というがそれを N_A とすると

$$N_A = 6.022 \times 10^{23} \, \text{mol}^{-1} \tag{8.1}$$

と表される．N_A は1億の1億倍のそのまた1億倍程度の膨大な数である．

電荷 電気現象の根源となる実体を**電荷**という．電荷は帯電した物体を表すのに使われることもある．大きさの無視できる点状の電荷を想定し，これを**点電荷**という．点電荷は質点に対応する概念である．国際単位系では電流の単位として**アンペア** (A) を使う．1 A の電流が導線を流れるとき，流れに垂直な断面を毎秒当たり通過する電荷の大きさを 1 **クーロン** (C) と定義する．電磁気学では正の荷電粒子と負の荷電粒子の2種を考え，それぞれを**正電荷**，**負電荷**という．正電荷をもつ基本的な素粒子は陽子である．陽子1個がもつ電気量は

$$e = 1.602 \times 10^{-19} \, \text{C} \tag{8.2}$$

でこれを**電気素量**または**素電荷**という．電子1個がもつ電気量は $-e$ である．

クーロンの法則 同種の電荷 (正と正，負と負) は反発し合い，異種の電荷 (正と負) は引き合う．点電荷の間に働く力の向きは点電荷を結ぶ直線上にあり，その大きさは点電荷間の距離 r の2乗に反比例し，それぞれの電荷 q, q' の積に比例する．国際単位系では，力に N，距離に m，電荷にクーロンを使うが，このとき点電荷の間に働く力 F は

$$F = \frac{1}{4\pi\varepsilon_0} \frac{qq'}{r^2} \tag{8.3}$$

と書ける．ただし，$F > 0$ は斥力，$F < 0$ は引力を表す (**図 8.2**)．(8.3) を**クーロンの法則**，またこのような電気的な力を**クーロン力**という．(8.3) 中の ε_0 を**真空の誘電率**という．ε_0 は次式のように表される．ただし，c は (1.2) (p.4) で与えられる真空中の光速である．

$$\varepsilon_0 = \frac{10^7}{4\pi c^2} \frac{\text{C}^2}{\text{N} \cdot \text{m}^2} = 8.854 \times 10^{-12} \frac{\text{C}^2}{\text{N} \cdot \text{m}^2} \tag{8.4}$$

8.2 クーロンの法則

図 8.2 クーロンの法則

補足 クーロンの法則の比例定数　クーロンの法則を
$$F = k\frac{qq'}{r^2}$$
と書いたときの比例定数 k は用いる単位系によって異なる．(8.3) は真空中の場合に正しい式だが，空気中でもほとんど同じである．c はほぼ $c = 3.00 \times 10^8 \,\mathrm{m \cdot s^{-1}}$ と考えてよいので，k は
$$k = \frac{c^2}{10^7}\,\frac{\mathrm{N \cdot m^2}}{\mathrm{C^2}} = 9.00 \times 10^9\,\frac{\mathrm{N \cdot m^2}}{\mathrm{C^2}}$$
と表される．

例題 1　水素原子は 1 個の陽子と 1 個の電子とから構成される．その基底状態 (エネルギー最低の状態) では，陽子・電子間の距離は $5.3 \times 10^{-11}\,\mathrm{m}$ である．陽子と電子との間に働くクーロン力の大きさ F と万有引力の大きさ F' を求めよ．ただし，電子の質量を $9.11 \times 10^{-31}\,\mathrm{kg}$，陽子の質量を $1.67 \times 10^{-27}\,\mathrm{kg}$ とする．

解　電気素量を e とすると，陽子は e，電子は $-e$ の電荷をもつ．$e = 1.6 \times 10^{-19}\,\mathrm{C}$ と表されるので F の大きさは次のように計算される．
$$F = 9.0 \times 10^9 \times \frac{1.6^2 \times 10^{-38}}{5.3^2 \times 10^{-22}}\,\mathrm{N} = 8.2 \times 10^{-8}\,\mathrm{N}$$
また，F' は次のようになり，$F'/F = 4.4 \times 10^{-40}$ である．
$$F' = 6.67 \times 10^{-11} \times \frac{9.11 \times 10^{-31} \times 1.67 \times 10^{-27}}{5.3^2 \times 10^{-22}}\,\mathrm{N} = 3.6 \times 10^{-47}\,\mathrm{N}$$

例題 2　$3\,\mu\mathrm{C}$ と $6\,\mu\mathrm{C}$ の点電荷が $0.2\,\mathrm{m}$ だけ離れておかれているとき，その間に働くクーロン力の大きさは何 N か．またこの力は何 kg の物体に働く重力に相当するか．ただし，$1\,\mu\mathrm{C} = 10^{-6}\,\mathrm{C}$ である．

解　クーロン力の大きさは
$$F = 9.00 \times 10^9 \times \frac{3 \times 10^{-6} \times 6 \times 10^{-6}}{0.2^2}\,\mathrm{N} = 4.05\,\mathrm{N}$$
と表される．一般に，質量 m に物体に働く重力は $F = mg$ と書ける．したがって，求める質量は $m = (4.05/9.81)\,\mathrm{kg} = 0.413\,\mathrm{kg}$ と計算される．

8.3 電 場

試電荷 帯電体の周辺の小紙片は帯電体に引き付けられ，その周辺は通常の空間と違った性質をもつと考えられる．この種の空間を**電場**とか**電界**という．電場を調べるため空間中の 1 点 P に微小な電荷 δq をおいたとする．このような電荷を**試電荷**という．

電場 試電荷に働く力 $\boldsymbol{F}$ はクーロンの法則により δq に比例するので，これを

$$\boldsymbol{F} = \delta q \boldsymbol{E} \tag{8.5}$$

と表し，ベクトル $\boldsymbol{E}$ を**電場の強さ**，**電場ベクトル**または単に**電場**という．単位正電荷に働く力が電場であると考えてよい．電場 $\boldsymbol{E}$ は一般に点 P を表す位置ベクトル $\boldsymbol{r}$ に依存し，$\boldsymbol{E} = \boldsymbol{E}(\boldsymbol{r})$ と書ける．このように空間の各点である種のベクトルが決まっているとき，その空間を一般に**ベクトル場**という．$\boldsymbol{E}(\boldsymbol{r})$ で記述されるベクトル場が電場である．一般的な場合を扱うと，電場は位置ベクトル以外，時刻 t にも依存するが，現在は静電気の問題を考えているので $\boldsymbol{E}$ は時刻 t には無関係である．

点電荷の作る電場 図 **8.3** のように，$\boldsymbol{r}'$ の点 Q に点電荷 (電荷 q) がおかれているとする．電場を観測する $\boldsymbol{r}$ の点を P とすれば，PQ 間の距離は $|\boldsymbol{r} - \boldsymbol{r}'|$ であるから，P における電場の大きさ E は

$$E = \frac{1}{4\pi\varepsilon_0} \frac{|q|}{|\boldsymbol{r} - \boldsymbol{r}'|^2} \tag{8.6}$$

と表される．ここで，$(\boldsymbol{r} - \boldsymbol{r}')/|\boldsymbol{r} - \boldsymbol{r}'|$ は Q から P へ向かう大きさ 1 のベクトル，すなわち**単位ベクトル**であることに注意すると，q の符号まで考慮し，点 P における電場 $\boldsymbol{E}$ は

$$\boldsymbol{E} = \frac{q}{4\pi\varepsilon_0} \frac{\boldsymbol{r} - \boldsymbol{r}'}{|\boldsymbol{r} - \boldsymbol{r}'|^3} \tag{8.7}$$

と書ける．電場の大きさの単位は (8.5) から N/C であることがわかる．ふつうは電場の大きさの単位を $\mathrm{V \cdot m^{-1}}$ (V はボルト) と表すことが多い．単位間の関係として次の等式が成り立つ．

$$\frac{\mathrm{N}}{\mathrm{C}} = \frac{\mathrm{V}}{\mathrm{m}} \tag{8.8}$$

多数の点電荷が存在する場合 多数の点電荷が存在するときには，各電荷による電場を求めこれらのベクトル和を求めればよい (例題 3)．電荷は一般に空間的に，あるいは面上に連続分布するが，これらの電荷を微小部分に分割して点電荷とみなせば，例題 3 のような考えで電場を求めることができる．

8.3 電場

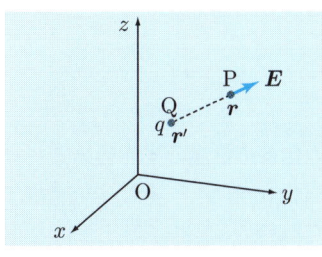

図 8.3 点電荷の作る電場

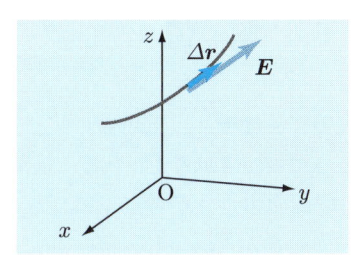

図 8.4 電気力線の定義

例題 3 位置ベクトル $r_1, r_2, \cdots, r_N$ にそれぞれ $q_1, q_2, \cdots, q_N$ の点電荷があるとする．1 個の点電荷が作る電場は (8.7) で与えられることを使い，これら N 個の点電荷が r という場所に作る電場 E を求めよ．

解 各点電荷の作る電場をベクトル的に加えればよいので，E は

$$E = \sum_{k=1}^{N} \frac{q_k}{4\pi\varepsilon_0} \frac{r - r_k}{|r - r_k|^3}$$

と書ける．

参考 電気力線 各点での接線がそこでの E の方向と一致する曲線を**電気力線**という．接線の方向をもつ電気力線上の微小ベクトルを Δr，電場のベクトルを E とすれば，A を定数として

$$\Delta r = AE$$

が成り立つ (図 8.4)．Δr の x, y, z 成分を $\Delta x, \Delta y, \Delta z$ とし，E の x, y, z 成分を E_x, E_y, E_z とすれば，$\Delta r = AE$ の関係の x, y, z 成分をとり

$$\Delta x = AE_x, \quad \Delta y = AE_y, \quad \Delta z = AE_z,$$

が得られる．上式から A を消去して電気力線は

$$\frac{\Delta x}{E_x} = \frac{\Delta y}{E_y} = \frac{\Delta z}{E_z}$$

から決められる．正電荷は電気力線が湧き出す所，負電荷はそれが吸い込まれる所である．図 8.5 に電気力線のいくつかの例を示す．

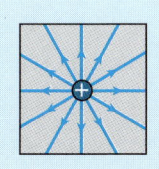

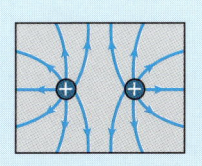

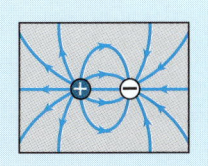

図 8.5 電気力線の例

8.4 電 位

電場のする仕事　電場は単位正電荷に働く力で，空間中のある経路に沿うこの力のする仕事が考えられる．以下簡単にこの仕事を**電場のする仕事**という．また，空間中の点 0 から点 1 に至るこの仕事を $W(0 \to 1)$ と表す．摩擦力は働かないので 0 から出発し，再び 0 に戻る経路では最初から正電荷は 0 に静止しているのと同じである．したがって，$0 \to 1 \to 2 \to 0$ という経路では

$$W(0 \to 1) + W(1 \to 2) + W(2 \to 0) = 0 \tag{8.9}$$

が成り立つ．なお，この関係から例えば $W(0 \to 1)$ は始点 0 と終点 1 だけに依存し $0 \to 1$ の経路には依存しないことが示される (例題 4)．

電位と位置エネルギー　点電荷 q が電場 $\boldsymbol{E}$ 中にあると，その点電荷に働く力は $\boldsymbol{F} = q\boldsymbol{E}$ で与えられる．この力に逆らい，点電荷を基準点 0 から点 1 まで移動させるのに必要な仕事 $U(1)$ は，移動に必要な力が $-q\boldsymbol{E}$ であることに注意すると $U(1) = -qW(0 \to 1)$ と表される．ここで基準点 0 は固定したものとして

$$V(1) = -W(0 \to 1) \tag{8.10}$$

で点 1 における**電位**を定義する．基準点として地球表面とか，無限遠をとったりする．上のように電位を決めると，$W(2 \to 0) = -W(0 \to 2)$ に注意して (8.9) は

$$W(1 \to 2) = V(1) - V(2) \tag{8.11}$$

と書ける．点 0 から点 1 まで点電荷 q を移動させるのに $-qW(0 \to 1) = qV(1)$ だけの仕事が必要である．このため，点 1 にいる点電荷は点 0 にいるときと比べ $qV(1)$ の位置エネルギーをもつと考えられ，位置エネルギーは電荷と電位の積に等しい．(8.11) で点 2 は点 1 に十分近いとし，1 から 2 へ向かう微小ベクトルを $\Delta \boldsymbol{r}$ とする．1, 2 間で電場はほぼ一定とすれば (8.11) は次のようになる．

$$\boldsymbol{E} \cdot \Delta \boldsymbol{r} = V(1) - V(2) \tag{8.12}$$

等電位面　電位 $V(\boldsymbol{r})$ は $\boldsymbol{r}$ すなわち x, y, z の関数であるが，$V(\boldsymbol{r}) =$ 一定 という条件を課すると空間中に 1 つの曲面が得られる．これを**等電位面**という．上の一定値をいろいろ変えると，空間中にたくさんの等電位面が描かれる．そこで，1 つの等電位面に注目し，この面上に点 1, 2 をとる (図 **8.6**)．(8.12) から $\boldsymbol{E} \cdot \Delta \boldsymbol{r} = 0$ となり，$\boldsymbol{E}$ と $\Delta \boldsymbol{r}$ とは直交することがわかる．簡単のため 1 変数の場合を考え，図 **8.7** のように電位 $V(x)$ が x の増加関数のとき，(8.12) で $V(2) > V(1)$ であるから電場 $\boldsymbol{E}$ は電位の減る方を向く．

8.4 電位

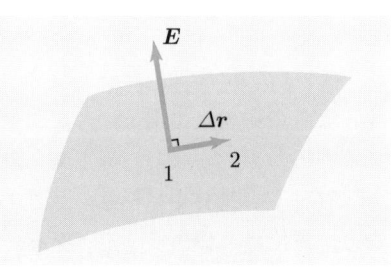

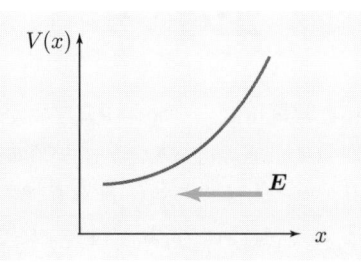

図 8.6 等電位面

図 8.7 電場の向き

例題 4 $W(0 \to 1)$ は始点 0 と終点 1 だけに依存し 0 から 1 にいたる経路には依存しないことを証明せよ.

解 図 8.8(a) のように L_1 の経路をたどり $0 \to 1$ の移動の際電場のする仕事と, 同図のように L_2' に沿って $1 \to 0$ の移動の際電場のする仕事の和は 0 である. 図 8.8(b) のように L_2' の向きを逆転した経路を L_2 とすれば, Δr の符号が逆転するから電場のする仕事の符号も逆転する. したがって, L_1 をたどる $W(0 \to 1)$ と L_2 をたどる $W(0 \to 1)$ とは同じとなる. これはエントロピーを論じるとき, (5.38) (p.82) を導いたのと同じことである.

例題 5 z 方向の一様な電場の場合, すなわち空間のいたるところで E の各成分が $E_x = E_y = 0, E_z = E_0 (= 定数)$ で与えられるとき, 等電位面はどのように表されるか. また, この場合の電位を求めよ.

解 電場は z 方向を向き, 等電位面はそれに垂直であるから, これは $z = 一定$ という平面となる (図 8.9). 電位 V は x, y に依存せず, V は z だけの関数となる. 点 1, 2 を z 軸上にとれば, (8.12) は $\Delta V(z) = -E_0 \Delta z$ と書け, これから

$$V(z) = -E_0 z + V_0 \quad (V_0 は任意定数)$$

と表される.

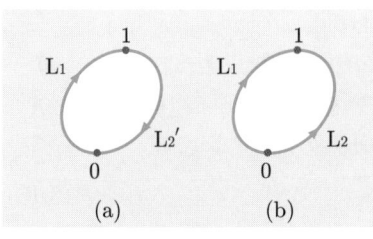

図 8.8 電場のする仕事

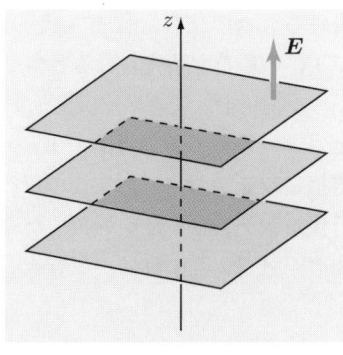

図 8.9 等電位面

8.5 コンデンサー

導体と等電位面　導体中に電場が存在するとその中の自由電子に力が働き電流が発生して静電気を考えていることと矛盾する．したがって，静電気を扱う限り，導体内はどこでも $\boldsymbol{E} = \boldsymbol{0}$ であると考えてよい．導体中に任意の 2 点 1, 2 をとれば (8.12) により $V(1) = V(2)$ となり，電位は導体内で一定となる．このため，導体表面は等電位面となる．導体の内部では電気的中性が実現し，正電荷にせよ，負電荷にせよ電荷は導体の表面だけに生じる．

無限に広い平面　無限に広い一様に帯電した平面状の導体があるとする．この平面を xy 面にとり面密度 (単位面積当たりの電荷密度) を σ とすれば，電場は z 方向に生じ，その結果は

$$E_x = E_y = 0, \quad E_z = \begin{cases} \dfrac{\sigma}{2\varepsilon_0} & (z > 0) \\ -\dfrac{\sigma}{2\varepsilon_0} & (z < 0) \end{cases} \tag{8.13}$$

と表される (演習問題 6)．

コンデンサー　接近した 2 つの導体をそれぞれ起電力 V の電池につなぐと，電池の陽極から正電荷 Q が一方の導体に，陰極から負電荷 $-Q$ が他方の導体に流れ込む．正負の電荷は互いに引き合い，向かい合った面上に分布し電気が蓄えられる．このような装置を**コンデンサー**または**キャパシター**あるいは**蓄電器**という．回路図でコンデンサーを表す場合には 2 本の少し太めの同じ長さの平行線を用いるのが慣習となっている．一般に，Q は V に比例し

$$Q = CV \tag{8.14}$$

と書ける．この比例定数 C をそのコンデンサーの**電気容量**という．1 V の起電力で 1 C の電荷が蓄えられるときを電気容量の単位とし，これを 1 ファラド (F) という．実用上，この単位は大きすぎるので，**マイクロファラド** ($\mu\mathrm{F} = 10^{-6}\,\mathrm{F}$) や**ピコファラド** ($\mathrm{pF} = 10^{-12}\,\mathrm{F}$) がよく使われる．

平行板コンデンサー　2 枚の平行な導体の板から構成されるコンデンサーを**平行板コンデンサー**といい，また導体の板を**極板**(きょくばん)という．極板の面積を S，極板間の距離を l とすれば，平行板コンデンサーの電気容量 C は

$$C = \frac{\varepsilon_0 S}{l} \tag{8.15}$$

と表される (例題 6)．

例題 6 極板の面積が S, 極板間の距離が l の平行板コンデンサーの電気容量 C を求めよ．

解 図 8.10 で極板 A, B はそれぞれ電荷 Q, $-Q$ をもつとする．極板が十分広ければ，(8.13) の結果が適用でき A による電場は極板と垂直で，A の上方では上向き，A の下方では下向きとなって，大きさは一定値 $\sigma/2\varepsilon_0$ をもつ ($\sigma = Q/S$)．B による電場も同様でこれらの電場の状況を図に示す．全体の電場は，A, B によるものの和で，A の下方，B の上方では電場は打ち消し合い 0 となる．これに反し，極板の間では，大きさ $E = \sigma/\varepsilon_0$ の電場が極板と垂直で上向きにできる．実際は，極板の面積は有限であるため，その縁近くで電場の大きさは上の値と違い，また電気力線も曲がる．しかし，l が極板の大きさより十分小さければ，このような効果は無視できる．したがって，極板間の電場の大きさは一定で電気力線はすべて極板に垂直である．

ここで例題 5 の結果で $E_0 = E$ とおき，$V(0) - V(l)$ の差を考えると V_0 は消える．$V(0) - V(l)$ は電池の起電力 V に等しいので

$$V = El$$

となる．すなわち $E = V/l$ となる．一方，$E = \sigma/\varepsilon_0$ であるから $\sigma l/\varepsilon_0 = V$ が得られる．あるいは $\sigma = Q/S$ をこれに代入すると $Q = \varepsilon_0 SV/l$ となり，電気容量 C は次式のように求まる．

$$C = \frac{\varepsilon_0 S}{l}$$

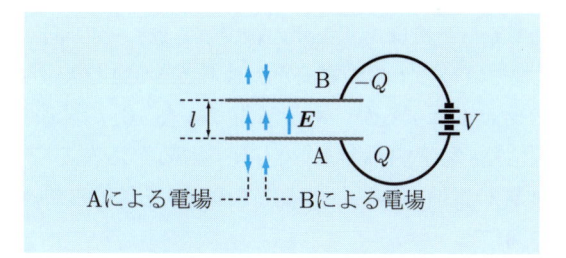

図 8.10 平行板コンデンサー

参考 **誘電体** 以上の議論で極板の間は真空であると仮定した．この極板の間に雲母などの物質を挿入すると電気容量が増大する．$El = V$ という関係は物質を挿入しても，しなくても変わらないから E は不変である．雲母などの物質は絶縁体で電子は原子核に束縛されているが，電場のため $+$ と $-$ の電気が生じる．これを**誘電分極**という．雲母などの物質は誘電分極を起こすという理由で**誘電体**と呼ばれる．誘電分極の結果，図 8.10 で極板 A, B にそれぞれ $-$, $+$ の電気が誘起される．これらの電荷を打ち消すため電池の陽極から正電気が移動し結果的に Q が増加する．このため，誘電体を極板間に入れると電気容量は大きくなる．

8.6 電 流

電源　電池やバッテリーは電流の供給源でこれを**電源**という．電池は**陽極** (+ 極) と**陰極** (− 極) の 2 つの極をもち，陽極を細長い線，陰極を太く短い線で表す．電流は電気の流れで，正電荷の流れる向きを電流の流れる向きと定義している．電池の外部で電流は陽極から陰極へと一方的に流れる．このような一方向きの電流を**直流**という．一方，家庭のコンセントから得られる電流は時間的に振動していて，この種の電流を**交流**という．交流電源を表すのに ⊙ といった記号を使う．交流は単振動と同様に記述され毎秒振動する回数を**振動数**あるいは**周波数**という．振動数の単位は単振動と同じく Hz である．

オームの法則　電流の大きさを測るには，電流計を利用すればよい．電流の単位は**アンペア** (A) であるが，ミリアンペア ($= 10^{-3}$ A, mA) やマイクロアンペア ($= 10^{-6}$ A, μA) などの単位も使われる．電源は電流を流すような能力をもち，これを**起電力**という．起電力の単位は**ボルト** (V) で，1 個の電池，バッテリーの起電力 V はそれぞれ 1.5 V, 2 V である．電流 I と V との間には

$$V = RI \tag{8.16}$$

の関係があり，これを**オームの法則**という．また R は V の間の物体の**電気抵抗**である．回路図で電気抵抗はギザギザの線で表され，その単位は**オーム** (Ω) となる．1 V の起電力に対し 1 A の電流が流れるときが 1 Ω である．交流の場合，V, I は時間とともに変動するが，ある瞬間では (8.16) の関係が成り立つとし，抵抗の両端の電位差 (電圧) V は同式で与えられるとする．

電力　起電力 V の電池が外部の回路に I の電流を供給しているとき，この電池は単位時間の間に

$$P = VI \tag{8.17}$$

の仕事を行う (例題 7)．このように，単位時間当たりに電源のする仕事あるいは電源の供給するエネルギーを**電力**という．電力は一種の仕事率である．電力の単位は力学と同様，ワットで 1 W は 1 s 当たり 1 J の仕事に相当する．(8.17) にオームの法則 $V = RI$ を適用すると P は次のように書ける．

$$P = RI^2 = \frac{V^2}{R} \tag{8.18}$$

一般に，電流が流れるとそれに伴い熱が発生するが，これを**電流の熱作用**，また発生する熱量を**ジュール熱**という．

8.6 電流

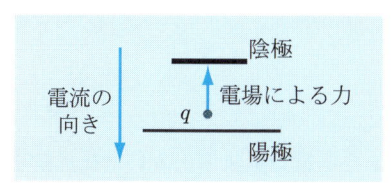

図 8.11 電池のする仕事

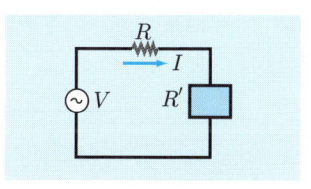

図 8.12 送電線の模式図

例題 7 起電力 V の電池が I の電流を提供しているときの電力を求めよ．

解 電池内の正電荷 q を考えると，図 8.11 のように電場は陽極から陰極へと向かうので，電荷に働く力は上向きとなる．しかし，電流の向きはこの力と逆向きであるから，電池は電場による力に逆らい電荷を陰極から陽極へと移動させねばならない．ちょうど人間が重力に逆らい，はしごを上るときに人間は仕事をするのに似ている．準静的過程を適用すれば，電池のする仕事は qV と表され，単位時間当たりに直すと VI と表される．

参考 **送電線のエネルギー損失** 家庭の電気は発電所から送られるが，この電気は交流であり，下の補足で交流の電力について言及する．ここでは簡単のためそれを直流とみなし，発電所の電力 P は一定とする．図 8.12 に送電線の模式図を示すが，ここで V は発電所の電圧，R は送電線の電気抵抗，R' は各家庭に存在するすべての電気器具の電気抵抗を表すとする．全体の電気抵抗は $R + R'$ で，流れる電流を I とすれば

$$V = (R + R')I$$

が成り立つ．一方，発電所の電力 P は $P = VI$ と表される．これから $I = P/V$ と書け，送電線が発生する単位時間当たりのジュール熱 Q は $Q = RI^2 = RP^2/V^2$ となり，V の大きいほど送電によるエネルギー損失は小さくなる．そこで高圧線によって送電し，例えば 50 万 V という高電圧が利用される．

例題 8 上の送電線の問題で (8.18) の最右式から $Q = V^2/R$ となり，V が小さいほどエネルギー損失は小さいように思える．このような結論の間違いを正せ．

解 $V = RI$ が成立たないので，$Q = V^2/R$ という式は使えない．

補足 **交流の電力** 時間の原点を適当に選ぶと交流は時間 t の関数として

$$V(t) = V_0 \cos \omega t, \quad I(t) = I_0 \cos \omega t$$

と表される．電力は時間の関数として変動するので，1 周期に対する平均で電力を定義する．このようにして定義される電力 P は $V_0 I_0 / 2$ となる．このため，

$$V = \frac{V_0}{\sqrt{2}}, \quad I = \frac{I_0}{\sqrt{2}}$$

で定義される**電圧実効値** V，**電流実効値** I を導入すると $P = VI$ となって，直流と同様な式 (8.17) が成り立つ．

抵抗率　断面積が S, 長さが L の直方体状の物体 (図 8.13) の電気抵抗 R に対し, 実験的に

$$R = \rho \frac{L}{S} \tag{8.19}$$

の関係が得られる. 比例定数 ρ を**抵抗率**または**電気抵抗率**あるいは**比抵抗**という. 抵抗率の単位は $\Omega \cdot \mathrm{m}$ である. ρ は物質の種類と温度に依存する.

各種物質の抵抗率　抵抗率は温度を決めたとき物質に固有な物理量である. よって, それは物質の性質を知る 1 つの尺度を与える. そこで, 抵抗率の大体の傾向をみるため, いくつかの代表例について $20\,°\mathrm{C}$ における数値を図 8.14 に示す. ここで, 抵抗率の単位は $\Omega \cdot \mathrm{m}$ である. 図からわかるように, 抵抗率は物質により非常に大きな違いがある. 例えば, 一番左の石英ガラスと一番右の銀と比較すると, 前者の抵抗率は後者の 10^{24} 倍である. 物質によってこのような大きな変化を示す物理量は他にあまり例がない. この図で右の方は金属, ベークライトより左は絶縁体, 方鉛鉱から亜酸化銅あたりの一群を**半導体**という. ゲルマニウムやシリコンはナノテクノロジーを支える重要な材料として, 現代電子産業の寵児となっている.

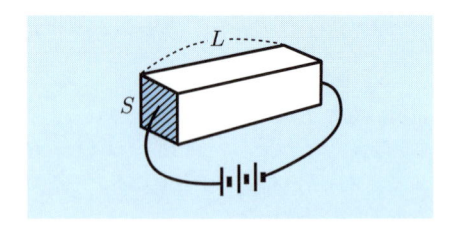

図 8.13　抵抗率

図 8.14　各種物質の抵抗率 ($\Omega \cdot \mathrm{m}$)

8.6 電流

家庭の電気

　家庭の電気は 100 V の交流を利用している．特別な用途では 200 V を使うこともあるが，大抵の場合は 100 V である．100 V の交流というのは電圧実効値が 100 V という意味で，時々刻々の電圧は $100\sqrt{2}$ V $= 141$ V から -141 V まで変動している．もっとも発電所から出たばかりの電圧は p.131 の参考で述べたようにエネルギー損失を減らすため高圧である．電信柱の上にみられる変圧器によって 100 V の電圧に下げられている．

　家庭で利用される電気器具は基本的に次の4種類に大別できよう．第1に電流を光に変換する器具，第2にジュール熱の発生など熱の性質と関連したもの，第3にモーターを使い電気エネルギーを力学的エネルギーに変換する装置，第4は情報伝達と関係ある分野である．もっともこの分類はかなりあいまいで，1つの電気器具がこのような分類をオーバーラップしているときもある．第1種には懐中電灯，電灯や蛍光灯などの照明器具，自動車のヘッドライトなどがある．わが国で最初に電灯が灯ったのは 1878(明治 11)年のことであるが，第二次世界大戦後の数年間はよく停電し夜の明かりはロウソクで済ますということもあった．著者が旧制高校に在学していた頃，寮が停電したため翌日の試験が延期されたこともある．第2種には単純にジュール熱を利用する器具として電熱器，電気ストーブ，電気アイロンなどがある．第3種ではモーターの回転を利用する器具として電気ドリル，電気シェーバー，電気時計，扇風機，電気掃除機，電気洗濯機などが挙げられる．電気ポットや電気炊飯器は単にジュール熱を使うだけでなく，保温，調理などの温度調整にマイコンというエレクトロニクスも利用されている．液体電気蚊取器は液体状の殺虫剤をジュール熱で気化させているが，その気体を小型の扇風機で散布するタイプもある．これは第2種と第3種の混合である．梅雨どきに活躍する電気乾燥機も両者の混合である．電気冷蔵庫では単にモーターの回転だけでなく断熱膨張といった物理的な原理も応用されている．これも第2種と第3種の混合といえよう．さらにエアコンでは温度を調整するという第4種的な性格も加わってくる．第4種は電子技術と密接に関係している．広辞苑によると電子工学とは「電子管や半導体・磁性体などを用いた，通信・計測・情報処理などに関する技術・学問の総称」と記されている．ラジオ，テレビ，電子レンジ，コピー機，ワープロ，パソコン，CDラジカセ，VHSレコーダー，DVDレコーダー，リモコン，カーナビ，ファックス，デジカメ，電子辞書，携帯電話などこの分野の応用は日進月歩といえるだろう．

　著者が子供だった60年程前は，家庭の電気といえば電灯，ラジオ，アイロン位であったと記憶している．この頃に比べると現在の GDP (gross domestic product, 国内総生産) は60倍に達しているという話がある．戦艦大和を動かしたり，ゼロ戦を飛ばしたりするため旧海軍が集めた石油を3日間で消費してしまうような時勢になった．石油の高騰のため，原子力が発電に利用されるようになったが，家庭の電気の最初の供給源をどうすべきかは，今後に残された大問題であろう．

8.7 静磁場

磁荷　棒磁石には鉄粉をよく吸い付ける**磁極**が2箇所あり，北を指す方の磁極を **N 極**，南を指す方を **S 極**という．N 極には正の磁荷，S 極には負の磁荷があるとする．点磁荷の間には電気の場合と同様なクーロンの法則が成り立つ．すなわち，真空中で磁荷 (磁気量) q_m と磁荷が q'_m との間に働く磁気力 F は

$$F = \frac{1}{4\pi\mu_0} \frac{q_\mathrm{m} q'_\mathrm{m}}{r^2} \tag{8.20}$$

(r：両磁荷間の距離) と表される．力は両者の磁荷を結ぶ線上にあり，磁荷が同符号のときには斥力，磁荷が異符号のときには引力となる．力 F を N，距離 r を m で表したとき，定数 μ_0 が

$$\mu_0 = 4\pi \times 10^{-7} \,\mathrm{N \cdot A^{-2}} \tag{8.21}$$

となるように定めた磁荷の単位を**ウェーバ** (Wb) という．この単位に関して

$$1\,\mathrm{Wb} = 1\,\mathrm{J \cdot A^{-1}} \tag{8.22}$$

が成り立つ (例題 9)．電気の場合の ε_0 に対応する μ_0 を**真空の透磁率**という．

磁場　ある点におかれた試磁荷 q_m の受ける力 $\boldsymbol{F}$ を

$$\boldsymbol{F} = q_\mathrm{m} \boldsymbol{H} \tag{8.23}$$

と表したとき，この $\boldsymbol{H}$ をその点における**磁場の強さ**または単に**磁場**という．磁場の大きさの単位は，(8.22) を用い，また $\mathrm{J = N \cdot m}$ の関係に注意すると

$$\mathrm{N \cdot Wb^{-1} = N \cdot A \cdot J^{-1} = A \cdot m^{-1}} \tag{8.24}$$

と書ける．磁荷が静止していると磁場の様子は時間と無関係となり，このときの磁場を**静磁場**という．電場が電気力線で記述されるように，磁場は**磁力線**によって表示される．すなわち，各点における接線がその点における $\boldsymbol{H}$ の方向と一致するような曲線は磁力線である．一例として，外部磁場がないとき磁石内外に生じる磁力線の概略を図 **8.15** に示す．

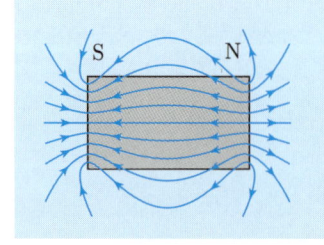

図 **8.15**　磁石周辺の磁力線

N極は磁力線の湧き出し口，S極はその吸い込み口となっている．

8.7 静磁場

例題 9 (8.20), (8.21) を利用して，磁荷の単位について $\mathrm{Wb} = \mathrm{J} \cdot \mathrm{A}^{-1}$ の関係が成り立つことを示せ．

解 力の次元を表すのに国際単位系での単位を使い [N] といった記号を利用する．そうすると (8.21) からわかるように，μ_0 は無次元ではなく，$[\mathrm{N}] \cdot [\mathrm{A}]^{-2}$ の次元をもつので，(8.20) から

$$[\mathrm{N}] = \frac{[\mathrm{A}]^2 \cdot [q_\mathrm{m}]^2}{[\mathrm{N}] \cdot [\mathrm{m}]^2} \qquad \therefore \quad [q_\mathrm{m}]^2 = \frac{[\mathrm{N}]^2 \cdot [\mathrm{m}]^2}{[\mathrm{A}]^2}$$

が得られる．上式を使うと $\mathrm{N} \cdot \mathrm{m} = \mathrm{J}$ に注意し $[q_\mathrm{m}] = [\mathrm{J}] \cdot [\mathrm{A}]^{-1}$ となる．すなわち，磁荷の単位は $\mathrm{J} \cdot \mathrm{A}^{-1}$ と書ける．

例題 10 1 Wb の点磁荷が 1 m 離れているとき，両者間に働く磁気力は何 N であるかを計算せよ．

解 (8.20) を利用すると，磁気力の大きさ F は

$$F = \frac{1}{4\pi\mu_0} = \frac{10^7}{(4\pi)^2} \,\mathrm{N} = 6.33 \times 10^4 \,\mathrm{N}$$

と計算される．

[参考] 電気と磁気の関係 電気に対するクーロンの法則で，電荷を磁荷で置き換え，$\varepsilon_0 \to \mu_0$, $q \to q_\mathrm{m}$ という変換を実行すると磁気に対する同法則が得られる．したがって，クーロンの法則から導かれる結論は上の変換を行い，$\boldsymbol{E} \to \boldsymbol{H}$ とすれば磁場の場合にも成立する．例えば，$\boldsymbol{r}'$ の点に磁荷 q_m があるとしたとき，場所 $\boldsymbol{r}$ における $\boldsymbol{H}$ は，(8.7) (p.124) に上記の変換を実行し

$$\boldsymbol{H} = \frac{q_\mathrm{m}}{4\pi\mu_0} \frac{\boldsymbol{r} - \boldsymbol{r}'}{|\boldsymbol{r} - \boldsymbol{r}'|^3}$$

と表される．

[補足] 磁位 磁場が磁荷から導かれる場合，上記の変換を実行し，8.4 節の議論を繰り返せば**磁位** $V_\mathrm{m}(\boldsymbol{r})$ が導入される．このような磁位を使うと (8.11) (p.126) に対応して

$$W(1 \to 2) = V_\mathrm{m}(1) - V_\mathrm{m}(2)$$

の関係が成り立つ．ここで，$W(1 \to 2)$ は単位正磁荷を空間中の点 0 から点 1 に移動させるとき，磁場による力のする仕事である．1, 2 が十分接近しているとし，1 から 2 へ向かう微小ベクトルを $\varDelta \boldsymbol{r}$ とすれば，(8.12) に対応し

$$\boldsymbol{H} \cdot \varDelta \boldsymbol{r} = V_\mathrm{m}(1) - V_\mathrm{m}(2)$$

が成り立つ．ただし，磁位が定義できるのは，磁荷によって生じる磁場の場合に限られ，一般に電流が作る磁場のときには磁位が一義的に決まらない．

8.8 磁束密度

磁気双極子　磁石をいくら切ってもその度に N 極と S 極とが現れ，このような操作を繰り返すと，磁性を担う最終単位すなわち**分子磁石**に到達する．事情は，例えば水の半分化を続けて行うとき最終的に水分子に達するのと似ている．磁気の場合，わずかに離れた正負 2 つの点状の磁荷 $\pm q_\mathrm{m}$ の一組を**磁気双極子**という．$-q_\mathrm{m}$ から q_m へ向かう微小な位置ベクトルを l とし

$$\bm{m} = q_\mathrm{m} \bm{l} \tag{8.25}$$

で定義される $\bm{m}$ を**磁気(双極子)モーメント**という．また，l の大きさを l とし

$$m = q_\mathrm{m} l \tag{8.26}$$

の m を**磁気モーメントの大きさ**という．磁気モーメントの大きさは (磁荷) × (長さ) と書けるから，その単位は $\mathrm{Wb \cdot m}$ で与えられる．

磁化　物質を構成する基本的な粒子 (電子，原子核など) は**スピン**という量子力学的な角運動量をもち，スピンには磁気モーメントが伴う．i 番目の分子磁石の磁気モーメントを $\bm{m}_i$ とし，微小体積 dV の領域をとり

$$\sum_i \bm{m}_i = \bm{M} dV \tag{8.27}$$

の $\bm{M}$ を導入する．ただし，左辺の i に関する和は dV 内にわたるものである．形式的に $dV = 1$ とおくと，単位体積当たりの磁気モーメントの和が $\bm{M}$ に等しい．一般に $\bm{M}$ は場所に依存するが，この $\bm{M}$ を**磁化**または**磁気分極**という．電気の場合，磁荷を電荷に置き換えれば，**電気双極子**が導入され，i 番目の**電気双極子モーメント $\bm{p}_i$**，それらを単位体積中で加えた**電気分極 $\bm{P}$** が定義される．

磁束密度　次式で定義される $\bm{B}$ を**磁束密度**という．

$$\bm{B} = \mu_0 \bm{H} + \bm{M} \tag{8.28}$$

μ_0 の次元は $\mathrm{N \cdot A^{-2}}$，H の次元は $\mathrm{A \cdot m^{-1}}$ であるから，$\mu_0 H$ の次元は $\mathrm{N \cdot A^{-1} \cdot m^{-1}}$ となる．このため，B の単位は $\mathrm{N \cdot A^{-1} \cdot m^{-1}}$ でこれを**テスラ** (T) という．しかし，これは大きすぎるので，その 1 万分の 1 の**ガウス** (G) がよく使われる．すなわち，次の関係が成り立つ．

$$1\,\mathrm{G} = 10^{-4}\,\mathrm{T} \tag{8.29}$$

磁束線　磁力線と同様，磁束密度を表す**磁束線**が定義される．磁石の周辺の磁束線の様子を図 **8.16** に示す．ここで M は磁化であるが，磁力線と違い，磁束線の場合には，湧き出し口も吸い込み口も存在しない．

8.8 磁束密度

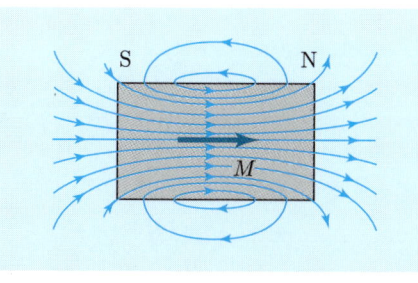

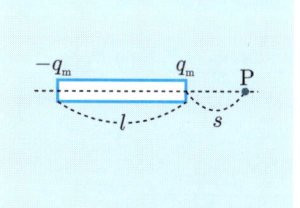

図 8.16 磁石周辺の磁束線

図 8.17 棒磁石

例題 11 図 8.18 に示すような断面が半径 a の円，長さ l の細長い円筒状の棒磁石がある．この磁石は軸方向に一様な磁化 M をもつとして，次の問に答えよ．
(a) 棒の両端の磁荷 q_m はどのように表されるか．
(b) 棒磁石を 1 つの磁気双極子とみなし，その磁気モーメント m を求めよ．
(c) 磁石の軸上，端から距離 s だけ離れた点 P (図 8.17) における磁場を求めよ．

解 (a) 磁石内で M が一定の場合，分極によって生じる磁荷密度は 0 であることが示される．また，磁性体の内部から外部へ向かう法線方向の成分を M_n とすれば，分極磁荷の面密度は M_n に等しい．M は図 8.17 で右向きに生じ，q_m, $-q_m$ における磁荷の面密度はそれぞれ M, $-M$ に等しく，これから次式が得られる．

$$q_m = \pi a^2 M$$

(b) 磁石全体の磁気モーメント m は (a) で求めた q_m と l の積である．すなわち

$$m = \pi a^2 l M$$

と表される．M は単位体積当たりのモーメント，棒磁石の体積は $\pi a^2 l$ であるから，上の結果は M の定義と一致することがわかる．

(c) $\pm q_m$ の磁荷からの寄与を考慮し，点 P における磁場 H は次のようになる．

$$H = \frac{a^2 M}{4\mu_0} \left(\frac{1}{s^2} - \frac{1}{(l+s)^2} \right)$$

参考 **電束密度** 電気の場合には (8.28) に対応し $\boldsymbol{D} = \varepsilon_0 \boldsymbol{E} + \boldsymbol{P}$ で定義される $\boldsymbol{D}$ を**電束密度**という．磁束線に相当して電束線が導入される．陽子とか電子はそれぞれ正あるいは負の電荷をもつ粒子で，原子や分子の束縛から逃れそれ自体をとり出すことができる．このような電荷を**真電荷**という．絶縁体に電場をかけるような場合，原子内の電子の位置がずれ見かけ上，原子が正電荷と負電荷をもつように感じる．このときの電荷を**分極電荷**という．電束線は正の真電荷から負の正電荷に入るように振る舞う．電気の場合には真電荷が存在するが，磁気では真磁荷に相当するものは存在しない．したがって，磁束線には湧き出し口も吸い込み口もない．

8.9 電流と磁場

電流が磁場から受ける力　磁場中の導線に電流 I を流すとし，導線上で長さ Δs の微小部分を考え，この長さをもち電流と同じ向きのベクトルを Δs とする（図 8.18）．実験によると，そこでの磁束密度を B とすれば，この微小部分の受ける力 F は

$$F = I(\Delta s \times B) \tag{8.30}$$

と表される．図のように Δs と B との角を θ とすれば，F の大きさ F は

$$F = IB \sin\theta \Delta s \tag{8.31}$$

図 8.18　電流が磁場から受ける力

と書ける．特に図 8.19 のように，磁場が x 方向，電流が z 方向に流れるとき，導線に働く力は y 方向を向く．モーターはこのような力を利用した装置である（右ページの参考）．図 8.19 では，Δs と B とが垂直であるから

$$F = IB\Delta s \tag{8.32}$$

となる．上式から 1 A の電流の流れる 1 m の導線が 1 T の磁束密度から受ける力が 1 N であることがわかる．

ローレンツ力　一般に電荷 q の粒子が磁束密度 B 中を速度 v で運動するとき，これに働く力 F は $F = q(v \times B)$ となる．電場 E と磁場（磁束密度 B）が共存する場合には，荷電粒子の受ける力（ローレンツ力）は次のように書ける．

$$F = q[E + (v \times B)] \tag{8.33}$$

電流の作る磁場　電流 I が流れていると，導線上の場所 r' にある微小部分 Δs が場所 r の点 P に作る磁場 ΔH は

$$\Delta H = \frac{I}{4\pi} \frac{\Delta s \times (r - r')}{|r - r'|^3} \tag{8.34}$$

と表される．これをビオ-サバールの法則という（図 8.20）．

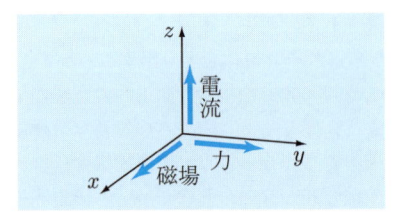

図 8.19　電流と磁場が直角な場合

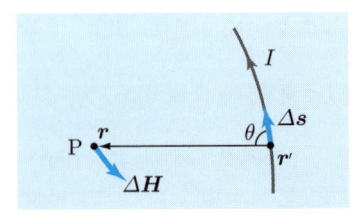

図 8.20　ビオ-サバールの法則

8.9 電流と磁場

例題 12 10 ガウスの磁束密度と 30° の角をなす導線に 4 A の電流が流れている．この導線 2 cm 当たりに働く力の大きさは何 N か．

解 (8.31) に $I = 4$, $B = 10 \times 10^{-4}$, $\sin\theta = 1/2$, $\Delta s = 2 \times 10^{-2}$ を代入し
$$F = 4 \times 10^{-5} \text{ N}$$
となる．

参考 モーターの原理　直流モーターでは，図 8.21 に示すように，コイルが磁石の間にあり，このコイルが整流子とブラシを通じて外部の直流電源に接続されている．コイルに電流が流れると，コイルは磁場から図のような力 F を受けて回転を始める．コイルが 180° 回転すると，全体の状態は図 8.21 とまったく同じとなり，コイルは同じ方向の回転を続ける．これが直流モーターの原理である．このようなモーターは電池やバッテリーで動くので，玩具，ビデオカメラ，ワープロなどの動力源として使われる．

　図 8.21 の電源が交流電源だと，力 F は電流の向きの変化に伴い，上を向いたり下を向いたりして，全体の装置はモーターとしての機能をもたない．交流の場合にモーターを実現させるには電流の向きの変化に伴い，磁石の N, S を逆転させる必要がある．このため，交流モーターでは永久磁石でなく電磁石を使用する．軟鉄心にコイルを巻きコイルに電流を流すと，次ページに示すように電流により磁場が発生し鉄心は磁石となる．この場合，電流の向きに右ネジを回したときネジの進む向きに磁場が発生する．したがって，図 8.22 のような装置は場合，鉄心の左端が N 極，右端が S 極となる．電流の向きを逆にすると，N, S が逆転し左端が S 極，右端が N 極となる．以上の点を念頭に入れ，図 8.22 の装置を考えると，交流モーターとしての機能をもつ．

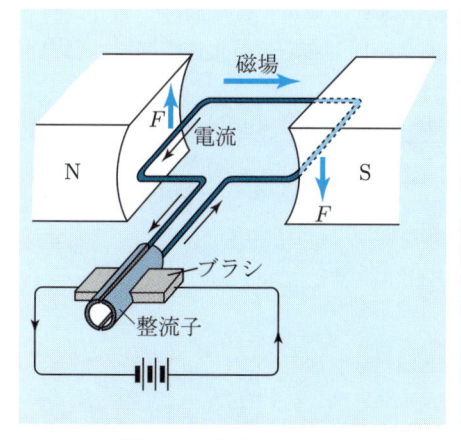

図 8.21　直流モーター

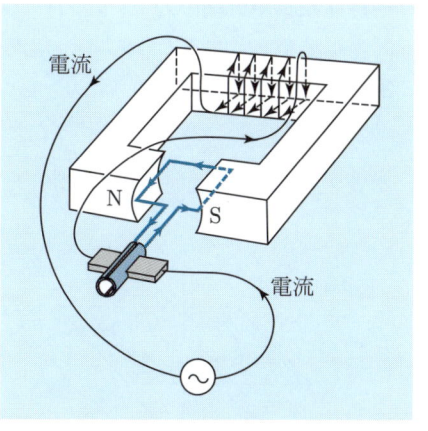

図 8.22　交流モーター

電流の作る磁場　図 8.23(a) に示したようなコイルに電流を流すと，電流の向きに右ネジを回したとき，図 8.23(b) のようにネジの進む向きに磁場が発生する．したがって，コイルの中に軟鉄の鉄心を挿入すれば磁場によって軟鉄は磁化され電磁石として振る舞う．これは交流モーターを実現するための 1 つの原理である．

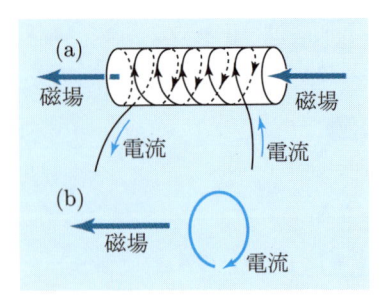

図 8.23　電流の作る磁場

アンペールの法則　無限に長い直線に電流 I が流れているとする (図 8.24)．上下方向の対称性により磁場は導線と垂直な面内に生ずる．また，直線のまわりの軸対称性を使えば，図のように直線と平面の交点を O としたとき，O を中心とする円上で磁場の大きさ H は一定となる．ビオ-サバールの法則を使うと点 P における磁場が計算できる (演習問題 11)．その結果，磁場は円の接線方向を向き，円の半径を r とすると

$$H = \frac{I}{2\pi r} \tag{8.35}$$

となる．電流の向きに右ネジが進むようにしたとき，ネジを回す向きに磁場が発生することに注意しておこう．(8.35) は**アンペールの法則**と呼ばれるものの特別な場合に相当する．

平行な直線電流間の力　I_1, I_2 の電流が流れている平行な直線があり，両者間の距離を r とする (図 8.25)．電流の向きが同じなら平行電流の間には引力が働き，その力は単位長さ当たり

$$F = -\frac{\mu_0 I_1 I_2}{2\pi r} \tag{8.36}$$

と表される (演習問題 12)．(8.36) はアンペアの正確な定義に利用される．

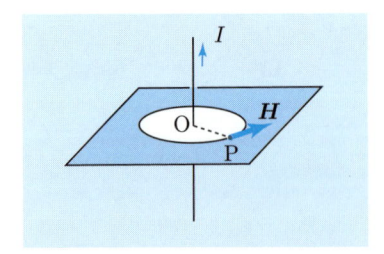

図 8.24　直線電流の作る磁場

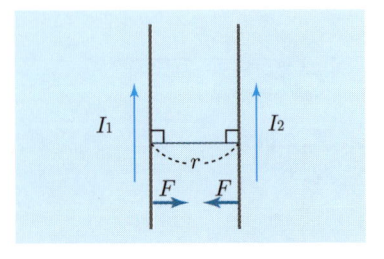

図 8.25　平行な直線電流

変圧器の改造

　電気には直流と交流がある．家庭の電気はいうまでもなく 100 V の交流を利用しているが，初めからそうだったというわけではない．電気を実用化する段階で直流にするか，交流にするかについては大きな議論があった．エジソン (1847-1931) はもちろん有名な発明家だが，家庭用電気として直流を主張し，その挙句失敗した．直流では電圧が簡単に変えられず，エネルギー損失が多き過ぎて採算がとれなかったのである．交流を主張したのはアメリカの電気工学者テスラ (1856-1943) で，p.136 に述べたようにテスラの名前は磁束密度の単位として生き残っている．次節で述べる電磁誘導の現象を使うと交流の場合，電圧は自由に変えることができる．そのための装置が**変圧器**である．

　戦時中，中学生だった頃，友人から鉄道模型用のモーターをもらった．残念ながら，当時それを動かす変圧器を入手することはできなかった．変圧器を欲しい，欲しいと思っていたところ，ある科学雑誌にラジオのパワートランスを改造し，10 V 位までの電圧を発生させる変圧器の製造方法が掲載されていた．当時のラジオには真空管 (図 8.26) が使われていたが，その電源がパワートランスである．変圧器の原理は簡単で，1 次コイルの巻数を N_1，2 次コイルの巻数を N_2，1 次側の電圧を V_1，2 次側の電圧を V_2 とすると (次節参照)

$$\frac{V_2}{V_1} = \frac{N_2}{N_1}$$

の関係が成り立つことを利用する．例えば $N_1 = 100$, $N_2 = 10$ だと 1 次電圧は 1/10 となり，100 V は 10 V に減圧される．真空管には A 電源と B 電源があり，A 電源はフィラメントを点火させるため数 V であるが，B 電源は 200 V 程度の高圧となる．戦時中ではあったが，何とかパワートランスは入手できた．鉄心は実は鉄の塊ではなく，薄い鉄板を何枚も重ねたような構造をもっている．これは熱によるエネルギーの損失を減らすためである．鉄板自身は図 8.27 のような形をもち a, b の部分にコイルを挿入し，互い違いに鉄板を重ねていくという具合である．1 次コイルの直ぐ上に 2 次コイルが巻いてあるが，この際，B 電源のコイルは要らない．そこで，鉄板を一枚一枚はがし，コイルだけにしさらに 2 次コイルを全部除去した．B 電源に流れる電流は小さいのでそのコイルには細い銅線が巻いてあり，いまの目的のためにこの銅線は使えない．A 電源の銅線はそのまま使えるが，これだけでは 10 V まで電圧が上げられず量が不足する．当時，銅線は貴重品で市販されてはいなかった．ところが，代用品としてアルミ線が売られていた．アルミは銅に比べると丈夫ではないが抵抗率はそれほど変わらず，銅の代用として利用できる．とにかくアルミ線を A 電源の銅線に継ぎ足して 10 V まで出せる，何とか望み通りの変圧器が完成した．これで動かしたモーターは**轟音**をたてて回り大変強力であったのは，いまでもよく記憶している．

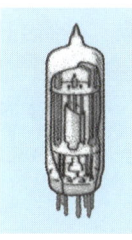

図 8.26　真空管

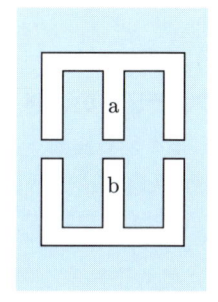

図 8.27　変圧器の鉄板

8.10 電磁誘導

レンツの法則　磁石をコイルに近づけたり遠ざけたりすると，コイル中に電流が誘起される．この現象を**電磁誘導**という．電磁誘導によって流れる電流の向きは，その電流の作る磁場が誘導の原因となっている磁場の変化に逆らうように生じる．これを**レンツの法則**という．図 **8.28(a)** のようにコイルに電流が流れているとすれば，磁場は図のように下から上へと生じる．電流の向きを逆転すれば磁場の向きも逆転する．電流の流れていないこのコイルに例えば磁石の N 極を下の方から近づけると [図 **8.28(b)**]，磁極に近い方が磁場は強いので，コイルを貫通する上向きの磁場は増大する．すなわち，誘導の原因となる磁場はいまの場合，増大の状態にある．レンツの法則によると，この変化に逆らい電流は下向きの磁場を発生するように流れ，よって図に示した向きをもつ．逆に，N 極を遠ざけるときには，(b) と逆の状態になって，電流は (c) に示すような向きに流れる．このような現象では，電磁誘導によりコイル内に電流を流そうとする作用すなわち起電力が発生する．電磁誘導によって生じる起電力を**誘導起電力**という．

磁束　平面上の面積 S をもつ部分 S を考え，この部分は閉曲線 C で囲まれているとする (図 **8.29**)．C は図に示すような矢印の向きをもつとし，この向きに沿ってネジを回すとき，ネジが進む向きの単位ベクトルを $\boldsymbol{n}$ とする．一様な磁束密度 $\boldsymbol{B}$ の場合を考慮し，その $\boldsymbol{n}$ 方向の成分を B_n とする ($B_n = \boldsymbol{B} \cdot \boldsymbol{n}$)．このとき

$$\Phi = B_n S \tag{8.37}$$

の Φ は面 S を貫く**磁束**と呼ばれる．この定義は右ページに示すように一般の場合に拡張される．(8.37) からわかるように，磁束密度は単位面積当たりの磁束に等しい．磁束密度はこのような事情に由来する用語である．磁束の単位は**ウェーバ** (Wb) で，これは磁荷の単位に等しい (p.146, 演習問題 10 参照).

ファラデーの法則　図 **8.30** で C は空間中の閉曲線であるとする．この曲線を縁とする曲面 S を貫く磁束 Φ が微小時間 Δt の間に $\Delta\Phi$ だけ増大したとき，C の矢印に沿う誘導起電力 V は次式のように書ける．これを**ファラデーの法則**という．

$$V = -\frac{\Delta\Phi}{\Delta t} \tag{8.38}$$

上式で $-$ の符号はレンツの法則を表している (例題 13).

8.10 電磁誘導

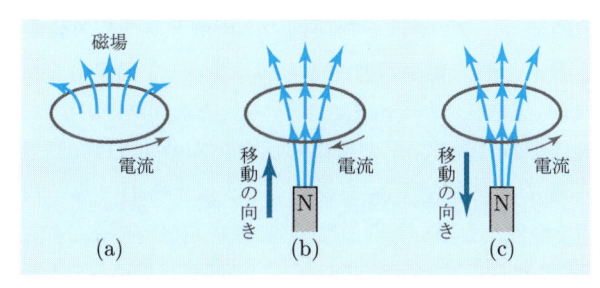

図 8.28 レンツの法則

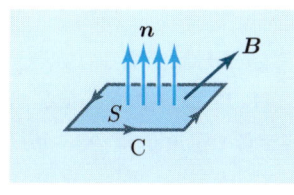

図 8.29 C と n

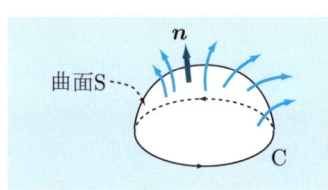

図 8.30 磁束

参考 一般の磁束 図 8.30 のように向きをもつ任意の閉曲線 C があるとし，C を縁とする任意の曲面 S を考える．図 8.29 と同様 C の矢印に沿ってネジを回すときネジは S の裏から表へと向かうとして S の表裏を定義する．S の裏から表へ向かう法線方向の単位ベクトルを n とし，磁束密度 B の n 方向の成分を B_n とすれば $B_n = B \cdot n$ が成り立つ．S を微小面積 ΔS をもつ微小部分に分割し，各部分に対して B_n は一定として (8.37) のような微小磁束を導入する．そうして，これらの微小部分の寄与を全部加えたものが S を貫く磁束と定義する．すなわち，磁束 Φ は一般に

$$\Phi = \sum B_n \Delta S$$

と書ける．あるいは積分の記号を使うと

$$\Phi = \int_S B_n dS$$

と表される．上の積分を**面積積分**という．Φ の値は C だけに依存し S のとりかたによらない．すなわち，図 8.31 で S_1, S_2 に対する磁束を Φ_1, Φ_2 とすれば，時間を固定したとき $\Phi_1 = \Phi_2$ が成り立つ．これは磁束線には湧き出し口，吸い込み口がないことによる．

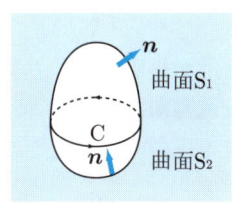

図 8.31 磁束の性質

例題 13 (8.38) に $-$ の符号が必要な理由を説明せよ．

解 図 8.28(b) で $\Delta \Phi > 0$ のとき，誘導起電力は負となるので (8.38) に $-$ の符号が必要となる．図 8.28(c) でも事情は同じである．

交流発電機の原理　ファラデーの法則の応用例として**交流発電機**の原理を考える．大きさ B の一様な磁束密度が z 方向に存在し，時刻 0 で図 **8.32(a)** のように xy 面上に一辺の長さがそれぞれ a, b の長方形回路がおかれているとする．図の PQ を軸にこの回路を一定の角速度 ω で矢印の向きに回転させたとし，端子 B に対する端子 A の電位 V_{AB} を求めよう．A から B へ至る経路として，図のような矢印をつけたものをとる．端子 A, B から長方形までの距離および AB 間の距離は十分小さいとすれば，事実上上記の経路は閉曲線として表され，V_{AB} は A から B へ電流を流すような誘導起電力に等しい．すなわち，$V_{AB} = V$ とおける．

一方，時刻 t で長方形回路は PQ を軸にして角 ωt だけ回転するので，Q の右側から QP 方向にこの回路を眺めるとその状況は図 **8.32(b)** のようになる．$\boldsymbol{B}$ の $\boldsymbol{n}$ 方向の成分は $B\cos\omega t$ で，このため長方形回路を貫く磁束 $\varPhi$ は $\varPhi = abB\cos\omega t$ と書ける．したがって，(8.38) により

$$V_{AB} = V = -\frac{\Delta(abB\cos\omega t)}{\Delta t} \tag{8.39}$$

と書ける．(8.39) の右辺は 3.4 節の単振動の場合 (p.28) と同様に計算でき

$$V = ab\omega B \sin\omega t \tag{8.40}$$

が得られる．(8.40) の電圧は，角振動数 ω あるいは周波数 f の交流電圧を表す．振動の周期 T に対して $\omega T = 2\pi$ の関係が成り立つ．f は単位時間中の振動数であるから $f = 1/T$ と書け，したがって

$$\omega = 2\pi f \tag{8.41}$$

が導かれる．ω と f とは 2π の係数だけ違うので注意が必要である．

交流発電機の例　$a = 0.3\,\mathrm{m}, b = 0.4\,\mathrm{m}, B = 0.1\,\mathrm{T}, f = 50\,\mathrm{Hz}$ の場合，交流電圧の振幅は次のように計算される．

$$0.3 \times 0.4 \times 2\pi \times 50 \times 0.1\,\mathrm{V} = 3.77\,\mathrm{V}$$

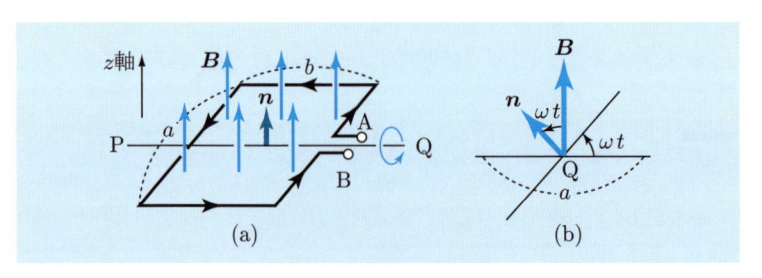

図 **8.32**　交流発電機の原理

参考　変圧器の原理　図 8.33 に示すようにロの字型の鉄心の一方に巻数 N_1 の 1 次コイル，他方に巻数 N_2 の 2 次コイルを巻いたとし，コイルの両端間の電圧をそれぞれ V_1, V_2 とする．V_1 は交流電源であるとし，その角振動数を ω とすれば，鉄心内の磁束 Φ も角振動数 ω で $\Phi = \Phi_0 \cos\omega t$ のように時間変化する．磁束線が鉄心から漏れないとすれば Φ は鉄心内で共通の値をもち，磁束は 1 次コイルを N_1 回，2 次コイルを N_2 回貫くから，(8.38) (p.142) により V_1, V_2 は

$$V_1 = -N_1 \frac{\Delta \Phi}{\Delta t} = N_1 \Phi_0 \omega \sin\omega t, \quad V_2 = -N_2 \frac{\Delta \Phi}{\Delta t} = N_2 \Phi_0 \omega \sin\omega t$$

と表される．これから

$$\frac{V_2}{V_1} = \frac{N_2}{N_1}$$

となり，電圧の比は巻数の比に等しい．このような関係を利用して電圧の値を変えるのが**変圧器**の原理である．例えば，100 V の交流電圧を 20 V にしたいとき，1 次コイルの巻数が 200 回なら 2 次コイルの巻数は 40 回にすればよい．

補足　変圧器の構造　図 8.33 の鉄心は鉄の塊ではなく，熱の発生を少なくするため薄い鉄板を何枚も重ねたような構造をもつ．2 次コイルは図 8.34 に示すように，1 次コイルのすぐ上に巻かれている．

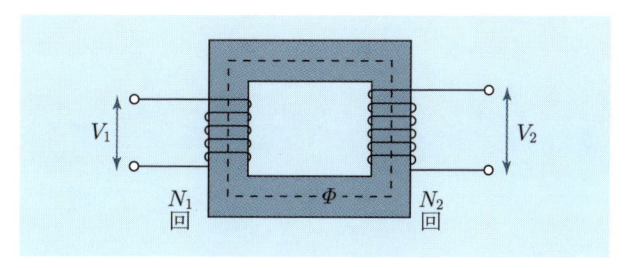

図 8.33　変圧器の原理

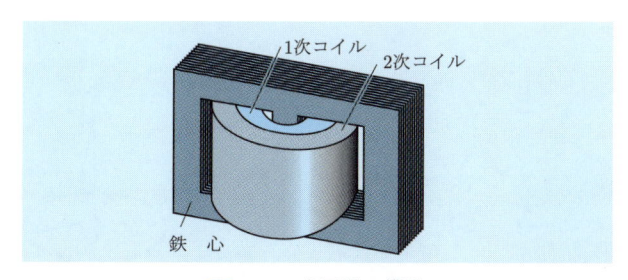

図 8.34　変圧器の構造

演習問題 第8章

1. 水晶と発泡スチロールを摩擦したとき，どちらが正に，どちらが負に帯電するか．
2. 2つの点電荷の間に働くクーロン力の大きさは，一方の電荷の大きさを a 倍，他方の電荷の大きさを b 倍，両者間の距離を c 倍にしたとき何倍となるか．ただし，$a, b, c > 0$ とする．
3. x 軸上の原点 O の左側 $0.2\,\mathrm{m}$ の点 A に $3\,\mu\mathrm{C}$ の点電荷，原点 O の右側 $0.1\,\mathrm{m}$ の点 B に $2\,\mu\mathrm{C}$ の点電荷があるとき，原点 O における電場を求めよ．
4. 原点 O に点電荷があるときそのまわりの電場は図 8.35 のように，原点から発する放射線状になる．このときの等電位面は原点を中心とする球面であることを示せ．
5. xy 面上で原点 O を中心とする半径 a の円輪がある (図 8.36)．電荷は一様に円周上に分布すると仮定する．円輪が電荷 q をもっているとき，z 軸上の点 P における電場はどのように表されるか．
6. 無限に広い平面が一様に帯電しているとき，電荷が生じる電場を求めよ．
7. 懐中電灯の電源として電池を3個直列にした場合を考える．豆電球の電気抵抗が $5\,\Omega$ だと，点灯したときに流れる電流は何 A か．
8. 磁石の北を指す極を N 極，南を指す極を S 極と定義している．地球の北極は磁石として何極か．
9. 磁場が磁位から導かれるとき，磁場と磁位との関係について論じよ．
10. 次の関係が成り立つことを示せ．
$$\mathrm{T} = \frac{\mathrm{N}}{\mathrm{A}\cdot\mathrm{m}} = \frac{\mathrm{J}}{\mathrm{A}\cdot\mathrm{m}^2} = \frac{\mathrm{Wb}}{\mathrm{m}^2}$$
11. 無限に長い直線の導体に電流 I が流れているとする．直線から距離 r だけ離れた点 P における磁場を求めよ．
12. (8.36) を導け．

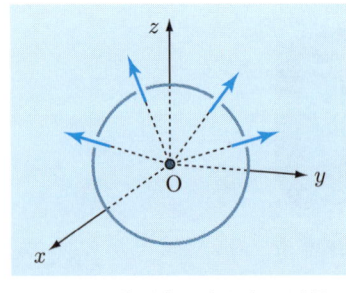

図 8.35 点電荷のまわりの電場

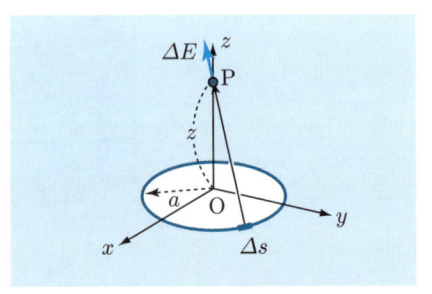

図 8.36 xy 面上の円輪

第9章

原子・分子・電子

　コップの中の水を半分にしても依然水である．このような半分化を続けて行うとついには水の最小単位に到達する．この最小単位は水分子であり，すべての物質は分子から成り立っている．さらに分子はいくつかの原子から構成され，これらを表すとき原子・分子という用語がよく使われる．原子は原子核と電子からできていて原子核の研究は物理学の主要分野であるが，これについては第11章で扱う．電子は現在のハイテクを支える立役者で，物理学の立場でも重要な意味をもつ．

本章の内容
9.1　分　子
9.2　結晶構造
9.3　原　子
9.4　電　子
9.5　ド・ブロイ波
9.6　原子の出す光

9.1 分　子

物質の構造　　物質は非常に多数の粒子から構成されている．物質の化学的性質をもつ最小の構成単位とみなされるものを**分子**という．5.4 節 (p.75) で触れたように，1 モルの気体中に含まれる分子数を**モル分子数**といい，その数値は

$$N_A = 6.02 \times 10^{23} \, \text{mol}^{-1} \tag{9.1}$$

である．これは 1 億の 1 億倍のそのまた 1 億倍にほぼ等しいという莫大な数である．N_A の添字 A はイタリアの物理学者アボガドロ (1776–1856) にちなんだもので N_A を**アボガドロ定数**ということもある．気体に限らず，1 モル中の分子数は液体でも固体でも (9.1) で与えられる．

分子構造　　分子はさらに原子から構成されるという構造をもち，これを**分子構造**という．身近な例では水は水分子 H_2O から構成され，水素原子 H 2 個と酸素原子 O 1 個が結合したものである．図 9.1 に示すように，OH と OH との角は約 104°，OH 間の距離は約 1 Å である．Å は**オングストローム**と読み

$$1 \text{Å} = 10^{-10} \, \text{m} = 10^{-1} \, \text{nm} \tag{9.2}$$

である．Å は国際単位系での長さの単位ではないが，原子・分子の大きさはほぼこの程度なので，現在でもよく使われる．図 9.2 のように，メタン分子 CH_4 では炭素原子 C を中心として，そのまわりに H 原子が正四面体の頂点の位置に配置されている．

状態変化の微視的な意味　　図 5.3 の状態図 (p.67) で一定量の物質は圧力，温度によって固体，液体，気体かのいずれかの状態をとることを示した．固体，液体，気体の 3 つの状態を**物質の三態**という．圧力を一定に保ち，温度を上げ，固体 → 液体 → 気体 という状態変化を原子・分子という微視的な観点からみよう．低温では図 9.3(a) のように固体状態が実現し，原子・分子は規則正しい配列を作って，**結晶構造**を構成する．これについては次節で述べる．結晶格子を構成する原子・分子は，釣合いの位置を中心として振動するが，これを**格子振動**という．格子振動は温度上昇とともに激しくなるので，これを**熱運動**ともいう．固体に熱を加えると，原子・分子の規則正しい配列が崩れ，固体から液体へと変化する．図 9.3(b) のように，液体では原子・分子は振動しながら位置を入れ替えるような運動をしている．さらに，高温になると，液体 → 気体という状態変化が起こり，原子・分子は自由に空間中を激しく運動するようになる [図 9.3(c)]．

図 9.1 水分子

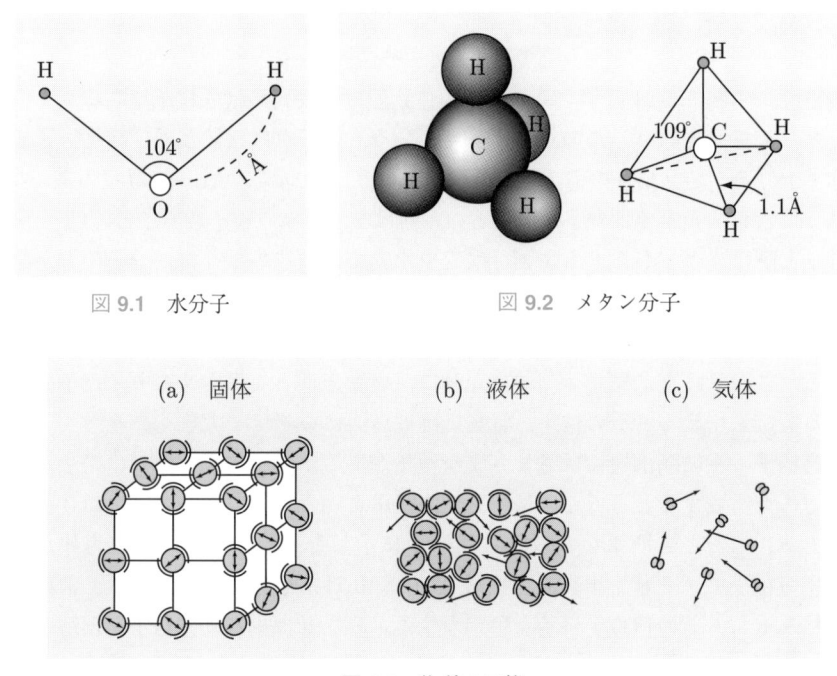

図 9.2 メタン分子

図 9.3 物質の三態

[補足] **解離エネルギー** 2個の水素原子 H は互いに引き合い，安定な水素分子 H_2 になる．逆にいうと H_2 を 2 個の水素原子に分けるためには外部からエネルギーを加えることが必要でこれを**解離エネルギー**という．1 個の H_2 分子の解離エネルギーは $4.6\,\mathrm{eV}$ であることが知られている．

[参考] **電子ボルト** (7.8)(p.116)で述べたように，電子が電位差 $1\,\mathrm{V}$ で加速されるとき得るエネルギーを **1 電子ボルト**という．これをエネルギーの国際単位である J に換算すると $1\,\mathrm{eV} = 1.602 \times 10^{-19}\,\mathrm{J}$ と表される．Å が原子・分子の問題の場合に長さの適当な単位であるのと同様に，電子ボルトは原子・分子・電子が関与する現象のエネルギーを記述するときに適当な単位である．

[補足] **活性酸素** 水を電気分解すると，電池の陽極には酸素イオン，陰極には水素イオンが引き付けられる．酸素イオンは陽極で酸素イオンから酸素原子になるが，このように誕生直後の酸素を**発生期の酸素**という．O は O_2 になるが，このときの解離エネルギーは演習問題 2 で扱う．発生期の酸素は化学反応を起こしやすく，**活性酸素**と呼ばれることもあり，人体には有害とされている．

9.2 結晶構造

格子点　図 9.3(a) に示すように，固体状態では物質の構成粒子はある点を中心として振動を行う．この点を**格子点**という．格子点は整然と並び**結晶格子**を作り上げる．結晶格子の構造を**結晶構造**という．アルゴン Ar やヘリウム He のような希ガス元素では分子と原子との差異はなく，構成粒子を原子と呼ぼうが，分子と呼ぼうがどちらでもよい．酸素や水素では前述のように，分子の方が原子より安定なので固体の構成粒子も O_2 あるいは H_2 となる．金属の場合には電子が原子からの束縛を逃れ結晶中を自由に運動するため，構成粒子はイオンである．このような金属イオンの熱運動は温度が上がると激しくなり，電子に対する抵抗も増える．その結果，電気抵抗は高温になるほど大きくなる．

立方格子　結晶構造にはさまざまな種類があるが，特に重要なのは格子点が立方体を構成するときでこの格子を**立方格子**という．立方格子には次の 3 種類がある．もっとも簡単なものは図 9.4(a) に示した一辺の長さ a の立方体が構成する格子で，これを**単純立方格子**という．a は**格子定数**と呼ばれる．角砂糖を積み重ね，その頂点が格子点に相当するとみなせば単純立方格子を理解するのは簡単である．**体心立方格子**では立方体の中心に格子点があり [図 9.4(b)]，**面心立方格子** [図 9.4(c)] では正 6 面体を構成するそれぞれの正方形の面の中心に格子点が存在する．この場合でも a を格子定数という．図 9.5 に食塩 NaCl の結晶を示す．青丸がナトリウムイオン Na^+，白丸が塩素イオン Cl^- で，結晶はこれらのイオン間に働くクーロン力で構成されている．この種の結晶を**イオン結晶**と呼ぶ．Na と Cl の別を忘れると図 9.5 は単純立方格子に帰着する．

アルカリ金属，貴金属，遷移金属　リチウム Li，ナトリウム Na，カリウム K，ルビジウム Rb，セシウム Cs，フランシウム Fr の 6 元素が固体を構成するとき**アルカリ金属**と呼ばれる．これらの金属イオンは体心立方格子を作り上げる．この中でたまたま Na では格子点の作るクーロン力が無視でき，この中の電子は互いにクーロン力を及ぼし合う集団として記述される．これを**電子ガス**という．金 Au，銀 Ag，銅 Cu は**貴金属**と呼ばれ，特に金や銀は古来から装飾品として珍重された．最近ではあまり見かけないが，昔は金歯は義歯として利用された．現在でもパソコンには金がよく使われている．これらの貴金属は面心立方格子を作る．鉄 Fe，コバルト Co，ニッケル Ni は**遷移金属**の御三家と呼ばれ，いずれも強磁性体となる．これらの遷移金属のイオンは体心立方格子を構成する．

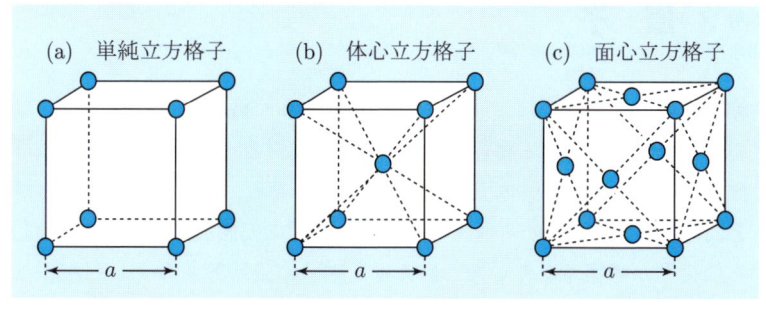

9.2 結晶構造

図 9.4 立方格子
(a) 単純立方格子　(b) 体心立方格子　(c) 面心立方格子

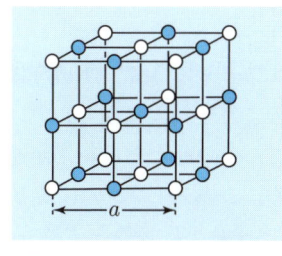

図 9.5 NaCl の結晶構造

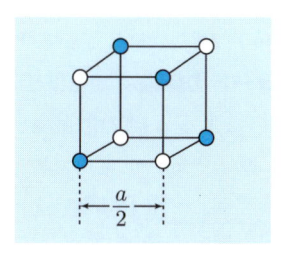

図 9.6 $a/2$ の部分

> **例題 1** NaCl の格子定数はいくらか．ただし，Na の原子量を 23.0，Cl の原子量を 35.4 とし，NaCl の密度を $2.17\,\mathrm{g\cdot cm^{-3}}$ とする．

[解] 図 9.5 の最小部分は格子定数 $a/2$ の単純立方格子でこれを図 9.6 に示す．この図で青丸の 1 つの $\mathrm{Na^+}$ に注目し，これを 8 等分すれば体積 $a^3/8$ の図 9.6 の立方体中に含まれる数は 1/8 となる．上記の立方体中には 4 個の $\mathrm{Na^+}$ があるので，立方体中の $\mathrm{Na^+}$ の全体の数は 1/2 と表される．$\mathrm{Cl^-}$ でも同様で，結局体積 $a^3/8$ 中の NaCl 分子の数は 1/2 となる．これから，1 個の NaCl 分子は体積 $a^3/4$ を占めることがわかる．一方，与えられた数値から NaCl の分子量は 58.4 g と書け，この中にモル分子数だけの NaCl 分子が存在する．その結果，1 g 中に含まれる分子数は $6.02\times10^{23}/58.4 = 1.03\times10^{22}$ となり，NaCl の 1 g の体積は $(1/2.17)\,\mathrm{cm^3} = 0.406\,\mathrm{cm^3}$ と表される．すなわち，1 個の NaCl 分子当たりの体積は

$$\frac{0.406}{1.03\times10^{22}}\,\mathrm{cm^3} = 4.47\times10^{-23}\,\mathrm{cm^3}$$

となる．これが $a^3/4$ に等しいから，a は次のように計算される．

$$a = 5.63\times10^{-8}\,\mathrm{cm} = 5.63\,\mathrm{\AA}$$

9.3 原 子

化合物と元素　物質には大別して**化合物**と**元素**の 2 種類がある．化合物は 2 種以上の元素が結合している物質で，これまでの例だと水とか食塩などが挙げられる．酸素気体 O_2 や水素気体 H_2 も化合物とみなせる．化合物が分子から構成されると同様，元素は**原子**から構成される．20 世紀の初頭，原子の構造に関していろいろな模型が考案されていた．例えば，電子の発見者トムソン (1856–1940) は正電荷が球状に分布し，その球の中心付近で何個かの電子が振動していると考えた．また，長岡半太郎 (1865–1950) は，正電荷の球を中心として，土星の輪のように電子が回っているという模型を提唱した．

ラザフォードの結論　イギリスの物理学者ラザフォード (1871–1937) は，1911 年金属箔による α 線の散乱実験を考察し，次のような結論に達した．

① 原子中で，正電荷は中心に集中していて，その近くを α 粒子が通過するとき，α 粒子は強いクーロン力を受ける．このクーロン力による α 粒子の散乱を**ラザフォード散乱**というが，実験結果は理論とよく一致する．この種の原子の中心を**原子核**と呼んでいる．

② 一般に，原子核はその大きさが $10^{-15} \sim 10^{-14}$ m の程度で，正の電荷 Ze をもつ．ただし，Z はその原子の原子番号で e は (8.2) (p.122) で与えられる電気素量である．

③ 原子は Ze の電荷をもつ原子核のまわりを Z 個の電子が回るという構造をもち，電気的中性が保たれる．

もっとも簡単な原子は $Z=1$ の水素で，$Z=1$ の原子核を**陽子**という．すなわち，水素原子では 1 個の陽子のまわりを 1 個の電子が回る．なお α 粒子は $2e$ の電荷をもつ粒子で，He 原子の原子核である．例題 2 で学ぶように，α 粒子はポロニウムなどから放出される．

クーロンポテンシャル　電荷 q の粒子と電荷 q' の粒子が距離 r だけ離れているとき，両者間の力 F は (8.3) (p.122) により

$$F = \frac{1}{4\pi\varepsilon_0} \frac{qq'}{r^2} \tag{9.3}$$

と書ける．(4.6) (p.50) で示した一般的な関係を使うと両者間の位置エネルギー U は次式で与えられ (演習問題 6)，これを**クーロンポテンシャル**という．

$$U = \frac{1}{4\pi\varepsilon_0} \frac{qq'}{r} \tag{9.4}$$

9.3 原子

例題 2 ポロニウムから放出される α 粒子の運動エネルギーは 8.5×10^{-13} J である．ポロニウムは発見者キュリー夫人 (1867-1934) の生国ポーランドのラテン語名ポロニアにちなんで命名された放射性元素である．この α 粒子が静止している原子番号 79 の金の原子核に接近するとき，α 粒子は核から何 m まで近づくことができるか．また，金の原子核は何 m より小さいと評価できるか．有効数字 2 桁で答えよ．

解 α 粒子に比べ金の原子核は重いので，α 粒子の散乱中は金の原子核は静止しているとしてよい．このため，α 粒子の運動エネルギー K とクーロンポテンシャル U の和が一定という力学的エネルギー保存則 $K + U =$ 一定 が成り立つ．α 粒子が飛び出すとき $U = 0$，α 粒子が最接近するときには $K = 0$ が成り立ち一般に

$$K = \frac{Ze^2}{2\pi\varepsilon_0 r}$$

と書ける．これから r は

$$r = \frac{Ze^2}{2\pi\varepsilon_0 K}$$

となる．すべての物理量を国際単位系で表せば，答えも同じ単位系で求まる．$\varepsilon_0 = 8.85 \times 10^{-12}$ C$^2 \cdot$ N$^{-1} \cdot$ m^{-2}，$e = 1.60 \times 10^{-19}$ C を使うと r は

$$r = \frac{79 \times 1.60^2 \times 10^{-38}}{2 \times \pi \times 8.85 \times 10^{-12} \times 8.5 \times 10^{-13}} \text{ m} = 4.3 \times 10^{-14} \text{ m}$$

と計算され，金の原子核の半径はこれより小さいと評価される．

ドルトンの原子記号

原子説を唱えたイギリスの化学者ドルトン (1766-1844) は，各種の原子や化合物を表すのに原子記号を用いた．彼の使った原子記号をいくつか図 9.7 に紹介する．ドルトンはイギリスのマンチェスターで活躍したが，熱の仕事当量を求めたジュールの先生でもある．著者が放送大学の副学長を務めていた頃，機会があってマンチェスターの科学博物館を訪問した．そのとき，偶然ドルトンの肖像画と彼が愛用したという帽子の展示を発見した．写真を撮ったのでこれを図 9.8 に示す．

図 9.7 ドルトンの原子記号

図 9.8 ドルトンの肖像画

9.4 電子

真空放電　19世紀の後半，ガラス管に陰極と陽極を封入し，両極の間に数1000Vの高電圧を加え，管内の気体を抜いていくと，両極の間で放電の起こる現象が見つかった．これを**真空放電**という．$10^{-3} \sim 10^{-4}$ 気圧の程度では，管内の気体の種類に応じて，空気では赤色，ネオンではだいだい色のようにそれぞれ特有な光を発するようになる．身のまわりでは，ネオンサインや蛍光灯はこのような放電現象の応用である．

陰極線　管内の圧力が 10^{-6} 気圧程度になると，気体特有の色は消え，陰極に向かい合ったガラスがうすい緑色に光る．これはガラスの放つ蛍光である．この現象は，陰極から何かが放射されて陽極に向かい，これがガラスにあたって蛍光を発するものと考えられるようになった．この放射線を**陰極線**という．陰極線が出ている状態で管内に金属板などの物体をおくと，背後に図9.9で示したような影ができる．また，電場や磁場の中で陰極線の曲がることがわかり，トムソンが**電子**の存在を確かめた．

ミリカンの油滴実験　1909年アメリカの物理学者ミリカン (1868-1953) は電場中に浮かぶ帯電した油滴の落下速度を測定し，油滴のもつ電荷を求めた．まず噴霧器によって蒸発しにくい油の霧(油滴)を作りこれを落下させその終速度を図9.10のように顕微鏡で測定する．この現象は雨粒が空気中を落下するのと同じで，その落下速度から逆に油滴の半径が測定できる．次に図9.10の電極A，Bの間に電圧をかけ，電極の間に電場を発生させる．また，油滴にX線をあてるとまわりの空気がイオン化され油滴に電荷が付着する．油滴には重力が働くが，電荷が電場中にあると力を受けるので，油滴にはさらに電場による力が作用する．油滴，電場の大きさがわかっているので，落下速度の測定から油滴に付着した電荷が求まる．ミリカンは油滴の電荷はいつもある値の整数倍となることを示し，電気素量を求めた．

光合成　葉緑素をもつ植物は太陽の光エネルギーを用いて，吸収した二酸化炭素と水とから有機化合物を合成する．これを**光合成**という．光合成は人間が生存するために絶対必要な化学反応である．私たちは，米，麦，野菜，海草などの植物を生のままか，適当に調理して食べる．鶏，豚，牛の肉や鶏卵，魚なども食べ物にするが，これらの餌の多くは植物である．光合成では電子が反応の際，重要な役目を演じていて，電子がなければ光合成は実現不可能である．人間の存在そのものが電子に依存しているといえよう．

9.4 電子

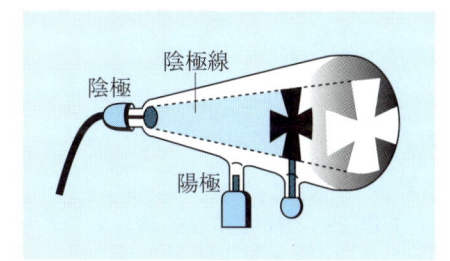

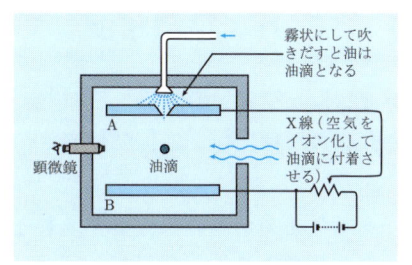

図 9.9　陰極線の作る影

図 9.10　ミリカンの油滴実験

例題 3　水素原子で陽子は電子に比べ重く静止していると仮定し，電子の質量を m とする．平面上で電子が陽子を中心とする半径 r の等速円運動を行うとき，電子の力学的エネルギー E を r の関数として求めよ．

解　陽子・電子間のクーロンポテンシャルは

$$U = -\frac{1}{4\pi\varepsilon_0}\frac{e^2}{r} \tag{1}$$

と表される．電子に働く向心力 F は (3.29) (p.34) により $F = mv^2/r$ と書け，これは電子の受けるクーロン力の大きさに等しい．したがって

$$\frac{mv^2}{r} = \frac{1}{4\pi\varepsilon_0}\frac{e^2}{r^2} \tag{2}$$

が成り立つ．(2) から電子の運動エネルギー K は $K = mv^2/2 = e^2/8\pi\varepsilon_0 r$ となり，(1) を利用すると E は

$$E = K + U = \frac{e^2}{8\pi\varepsilon_0 r} - \frac{e^2}{4\pi\varepsilon_0 r} = -\frac{e^2}{8\pi\varepsilon_0 r} \tag{3}$$

と表される．

補足　E の符号と古典論　上の (3) は負であるが，エネルギーはいつも正だと思っている人には意外な結果かもしれない．現実にはエネルギーの差が物理的に意味があり，その原点はどう選んでもよい．(3) では電子が陽子から無限に離れこれが静止しているときをエネルギーの原点としている．演習問題 9 で学ぶように古典論では安定な原子の存在が説明できない．

参考　ブラウン管テレビと陰極線　液晶テレビ，プラズマテレビなどが発展してきたが，陰極線の性質はブラウン管テレビとして活躍している．すなわち，テレビのブラウン管では陰極から電子が放射され，これが蛍光板にあたって映像となる．普通のテレビでは 525 本の走査線，ハイビジョンでは 1125 本の走査線に映像の情報が記録されている．我が国でテレビの放映が始まったのは 1953 年のことで，最初の段階では白黒テレビであった．その後カラー放送が 1960 年頃から本格的に始まった．カラーテレビでは，カメラにより像を赤，緑，青の 3 原色に分けそれを信号化して送信する．一方，受信装置でのブラウン管に塗る塗料を赤，緑，青に分けそれぞれの信号に応じて反応するようにしてある．その反応を起こすものが電子というわけである．

9.5 ド・ブロイ波

アインシュタインの関係 7.6 節 (p.116) の光電効果で光は粒子の性質をもち，光の振動数を ν としたとき，そのエネルギー E は

$$E = h\nu \tag{9.5}$$

であることを示した．運動する粒子はエネルギーと同時に運動量をもつ．相対性理論によると，運動量 p をもつ質量 m の粒子のエネルギー E は $E = \sqrt{m^2c^4 + c^2p^2}$ と書ける．ただし，c は真空中の光速である．光子では $m = 0$ とおき $E = cp$ が成り立つ [(10.21), p.170]．(9.5) を使い，光の波長 λ が $c = \lambda\nu$ であることに注意すると

$$p = \frac{h}{\lambda} \tag{9.6}$$

が得られる．また，運動量の方向は光の進行方向と一致する．(9.5), (9.6) を**アインシュタインの関係**という．

ド・ブロイ波 波が粒子の性質を示すなら，逆に電子のように古典的には粒子と考えられるものは同時に波の性質をもつのではなかろうか．このような発想をしたのがフランスの物理学者ド・ブロイ (1892–1987) である．実際，後になって，この予想の正しいことが実験的に確かめられた．電子に伴う波を**電子波**という．一般に，物質粒子に伴う波を**ド・ブロイ波**あるいは**物質波**という．粒子から波へと変換する式はアインシュタインの関係を逆にし

$$\nu = \frac{E}{h}, \quad \lambda = \frac{h}{p} \tag{9.7}$$

とすればよい．上式を**ド・ブロイの関係**という．

デビッソンとガーマーの実験 ド・ブロイが電子の波動性を提唱した後 1927 年にアメリカの物理学者デビッソンとガーマーは，電子線が X 線と同様な回折現象を示すことを発見した．図 **9.11(a)** にデビッソンとガーマーの実験の概略が図示されている．彼らは Ni の結晶に，65 V の電圧で加速された電子線をあて，電子の散乱角 θ を 44° に固定し，散乱方位角 φ と散乱電子線の強度との関係を測定した．その結果が図 **9.11(b)** に示されている．このグラフからわかるように，散乱強度には規則正しい極大と極小とが現れている．例題 4 でこの場合の電子線の波長を 1.52 Å と計算するが，彼らはこれと同じ波長の X 線をあてたのと同じパターンが得られることを示した．さらにデビッソンは電子の運動量をいろいろ変え，電子の運動量と波長との間にド・ブロイの関係が成り立つことを確かめた．

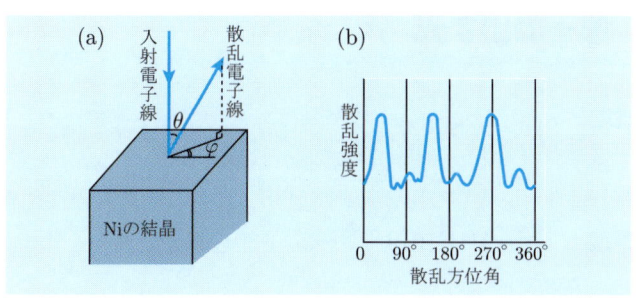

図 9.11 デビッソンとガーマーの実験

例題 4 静止している電子を電圧 V で加速した場合の電子波の波長を求め，特に加速電圧が 65 V のときの波長を計算せよ．

解 電子の質量を m とし電圧 V で加速されたとき，電子のもつ速さを v とすれば運動エネルギーの増加分は $mv^2/2$ でこれは電子になされた仕事 eV に等しい．すなわち

$$\frac{mv^2}{2} = eV$$

である．このときの電子の運動量の大きさは $p = mv$ で，p を求め結果を (9.7) の右式に代入すると

$$\lambda = \frac{h}{\sqrt{2meV}}$$

が得られる．物理量を表す単位として国際単位系を使えば，答は国際単位系での値として求まる．この点に注意し上式に $h = 6.63 \times 10^{-34}$ J·s, $m = 9.11 \times 10^{-31}$ kg, $e = 1.60 \times 10^{-19}$ C, $V = 65$ V を代入すると λ は

$$\lambda = \frac{6.63 \times 10^{-34}}{\sqrt{2 \times 9.11 \times 10^{-31} \times 1.60 \times 10^{-19} \times 65}} \text{ m} = 1.52 \times 10^{-10} \text{ m}$$

と計算され，$\lambda = 1.52$ Å である ($1 \text{Å} = 10^{-10}$ m)．

参考 電子顕微鏡 上の計算でもわかるように，通常の電子波の波長は X 線の程度で光の波長に比べるとはるかに短い．顕微鏡で物体を見る場合，認識できる長さは波長程度であり，それより小さい物体は見ることができない．電子波を利用した顕微鏡を**電子顕微鏡**というが，この顕微鏡は光学顕微鏡に比べおよそ 10^6 倍という高い倍率が実現可能である．電子線の場合，電極あるいは電磁石の形を適当に選び電子線を屈折することができる．このような装置を**電子レンズ**といい，実際の電子顕微鏡は電子レンズを組み合わせて作られている．ウイルスは光学顕微鏡では見えず，電子顕微鏡の実現により初めて観測することができた．現在では，固体物理学，生物学など広範な分野で電子顕微鏡が活躍している．

9.6 原子の出す光

古典論の破綻　原子は光を発するが光はエネルギーを運ぶため，光を出すと原子のエネルギーは減る．例題 3 の結果からわかるように，古典論では安定な原子は存在し得ないことになり (演習問題 9)，これは古典論の破綻を意味する．

ボーアの理論　ボーアは 1913 年，次の 3 つの仮定に基づく 1 つの理論を提唱した．

① 原子内の電子のエネルギーは連続的でなく離散的である．一定のエネルギーをもつ状態 (**定常状態**) では光を出さない．エネルギー最低の定常状態を**基底状態**，それより上の状態を**励起状態**という．

② 電子が 1 つの定常状態から他の定常状態に移るとき，そのエネルギー差に相当する光子を吸収したり，放出したりする．この光子の伴う光の振動数を ν とすれば

$$h\nu = E_{n'} - E_n \tag{9.8}$$

が成り立ち，これを**ボーアの振動数条件**という．図 **9.12** のように，$E_{n'} > E_n$ とするとき，光子の放出，吸収に対して (9.8) が成り立つ．

③ 定常状態では，電子は古典力学の法則に従って運動する．

量子条件　光の放出は現在，量子力学で扱われる．上の①，②はこのような場合でも正しい結論で，これらは水素原子に限らず一般の分子でも通用する．しかし，ボーアの理論が提出された頃，量子力学は未完成であったため，水素原子の定常状態を決めるには適当な条件が必要であった．これを**量子条件**という．この条件を導くため，陽子を中心として電子は半径 r の等速円運動を行うとし，電子に伴うド・ブロイ波の波長を λ とする．円に沿う電子波がスムーズにつながるためには

$$2\pi r = n\lambda \quad (n = 1, 2, 3, \cdots) \tag{9.9}$$

の量子条件が要求される (例題 5)．上の整数 n を**量子数**という．この関係は電子の角運動量の大きさを l とするとき

$$l = n\hbar \tag{9.10}$$

の条件と等価である (例題 6)．ただし，$\hbar$ は

$$\hbar = \frac{h}{2\pi} = 1.055 \times 10^{-34} \text{ J} \cdot \text{s} \tag{9.11}$$

と定義され，エッチ・バーと読む．$\hbar$ については右ページの補足を参照せよ．

9.6 原子の出す光

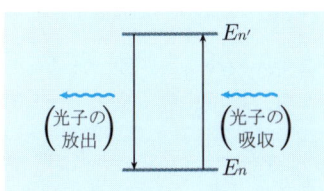

図 9.12 光子の放出と吸収

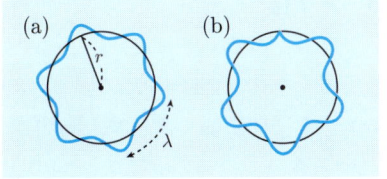

図 9.13 水素原子中の電子波

例題 5 水素原子中の電子波について (9.9) の量子条件が成り立つことを示せ.

解 電子が半径 r の円運動をしているとき円周の長さは $2\pi r$ であるから
$$\frac{2\pi r}{\lambda} = n$$
とおくと, n は円周に含まれる波の数である. 図 9.13 の (a), (b) にそれぞれ $n=6$, $n=5.5$ の場合を示す. これからわかるように, 円に沿って電子波がスムーズにつながるためには, n が整数でなければならない. (b) のような場合には電子波が何回も円周を回っているうち, 波の干渉が起こり結局電子波は 0 となる. こうして (9.9) の量子条件が導かれる.

例題 6 (9.9) の量子条件は, (9.10) の関係と等価であることを証明せよ.

解 電子の運動量の大きさを p とすれば, ド・ブロイの関係により $\lambda = h/p$ が成り立つ. 量子条件は $2\pi r = n\lambda$ で与えられるので, 次のようになる.
$$2\pi r = \frac{nh}{p}$$
電子の軌道角運動量の大きさ l は $l = pr$ と表され, これから $l = n\hbar$ が導かれる.

補足 **ディラックの定数** $\hbar$ という記号はディラックによって導入された. このため, $\hbar$ をディラックの定数という場合がある. 量子力学の諸法則は $\hbar$ という記号を使った方が単に h を用いたときより簡単になる. このため, 量子力学の古い文献には h を使った例も多かったが, 最近では $\hbar$ の記号を用いている.

参考 **軌道角運動量とスピン角運動量** 角運動量には 2 種類あり (3.36) (p.38) で定義されるものを**軌道角運動量**という. (3.36) は古典力学での定義であるが, 量子力学でもこれを拡張し使っている. 荷電粒子の軌道角運動量には磁気モーメントが付随し, 電子 (電荷 $-e$) が軌道角運動量 $\boldsymbol{l}$ をもつとき, これに付随する磁気モーメント $\boldsymbol{\mu}$ は
$$\boldsymbol{\mu} = -\frac{e\boldsymbol{l}}{2m}$$
と書ける. ただし, m は電子の質量である. $\boldsymbol{\mu}$ は基本的には (8.25) (p.136) の $\boldsymbol{m}$ と同じ意味をもつが原子物理の分野では $\boldsymbol{\mu}$ の記号を使うので, その習慣に従った. 磁気モーメント $\boldsymbol{\mu}$ が磁束密度 $\boldsymbol{B}$ の磁場中にあると $-\boldsymbol{\mu} \cdot \boldsymbol{B}$ のエネルギーをもつ. 一方, 量子力学的な粒子は自転に対応する角運動量をもちこれを**スピン角運動量**という. この場合でも粒子のもつ磁気モーメント $\boldsymbol{\mu}$ は上式と同じ形をもつが $\boldsymbol{\mu} = -ge\boldsymbol{l}/2m$ と書ける. g を **g 因子**という. ディラックの相対論的な電子論によると $g=2$ となる.

ボーア半径　ボーアの理論では仮定③ (p.158) により，定常状態では古典力学が適用できる．そこで，陽子は十分重く静止しているとし，電子 (質量 m) は陽子のまわりで半径 r の等速円運動を行うとする．電子に働く向心力 mv^2/r は陽子・電子間に働くクーロン力の大きさに等しいので

$$\frac{mv^2}{r} = \frac{1}{4\pi\varepsilon_0}\frac{e^2}{r^2} \tag{9.12}$$

が成り立つ．一方，量子条件は

$$mrv = n\hbar \tag{9.13}$$

と表され，(9.12), (9.13) から

$$r = \frac{4\pi\varepsilon_0 \hbar^2}{me^2}n^2 \tag{9.14}$$

が得られる．(9.14) で特に $n=1$ としたときの r を a と書き，すなわち

$$a = \frac{4\pi\varepsilon_0 \hbar^2}{me^2} \tag{9.15}$$

とし，この a を**ボーア半径**という．a は水素原子の半径を表す長さで

$$a = 0.529 \times 10^{-10}\,\text{m} = 0.529\,\text{Å} \tag{9.16}$$

と計算される (演習問題 10)．

エネルギー準位　一般に原子・分子などの粒子は離散的なエネルギー構造をもつことが知られており，これを**エネルギー準位**という．ボーア理論の定常状態はエネルギー準位に対応すると考えてよい．例題 3 (p.155) の (3) により $E = -e^2/8\pi\varepsilon_0 r$ と計算される．また，r は (9.14) から $r = an^2$ と書けるので，量子数 n に相当するエネルギー準位は次のように表される．

$$E_n = -\frac{e^2}{8\pi\varepsilon_0 a n^2} \tag{9.17}$$

バルマー系列　水素原子の出す光は連続的な波長をもつのではなく，ある特定の波長をもつ．このような構造を**線スペクトル**という．可視部に見られるスペクトル線を**バルマー系列**という．バルマーはこの系列に属するスペクトル線の波長 λ が

$$\frac{1}{\lambda} = R\left(\frac{1}{2^2} - \frac{1}{n'^2}\right) \quad (n' = 3, 4, 5, \cdots) \tag{9.18}$$

と表されることを発見した．R は

$$R = 1.097373 \times 10^7\,\text{m}^{-1} \tag{9.19}$$

の**リュードベリ定数**である．(9.18) で $n' = 3, 4, 5, \cdots$ とおいた項が実際のスペクトル線に対応し R の理論値は (9.19) の実験値とよく一致する (演習問題 11)．

水素原子の出す光

水素はもっとも軽い元素であるが，宇宙でもっとも豊富に存在する物質で，質量にして宇宙全体の約 4 分の 3 を占めている．次に質量が重く，しかも多い元素はヘリウムで，これは宇宙の約 4 分の 1 である．もちろん，この結果は日常的な物質観と著しく異なる．元来ヘリウムとは太陽の元素という意味をもち，地球上で見つかる前に太陽に関する研究でその存在が発見された物質である．ヘリウムが身辺で観測されることはない．宇宙全体はほとんど，水素，ヘリウムから構成され，残りの元素は不純物のようなものである．

ヘリウムは身辺で観測されないが，水素は身近に存在する物質である．水素はよく燃える物質だが，通常水素を燃やすときに出る光は水素分子からの光で，水素原子からの光を求めるにはある種の工夫が必要である (演習問題 12)．上述のように，水素は宇宙空間には大量に存在するため，宇宙では水素原子の出す光が観測される．ただし，この光は弱くそれが瞬間的に認識されるわけではない．一般に，天体から来る弱い光を見るためには写真を利用する．星や星雲は北極星を中心に円運動するので望遠鏡にカメラを固定し，被写体を常に望遠鏡の視野の真中に位置するようにして，例えば 1 時間にわたって露出すれば光の蓄積が得られる．天体観測にこのような写真を初めて利用したのはアメリカの天文学者バーナード (1857-1923) で，1895 年バーナードはオリオン座を撮影し図 9.14 に示すような結果を得た．図の中央に三つ星があるが，そのまわりを囲むようなループがある．これは発見者の名前をとり**バーナードループ**と呼ばれている．バーナードループが発する光は H_α で赤い色を示し，写真をとるときこの色に感光しやすいフィルムを使うのが有効であるといわれている．

図 9.14 バーナードループ (別当武治氏提供)

図の左上にあるぼんやりした白い影がバーナードループである．図の中央右上から左下にかけオリオン座の三つ星が観測される．この左の星近くに M78 や馬頭星雲が写っている．画面の下に輝いているのはオリオン大星雲である．

演習問題 第9章

1. H_2 分子が運動しているとき，その運動を指定する独立な変数の数 (**運動の自由度**) はいくつか．ただし，H 原子間の距離は一定とする．

2. O_2 分子の解離エネルギーは $495\,\mathrm{kJ\cdot mol^{-1}}$ である．O_2 分子の 1 個当たりの解離エネルギーは何 eV か．

3. 結晶格子で 1 つの格子点に最近接する格子点の個数を**配位数**という．配位数を z とするとき単純立方格子では $z=6$，体心立方格子では $z=8$，面心立方格子では $z=12$ であることを示せ．

4. 同じ種類の原子から構成される図 **9.4** (p.151) の立方格子を考える．体積 a^3 の立方体中の格子点の数を単純立方格子，体心立方格子，面心立方格子のそれぞれに対して求めよ．

5. 水素原子では陽子を中心として電子が回っていて，その運動は太陽のまわりの地球といった太陽系の運動と対比される．水素原子と太陽系を比較した場合の相似点，相違点について論じよ．

6. 電荷 q, q' をもつ点電荷が距離 r だけ離れているとき，位置エネルギー U は

$$U = \frac{1}{4\pi\varepsilon_0}\frac{qq'}{r}$$

で与えられることを証明せよ．

7. 例題 3 中の (3) (p.155) は，陽子が運動していても陽子・電子間の相対運動の力学的エネルギーについて成り立つことを示せ．

8. 波長 600 nm の光に伴う光子のエネルギーと運動量の大きさを求めよ．

9. 例題 3 中の (3) (p.155) を使い，古典論の立場では原子が光のエネルギーを放出する際エネルギーが下がり，結局は $r \to 0$ になってしまうことを示せ．

10. $\hbar = 1.0546\times 10^{-34}\,\mathrm{J\cdot s}$, $e = 1.6022\times 10^{-19}\,\mathrm{C}$, $m = 9.1094\times 10^{-31}\,\mathrm{kg}$, $\varepsilon_0 = 8.8542\times 10^{-12}\,\mathrm{C^2\cdot N^{-1}\cdot m^{-2}}$ としてボーア半径 a を求めよ．

11. 水素原子に関する次の問に答えよ．

    (a) ボーア理論に基づきリュードベリ定数に対する理論的な結果を導き，(9.19) の実験値と比べよ．

    (b) 量子数 n が 3 から 2 に変化するとき放出される光は H_α と呼ばれる．この光の波長と色を求めよ．

12. 水素気体は燃えやすい物質であるが，水素を燃やすとき出る光は水素分子からのものである．水素原子の発する光を求める方法について論じよ．

第10章

相対性理論

　光は1秒間に地球のまわりを7周半回るという速さをもち，宇宙の中で最速の存在である．光速はスピードの速さをたとえるのによく使われ，その例として「光速の寄せ」などといわれる．物体が光速に近い速さで運動すると，古典的な力学とのずれが生じ相対性理論を使うことが必要となる．相対性理論の大きな特徴は質量とエネルギーの等価性であるが，本章では相対性理論の概略について学ぶ．

本章の内容
10.1　相対運動
10.2　ローレンツ変換
10.3　ローレンツ変換の性質
10.4　質量とエネルギー

10.1 相対運動

並進座標系 図 10.1 で示す原点 O の座標系 (O 系) は慣性系とする．慣性系では運動の第二法則が成立する (3.3 節, p.26)．また原点を O′ とし，それぞれ x, y, z 軸に平行な x', y', z' 軸をもつような座標系 (O′ 系) を導入し，O′ 系を**並進座標系**という (p.32 参照)．O 系から見た点 O′ の位置ベクトルを $\boldsymbol{r}_0 = (x_0, y_0, z_0)$ とすれば，$\boldsymbol{r}_0$ は時間の関数として変わっていく．質量 m の質点が点 P にあるとし，O 系，O′ 系から見た P の位置ベクトルを $\boldsymbol{r}, \boldsymbol{r}'$ とすれば，次のようになる．

$$\boldsymbol{r} = \boldsymbol{r}_0 + \boldsymbol{r}' \tag{10.1}$$

加速度の変換 微小時間 Δt 中の変化を考えると，(10.1) は

$$\boldsymbol{v} = \boldsymbol{v}_0 + \boldsymbol{v}' \tag{10.2}$$

と書ける．$\boldsymbol{v}_0$ は点 O′ の速度，$\boldsymbol{v}'$ は O′ 系での速度 (**相対速度**) を表す．(10.2) の微小時間中の変化を考慮すると，加速度に対し

$$\boldsymbol{a} = \boldsymbol{a}_0 + \boldsymbol{a}' \tag{10.3}$$

が成り立つ．ここで $\boldsymbol{a}$ は O 系での点 P の加速度，$\boldsymbol{a}_0$ は O 系における点 O′ の加速度，$\boldsymbol{a}'$ は O′ 系から見た点 P の加速度である．

慣性力 質点に働く力を $\boldsymbol{F}$ とすれば，O 系は慣性系であるから，運動方程式は $m\boldsymbol{a} = \boldsymbol{F}$ と書ける．O 系に対し相対運動する系での運動方程式を導くため，(10.3) を利用すると次式が得られる．

$$m\boldsymbol{a}' = \boldsymbol{F} - m\boldsymbol{a}_0 \tag{10.4}$$

すなわち O′ 系における運動方程式では，本来の力のほかに見かけ上の力 $-m\boldsymbol{a}_0$ が働くと考えればよい．この見かけ上の力を 3.5 節と同様に**慣性力**という．

ガリレイ変換 O′ 系が x 方向に等速度 v で運動するときを考え，$t = 0$ で O 系と O′ 系は一致するものとする．この場合 $\boldsymbol{r}_0 = (vt, 0, 0)$ であるから (10.1) は

$$x = vt + x', \quad y = y', \quad z = z' \tag{10.5}$$

となる．あるいは (10.2) は

$$v_x = v + v'_x, \quad v_y = v'_y, \quad v_z = v'_z \tag{10.6}$$

と書ける．この場合，$\boldsymbol{a}_0 = \boldsymbol{0}$ であるから慣性力は $\boldsymbol{0}$ である．一般に，慣性系に対し等速度で並進運動するような座標系も慣性系でこれを**ガリレイの相対性**という．また，(10.5) で表されるような座標の間の変換を**ガリレイ変換**という．

10.1 相対運動

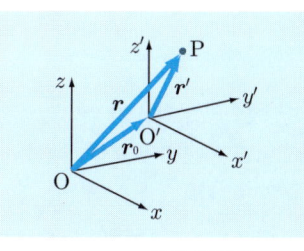

図 10.1 並進座標系

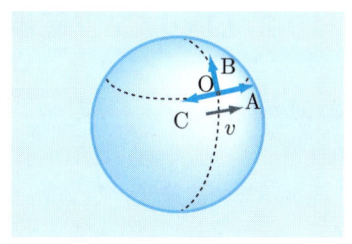

図 10.2 地球上の光波

例題 1 x 方向に等速度 v で運動する座標系にいる人が原点 O から発した音波を観測したとする.この人が感じる音速はどのように表されるか.

解 (10.2) で $v_x =$ 音速 $= s$ とすれば,x 方向で人の感じる音速は $s - v$ と表される.一方,y, z 方向で感じる音速は s である.

補足 ドップラー効果 発音体が近づいてくるとき振動数は大きくなって高い音が聞こえ,逆に発音体が遠ざかっていくとき振動数は小さくなって低い音が聞こえる.これはドップラー効果であるが,これについては 6.5 節で学んだ.ただし,ここでの記号は 6.5 節におけるものと違う点に注意せよ.

例題 2 地球は太陽のまわりを回っているが,公転速度 v は何 $\mathrm{m \cdot s^{-1}}$ か.太陽・地球間の距離を $1.5 \times 10^{11}\,\mathrm{m}$,1 年 $= 365$ 日として計算せよ.また,光速を c として v/c を求めよ.

解 v は
$$v = \frac{2\pi \times 1.5 \times 10^{11}}{365 \times 24 \times 60 \times 60}\,\frac{\mathrm{m}}{\mathrm{s}} = 2.99 \times 10^{4}\,\frac{\mathrm{m}}{\mathrm{s}}$$
と計算される.また,$c = 3.00 \times 10^{8}\,\mathrm{m \cdot s^{-1}}$ であるから v/c は $v/c = 1.0 \times 10^{-4}$ となる.

参考 マイケルソン-モーリーの実験 音波が伝わるのは空気が媒質となり,空気の振動が伝わるためである.これと同様,かつて光を伝える媒質としてエーテルというものが存在し,これと相対運動する場合,光速が変わると信じられていた.また,エーテルは宇宙空間に静止しているとした.このような考えに立つと,地球の 1 点 O で光波を観測したとき(図 10.2),OA の方向では光速が $c - v$,OB では c,OC では $c + v$ になる.上記のように v/c は 10^{-4} という微小量であるが,光学では精密測定ができるので,この程度の差は検出可能である.ところが,1887 年に行われたマイケルソン-モーリーの実験ではそのような差は検出されずエーテルの存在が否定された.光は真空中でも伝わるが,現在では真空自身の性質として光が伝わるものと考えられている.

10.2 ローレンツ変換

光速不変の原理　マイケルソン-モーリーの実験の結果は，真空中の光速はどの慣性系でも一定であることを示していた．これを**光速の不変性**，またこの原理を**光速不変の原理**という．(10.5) のガリレイ変換は同原理を満たさないのでアインシュタインは時間 t は共通でなく，各慣性系はそれ自体の特有の時間をもつと考えた．以下，O 系，O′ 系での時間を t, t' とする．アインシュタインの相対性理論ではすべての慣性系は互いに同等であり，物理法則はどんな慣性系でも同じ形をもつとする．これを**相対性原理**という．

ローレンツ不変性　(10.5) で $t = 0$ において O 系と O′ 系とは一致するとした．この瞬間に原点から光が出たとし，以後の波面を O 系，O′ 系で観測するとしよう．O 系で光は球面状に広がっていくので波面は

$$x^2 + y^2 + z^2 - c^2 t^2 = 0 \tag{10.7}$$

で記述される．相対性原理により同じ波面を O′ 系で観測すると，この波面は (10.7) の変数にすべて ′ を付けた $x'^2 + y'^2 + z'^2 - c^2 t'^2 = 0$ の方程式で表される．これを一般化し

$$x^2 + y^2 + z^2 - c^2 t^2 \tag{10.8}$$

という量は O 系でも O′ 系でも同じ値をもつと仮定する．これは**ローレンツ不変性**と呼ばれる．

ローレンツ変換　ローレンツ不変性を満たすような変数 x, y, z, t から x', y', z', t' への変換を一般に**ローレンツ変換**という．x 方向に O 系が v の速度で運動するときには，y, z 方向は O 系でも O′ 系でも同等であるから (10.5) と同様 $y = y', z = z'$ が成り立つ．また，x, t に対するローレンツ変換は

$$x' = \frac{x - vt}{\sqrt{1 - \beta^2}} \tag{10.9}$$

$$t' = \frac{1}{\sqrt{1 - \beta^2}} \left(t - \frac{vx}{c^2} \right) \tag{10.10}$$

と表される (例題 3)．ただし，β は

$$\beta = \frac{v}{c} \tag{10.11}$$

で定義される．β は相対性理論でよく使われる記号である．通常の物体の運動は光速 c に比べ小さいので $\beta \ll 1$ と考えてよい．$\beta \to 0$ の極限で相対性理論は古典力学に帰着する．相対性理論的な効果は β が 1 に近いときに現れる．

例題 3　(10.9), (10.10) を導く際，ローレンツ不変性は
$$x'^2 - c^2 t'^2 = x^2 - c^2 t^2$$
と書ける．$\mathrm{ch}\,\theta, \mathrm{sh}\,\theta$ を双曲線関数とする．すなわち $\mathrm{ch}\,\theta, \mathrm{sh}\,\theta$ は
$$\mathrm{ch}\,\theta = \frac{e^\theta + e^{-\theta}}{2}, \quad \mathrm{sh}\,\theta = \frac{e^\theta - e^{-\theta}}{2}$$
で定義される．次の
$$\begin{bmatrix} x' \\ ct' \end{bmatrix} = \begin{bmatrix} \mathrm{ch}\,\theta & -\mathrm{sh}\,\theta \\ -\mathrm{sh}\,\theta & \mathrm{ch}\,\theta \end{bmatrix} \begin{bmatrix} x \\ ct \end{bmatrix} \tag{1}$$
の変換はローレンツ不変性を満たすことを示し，この性質を利用して (10.9), (10.10) を導け．

解　$\mathrm{ch}\,\theta, \mathrm{sh}\,\theta$ の定義から
$$\mathrm{ch}^2\theta - \mathrm{sh}^2\theta = \frac{1}{4}(e^{2\theta} + 2 + e^{-2\theta}) - \frac{1}{4}(e^{2\theta} - 2 + e^{-2\theta}) = 1 \tag{2}$$
が示される．与えられた変換は
$$x' = x\,\mathrm{ch}\,\theta - ct\,\mathrm{sh}\,\theta, \quad ct' = -x\,\mathrm{sh}\,\theta + ct\,\mathrm{ch}\,\theta \tag{3}$$
と書けるが，(2) の性質を利用するとローレンツ不変性が満たされていることがわかる．ここで θ を決めるため，いまの問題で O' 系の原点 O' を O 系で見るとその座標は $(vt, 0, 0)$ と書けることに注意する．この点を O' 系で見ると $(0, 0, 0)$ であるから (3) の左式により
$$0 = vt\,\mathrm{ch}\,\theta - ct\,\mathrm{sh}\,\theta \quad \therefore \quad \mathrm{th}\,\theta = \frac{\mathrm{sh}\,\theta}{\mathrm{ch}\,\theta} = \frac{v}{c} = \beta \tag{4}$$
が得られる．(2) から
$$1 - \mathrm{th}^2\theta = \frac{1}{\mathrm{ch}^2\theta}$$
となり，これを利用すると
$$\mathrm{ch}\,\theta = \sqrt{1-\beta^2}, \quad \mathrm{sh}\,\theta = \beta\sqrt{1-\beta^2} \tag{5}$$
と表される．(5) を (3) に代入すれば (10.9), (10.10) が導かれる．

参考　逆変換　(1) の逆変換は
$$\begin{bmatrix} x \\ ct \end{bmatrix} = \begin{bmatrix} \mathrm{ch}\,\theta & \mathrm{sh}\,\theta \\ \mathrm{sh}\,\theta & \mathrm{ch}\,\theta \end{bmatrix} \begin{bmatrix} x' \\ ct' \end{bmatrix} \tag{6}$$
で与えられることがわかる (演習問題 1)．(5) を利用すると
$$x = \frac{x' + vt'}{\sqrt{1-\beta^2}}, \quad t = \frac{1}{\sqrt{1-\beta^2}}\left(t' + \frac{vx'}{c^2}\right) \tag{7}$$
となる．(10.9), (10.10), (7) は $c \to \infty$ $(\beta \to 0)$ の極限でガリレイ変換に帰着する．

10.3 ローレンツ変換の性質

ローレンツ収縮　O' 系の x' 軸に沿って長さ l' の物体があるとし, O' 系から見たこの物体の x' 座標を x'_1, x'_2 とする (図 **10.3**). O 系でこれらの座標を時刻 t で測定し x_1, x_2 を得たとすれば, (10.9) から

$$x'_2 = \frac{x_2 - vt}{\sqrt{1-\beta^2}}, \quad x'_1 = \frac{x_1 - vt}{\sqrt{1-\beta^2}}$$

となる. O 系, O' 系で見た物体の長さ l, l' はそれぞれ $l = x_2 - x_1$, $l' = x'_2 - x'_1$ であるから, 上式より

$$l = \sqrt{1-\beta^2}\, l' \tag{10.12}$$

が導かれる. すなわち, 動いている物体は運動方向に $\sqrt{1-\beta^2}$ 倍に縮んでみえる. この現象は**ローレンツ収縮**と呼ばれる.

時間の遅れ　O' 系の一定の座標 x' で t'_1 から t'_2 まで継続した現象があるとする. この現象を O 系で観測したとき t_1 から t_2 まで継続したとすれば例題 3 (p.167) の (7) の右式から

$$t_2 - t_1 = \frac{t'_2 - t'_1}{\sqrt{1-\beta^2}} \tag{10.13}$$

となる. 上式右辺の分母は 1 より小さいから, O 系での観測者は O' 系での観測者より時間間隔が長く見える. 逆にいうと, O' 系の時計は O 系に比べ遅れているように見える. これを**時間の遅れ**という. 高速で運動する素粒子の実験でこの現象が理解される (演習問題 5).

速度の y 成分　O 系, O' 系における質点の速度の y 成分を $v_y, v_{y'}$ としたとき両者の関係を求めよう. O' 系が O 系の x 軸方向に運動する場合, $y = y'$ で微小変化では $\Delta y = \Delta y'$ である. 一方 (10.13) から

$$\Delta t = \frac{\Delta t'}{\sqrt{1-\beta^2}}$$

が成り立つ. したがって

$$v_y = \frac{\Delta y}{\Delta t} = \frac{\Delta y'}{\Delta t'/\sqrt{1-\beta^2}} = \sqrt{1-\beta^2}\, v_{y'} \tag{10.14}$$

が得られる. すなわち, O 系で観測する速度の y 成分は O' 系で観測する速度の y 成分の $\sqrt{1-\beta^2}$ 倍である. 通常の力学では当然両者は等しいが相対性理論では両者の差が現れる. このような効果は相対性理論に特有なもので, 次節で示すように質量とエネルギーの等価性と関連している.

10.3 ローレンツ変換の性質

例題 4 図 10.4 のように，O′ 系の x' 軸上を速度 u' で運動する物体の速度を O 系で観測したとき，その x 成分を u とする．O′ 系の O 系に関する速度 v は時間に依存しない定数と仮定したとき，u は

$$u = \frac{u' + v}{1 + (vu'/c^2)}$$

と表されることを示せ．

解 p.167 の (7) の左式により

$$x = \frac{x' + vt'}{\sqrt{1 - \beta^2}} \tag{1}$$

が成り立つ．微小時間 Δt 中の x の増加分を Δx と書き，Δt に対応する t' の増加分を $\Delta t'$ とすれば

$$\frac{\Delta x}{\Delta t} = \frac{\Delta x}{\Delta t'}\frac{\Delta t'}{\Delta t} \tag{2}$$

である．(1) から $\Delta x/\Delta t'$ が計算され，(2) は

$$\frac{\Delta x}{\Delta t} = \frac{1}{\sqrt{1-\beta^2}}\left(\frac{\Delta x'}{\Delta t'} + v\right)\frac{\Delta t'}{\Delta t} \tag{3}$$

と表される．同様に (7) の右式の Δt 時間中の変化分を考慮すると

$$1 = \frac{1}{\sqrt{1-\beta^2}}\left(1 + \frac{v}{c^2}\frac{\Delta x'}{\Delta t'}\right)\frac{\Delta t'}{\Delta t} \tag{4}$$

となる．$\Delta t, \Delta t' \to 0$ の極限をとり，この極限で $u = \Delta x/\Delta t$, $u' = \Delta x'/\Delta t'$ に注意すると (4) は

$$\frac{\Delta t'}{\Delta t} = \frac{\sqrt{1-\beta^2}}{1 + (vu'/c^2)}$$

と書け，(3) から与式が導かれる．$v, u' \ll c$ だと $u = u' + v$ というニュートン力学の結果が得られる．また $u' = c$ とおけば $u = c$ となり光速不変の原理が導かれる．

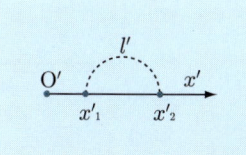

図 10.3 x' 軸上の 2 点

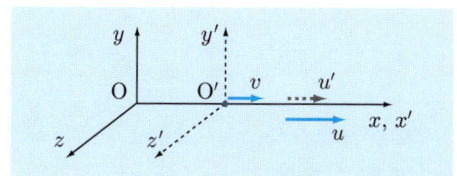

図 10.4 速度の合成

10.4 質量とエネルギー

質量　図 10.5 のように，xy 面上 $y < 0$ の領域で y 方向に運動する質量 m，速度 u の質点があるとする．質点 $y = 0$ で x 方向の外力を受け，$y > 0$ の領域に入ったとき，外力を受けずに O′ 系とともに運動したとする．y 方向に関しては O 系，O′ 系の区別はないから，質点の速度の y 成分は O′ 系でも u となる．ところが，(10.14) で述べたように，O 系で見るとこの成分は $\sqrt{1-\beta^2}\,u$ のように観測される．一方，y 方向の外力はないとしているので運動量の y 成分は O 系で見たとき保存されるはずである．$y < 0$ の領域でこの成分は mu であるから，$y > 0$ で質量が $1/\sqrt{1-\beta^2}$ 倍になったように見える．上の結果を一般化し，相対論では，静止しているときの質量 (**静止質量**) が m の質点は，速度 $\boldsymbol{v}(v_x, v_y, v_z)$ で運動しているとき，その質量は見かけ上

$$\frac{m}{\sqrt{1-\beta^2}}, \quad \beta^2 = \frac{v^2}{c^2} = \frac{v_x^2 + v_y^2 + v_z^2}{c^2} \tag{10.15}$$

となったように振る舞う．

運動量と運動方程式　(10.15) を考慮し質点の運動量を

$$\boldsymbol{p} = \frac{m}{\sqrt{1-\beta^2}}\boldsymbol{v} \tag{10.16}$$

と定義する．また，微小時間 Δt 中の $\boldsymbol{p}$ の変化分を $\Delta \boldsymbol{p}$ と表せば，質点に $\boldsymbol{F}$ の力が働くときの運動方程式は，ニュートンの運動方程式を拡張し

$$\frac{\Delta \boldsymbol{p}}{\Delta t} = \boldsymbol{F} \tag{10.17}$$

と書ける．

エネルギー　(10.17) を利用すると質点のエネルギーは

$$E = \frac{mc^2}{\sqrt{1-\beta^2}} \tag{10.18}$$

となる (演習問題 6)．静止している質点 ($v = 0$) でも

$$E_0 = mc^2 \tag{10.19}$$

のエネルギーをもつ．これを**静止エネルギー**という．E と p との間には

$$E = c\sqrt{p^2 + m^2c^2} \tag{10.20}$$

の関係が成立する (演習問題 7)．光子のときには $m = 0$ で次式が成り立つ．

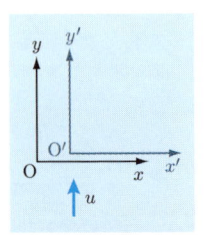

$$E = cp \tag{10.21}$$

図 10.5　y 方向に運動する質点

不思議の国のトムキンス

　日常的な物体の速さに比べると光速は圧倒的に大きいのでローレンツ収縮が観測されることはない．しかし，仮に光速が 20 km だったらどういうことになるだろう．こういう夢のような話を主題にしたのがガモフ著「不思議の国のトムキンス」という本である．著者は大学 1 年生の頃，伏見康治，山崎純平の訳でこの本を読んだ経験をもつ．光速 20 km の世界で自転車に乗った人が，平たくなって見えるイラスト (図 10.6) があったりして，なかなか楽しい著書である．

　この本の著者ガモフ (1904-1968) はアメリカの物理学者である．もともとはロシア生まれ，オデッサ出身の人で 1956 年から亡くなるまでアメリカのコロラド大学教授を務めた．原子核の α 崩壊が量子力学特有のトンネル効果によることを明らかにした 1928 年の仕事は有名である．また DNA の暗号についての考察などもある．1948 年にはビッグバンというアイディアを使い宇宙における元素の存在比を説明しようと試みた．そのような点でガモフはビッグバンの提唱者の一人であるといってよい．

　2000 年のシドニー・オリンピックで高橋尚子選手が女子マラソンで金メダルを獲得し，日本中が興奮のるつぼと化した．高橋選手の活躍の陰にはアメリカ・コロラド州ボルダーでの高地トレーニングの成果があったといわれる．コロラド州は全米で一番高い州でその平均高度は 6800 フィートである．1 フィート = 0.3 m であるから，高さを m で表すと 2000 m 位になる．コロラド大学のあるボルダーの標高は 5430 フィートとされている．

　いまでこそボルダーは有名地であるが，著者は 40 年以上前にボルダーを訪問した数少ない日本人の 1 人である．1960 年の夏に当時，立教大学教授であった会津晃先生のご夫妻と著者 3 人で，カナダのロッキー山脈やアメリカのイエローストーン国立公園にドライブ旅行をした．ボルダーの近くにロッキー山岳国立公園があるが，そこで撮った写真を図 10.7 に紹介する．旅行の途中，コロラド大学にも立ち寄ったが，大学のキャンパス内で，偶然，当時，東京教育大学教授の福田信之先生に出会った．福田先生はガモフの研究室を借用されているとかでそのオフィスを訪問したことがある．福田先生は高山病のせいで頭が痛いといわれていた．著者は現在の半分以下の 30 歳と若かったせいか，あまり高度は気にならなかった．ガモフ先生の机の上には日本語版の「不思議のトムキンス」があったような気もするが，古い話なので記憶ははっきりしない．

図 10.6　不思議の国のトムキンス (白揚社，1950) より

図 10.7　コロラド州の山と谷

演習問題 第10章

1. 地球は太陽のまわりを回っているが、それと同時に自転もしている。その自転速度を求め、マイケルソン-モーリーの実験で自転を無視してよい理由について考えよ。ただし、赤道上の点をとり、地球の円周を 4 万 km として、地球は 24 時間で自転するものとする。

2. ローレンツ変換
$$\begin{bmatrix} x' \\ ct' \end{bmatrix} = \begin{bmatrix} \text{ch}\,\theta & -\text{sh}\,\theta \\ -\text{sh}\,\theta & \text{ch}\,\theta \end{bmatrix} \begin{bmatrix} x \\ ct \end{bmatrix}$$
で現れる 2 行 2 列の行列を A とする。A の逆行列を求め (7) (p.167) を導け。

3. 時速 250 km で走る新幹線はローレンツ収縮のため、その見かけ上の長さは真の長さの何倍となるか。

4. 長さ 1 m の物体が $v = 0.99\,c$ の速さで運動している。ローレンツ収縮のための見かけ上の長さは何 m か。

5. 素粒子の一種である μ 粒子は宇宙線によって地表約 60 km のところで作られて、$0.999\,c$ という猛スピードで地表に達する。次の問に答えよ。
   (a) 地表で見た場合、地表に達するまでの所要時間 t を求めよ。
   (b) μ 粒子には寿命があり、加速器を使った実験でその寿命は $\tau' = 2.2 \times 10^{-6}$ s と測定されている。t は τ' よりはるかに大きいが、これは相対論的な効果であるとし理論と実験を比較せよ。

6. (10.17), (10.18), (10.20) (p.170) を利用して、質点に働く力のする仕事はエネルギーの増加分に等しいことを示せ。

7. 速度 v で運動する質点のエネルギー E は
$$E = \frac{mc^2}{\sqrt{1-\beta^2}}$$
で与えられるとする。E と運動量 p との間には
$$E = c\sqrt{p^2 + m^2 c^2}$$
の関係が成り立つことを示せ。

8. $v \ll c$ の場合の E の振る舞いについて論じよ。

9. ローレンツ不変性に関する次の問に答えよ。
   (a) $c^2 p^2 - E^2$ はローレンツ不変性を満たすことを示せ。
   (b) (a) の性質と静止エネルギーが mc^2 である点に注意すると演習問題 7 の結果が導かれることを確かめよ。

第11章

原子核と素粒子

　物質の究極は何かということはギリシア時代の古代から人類にとって大問題であった．物理学はこれに対する解答を与え，物質の極限要素として原子・分子の概念を提供した．原子は原子核と電子から構成され原子核はさらに陽子と中性子とから作られる．陽子，中性子，電子は物質を構成する基本的な粒子で素粒子と呼ばれる．宇宙は物質と放射とから構成されるが，放射を作り上げる光子も素粒子の一員である．本章ではこれらの素粒子について学んでいく．

本章の内容

- 11.1　陽子と中性子
- 11.2　質量欠損と結合エネルギー
- 11.3　放射性原子核
- 11.4　原子核の変換
- 11.5　核分裂と核融合
- 11.6　素粒子の性質
- 11.7　核　力
- 11.8　素粒子の分類
- 11.9　高エネルギー物理学

11.1 陽子と中性子

原子核の構造　9.3 節で学んだように，原子番号 Z の原子では Ze の正電荷をもつ原子核のまわりを Z 個の電子が回るように運動する．その結果，正負の電荷が打ち消し合い，原子全体は電気的な中性を保っている．水素原子の原子核は**陽子**で，その電荷は e であるから，原子核は原子番号に等しいだけの陽子を含むことがわかる．陽子 1 個の質量を M_p とし，もし原子核がすべて陽子から成り立つとすればその質量は ZM_p に等しくなる．しかし，実際の質量はこれより同程度だけ大きく，原子核は陽子だけでなく，ほぼ同数，同質量の電気をもたない (中性な) 粒子とから構成されることがわかる．この粒子を**中性子**という．中性子発見の歴史については 11.4 節 (p.182) で述べる．このように原子核は陽子と中性子から構成されるが，これらをまとめて**核子**という．中性子は陽子より少し重く，中性子の質量を M_n とすれば，M_p, M_n はそれぞれ

$$M_p = 1.6726 \times 10^{-27} \, \text{kg} \tag{11.1}$$

$$M_n = 1.6749 \times 10^{-27} \, \text{kg} \tag{11.2}$$

で与えられる．陽子の質量は電子の約 1840 倍である．

原子核の表記　陽子の数 (原子番号に等しい) を Z，中性子の数を N としたとき

$$Z + N = A \tag{11.3}$$

の A は原子核に含まれる核子の数を表す．この A を**質量数**という．原子核が何個の陽子と何個の中性子でできているかを表示するのに，元素記号に質量数と原子番号をつけて表す．質量数 A を元素記号の左上または右上に，原子番号を左下または右下につける．すなわち，元素記号を X として ^A_ZX と書く．$_Z$X^A, X^A_Z のように表すこともあるが，現在では A, Z をそれぞれ左上，左下に書く方式に統一されている．電子の場合には，$Z = -1, A = 0$ としてよい．例えば

水素の原子核 (陽子)：　$^1_1$H　　　ネオンの原子核：　$^{20}_{10}$Ne

酸素の原子核：　　　　$^{16}_{8}$O　　電子：　　　　　　$^{0}_{-1}$e

となる．普通，電子を e$^-$ と書く．$-$ をつけるのは正の電荷の**陽電子**と区別するためである．通常の電子を**陰電子**と呼ぶ場合もある．記号を簡単にするため，陽子を p，中性子を n と表すことがある．

例題 1 原子核は非常に小さいがほぼ球形で，その半径 r は大体 $A^{1/3}$ に比例する．原子核の大きさは α 粒子とか中性子などを原子核にあて，その散乱の様子を調べることにより測定される．詳しい実験によると，r は
$$r = r_0 A^{1/3}, \quad r_0 = 1.21 \times 10^{-15} \text{ m}$$
と表される．次の問に答えよ．
(a) 上式からどのようなことがわかるか．
(b) バリウム $^{141}_{56}\text{Ba}$ の原子核の半径を求めよ．

解 (a) 原子核の体積は
$$\frac{4\pi}{3} r^3 = \frac{4\pi}{3} r_0^3 A$$
となる．これから，原子核の密度はどの核でもほぼ一定で，核子 1 個の占める体積は半径 r_0 の球の体積に等しいことがわかる．

(b)
$$r = 1.21 \times 10^{-15} \times (141)^{1/3} \text{ m} = 6.30 \times 10^{-15} \text{ m}$$
となる．10^{-15} m を fm と書くことがある．フェムト (f = femto) は 10^{-15} を意味する接頭語である．

参考 **同位核と同重核** 原子核内の陽子の数は等しいが，中性子の数が異なっている核を**同位核**という．同位核からできている原子を**同位体**（アイソトープ）または**同位元素**という．例えば，水素 ^1_1H, 重水素 ^2_1H, 3 重水素 ^3_1H は同位体である．重水素をデューテリウム (記号 D), 3 重水素をトリチウム (記号 T) という場合もある．同位体の場合，質量数は異なるが，原子番号 Z は等しいため核外電子の配置は同一で，化学的性質も同じである．質量数 A が等しくて，原子番号 Z の異なる核を**同重核**（アイソバー）という．例えば，3 重水素核 ^3_1H, ヘリウム 3 核 ^3_2He は同重核である．原子核の種類を**核種**という．核種は A, Z で記述され現在約 2000 種類の核種の存在することが知られている．

補足 **ヘリウム 4 とヘリウム 3** ヘリウム 4 ^4_2He とヘリウム 3 ^3_2He の原子は互いに同位体の関係にある．天然のヘリウムはそのほとんどがヘリウム 4 で，そのうちの 1.3×10^{-4} % がヘリウム 3 である．ヘリウム 3 は原子炉中での反応によって作られる，いわば人工的な原子といってよい．陽子，中性子，電子は後で学ぶが，いずれも素粒子でフェルミ統計に従う．これらが偶数個集まった原子は**ボース統計**，奇数個集まった原子はフェルミ統計に従う．両者の統計を併せて**量子統計**という．ボース統計に従う粒子を**ボース粒子**あるいは**ボソン**，同様に，フェルミ統計に従う粒子を**フェルミ粒子**あるいは**フェルミオン**という．ヘリウム 4 でもヘリウム 3 でも核外電子は 2 個であるから前者の原子はボース粒子，後者はフェルミ粒子となる．ボース粒子では 1 つの量子状態をすべての粒子が占有でき，これは液体ヘリウム 4 が 2 K 付近で示す超流動現象の原因とされている．この温度領域でヘリウム 3 は超流動にならず，その原因は量子統計の違いであると考えられている．

原子質量単位 (記号 amu)　　国際単位系における質量の単位は kg であるが、原子核の質量などを表すには**原子質量単位**を使うと便利である。これは質量数 12 の炭素 $^{12}_{6}\text{C}$ の中性原子の質量を 12 原子質量単位と定めた質量を意味し、その語源は atomic mass unit の頭文字に由来する。場合によっては amu を単に u と表す。ある原子の原子量とは、天然に得られるその元素の平均的な原子の質量を原子質量単位で表したものである。モル分子数を 6.022×10^{23} ととると、1 モルの炭素 $^{12}_{6}\text{C}$ の質量は 12 g であるから、炭素原子 1 個の質量は

$$\frac{12}{6.022 \times 10^{23}} \text{ g}$$

と書ける。この 1/12 が原子質量単位であるから

$$1\,\text{amu} = \frac{1}{6.022 \times 10^{23}} \text{ g} = 1.66 \times 10^{-27} \text{ kg}$$

が得られる。より正確には次のように表される。

$$1\,\text{amu} = 1.66053887(28) \times 10^{-27} \text{ kg} \qquad (11.4)$$

この値は阿部・川村・佐々田著「物理学 [新訂版]」(サイエンス社、第 5 刷、2006) の付録から引用した。炭素には 2 つの同位体 $^{12}_{6}\text{C}$, $^{13}_{6}\text{C}$ がある。天然の炭素中、前者は 98.93 % (質量 12 amu)、後者は 1.07 % (質量 13.00335 amu) だけ含まれる。このため、天然の炭素の原子量は両者の平均をとり次のように計算される。

$$\frac{12 \times 98.93 + 13.00335 \times 1.07}{100} = 12.011$$

同位体の存在比　　天然に存在する同位体は、地球上ではほぼ一定の割合で存在している。この混ざっている割合を % で表現したものを**存在比**という。上で述べた炭素の同位体の比率は存在比の一例である。いくつかの存在比の例を表 **11.1** に挙げた。H では前ページで述べたように、水素、重水素、3 重水素という 3 種の同位体がある。$^{235}_{92}\text{U}$ は核燃料として利用できるが、天然のウラン鉱中石のほとんどの部分は核燃料として利用できずわずか 0.7 % が核燃料となる。

表 **11.1**　同位体の存在比

元素	質量数	存在比	元素	質量数	存在比
H	1	99.985	Ne	20	90.48
	2	0.015		21	0.27
	3	0.000		22	9.25
Li	6	7.59	Cl	35	75.78
	7	92.41		37	24.22
C	12	98.93	Ag	107	51.84
	13	1.07		109	48.16
O	16	99.757	U	234	0.006
	17	0.038		235	0.72
	18	0.205		238	99.27

11.1 陽子と中性子

例題 2 天然の銅の原子量は 63.55 である．天然の銅は 2 種の質量数 63 と 65 の同位体を含みそれぞれの質量は $^{63}_{29}\mathrm{Cu}$（質量 62.93 amu）と $^{65}_{29}\mathrm{Cu}$（質量 64.93 amu）で与えられる．同位体の存在比を求めよ．

解 $^{63}\mathrm{Cu}$ の存在比を $x\%$ とすれば $^{65}\mathrm{Cu}$ の存在比は $(100-x)\%$ と表される．したがって

$$62.93 \times \frac{x}{100} + 64.93 \times \frac{100-x}{100} = 63.55$$

となり，これから x は

$$x = \frac{6493 - 6355}{64.93 - 62.93} = 69$$

と計算される．すなわち，$^{63}\mathrm{Cu}$ の存在比は 69%，$^{65}\mathrm{Cu}$ の存在比は 31% である．上述のように原子核を表記するとき左下の Z を省略することがある．

例題 3 例題 1 (p.175) で $A=1, 4$ とおき陽子，ヘリウム 4 の原子核（α 粒子）の半径を求めよ．

解 $A=1$ とすれば，陽子の半径は次のように求まる．

$$r = r_0 = 1.21 \times 10^{-15} \text{ m}$$

同様に，α 粒子の半径は

$$r = 1.92 \times 10^{-15} \text{ m}$$

と計算される．

参考 **原子の大きさと原子核の大きさ** 原子や原子核は小さ過ぎて，日常生活における大きさとなかなか比較できないという点がある．そこで大きさの感覚を認識するためすべてを 2×10^{12} 倍に拡大したとする．その結果，ボーア半径は $1 \text{Å} \times 10^{12} = 100 \text{ m}$ と表される．これは大体校庭程度の大きさである．一方，例題 3 の結果を使うと陽子，α 粒子の半径はそれぞれ $2.4 \text{ mm}, 3.8 \text{ mm}$ と拡大されることがわかる．すなわち，原子の中の空間はほとんど真空で，隙間だらけの原子が集まり，物質を作っているといえるだろう．原子核に α 粒子をあてるのは，いわば校庭にある真珠の玉に同じような玉をぶつけるようなものである．物質は見ただけではぎっしり充実しているように思えるが，実際は案外すけすけの状態である．物質を圧縮し原子内の隙間をつぶして，原子核がぎっしり詰まっているような状態を実現すれば，その物質の体積は非常に小さくなる．こんな状態では，地球は直径 300 m の球になってしまうという話もある．中性子星はそのような状態の星で 1 cm^3 当たりの質量が 3 億トンという高密度の天体である．かに星雲にはパルス電波を出す星（パルサー）が存在するが，それは中性子星であるといわれている．

11.2 質量欠損と結合エネルギー

質量欠損　原子核の質量は構成核子の質量の和よりも小さい．この差を**質量欠損**という．陽子数 Z，質量数 A の原子核の質量を M，陽子および中性子が単独で存在するときの質量をそれぞれ M_p, M_n とすると，質量欠損 Δm は

$$\Delta m = ZM_p + (A-Z)M_n - M \tag{11.5}$$

と書ける．例えば，重水素の場合，水素原子の質量は $M_H = 1.00783\,\mathrm{amu}$，中性子の質量は $M_n = 1.00866\,\mathrm{amu}$，重水素原子の質量は $M_D = 2.01410\,\mathrm{amu}$ と測定されているので，質量欠損は

$$\Delta m = M_H + M_n - M_D = 0.00239\,\mathrm{amu}$$

と計算される．実際には上式を計算する際，陽子，重水素原子核の質量をとらねばならない．しかし，電子の質量は $M_H - M_D$ で打ち消し合うので，原子核の質量のかわりに原子の質量をとってもよい．

結合エネルギー　核子の間には力が働きこれを**核力**という．核力の起源については後で論じるが，原子核を核力に抗して陽子と中性子とにばらばらにするためには仕事をしなければならない．すなわち，外部からある量のエネルギーを加える必要がある (図 **11.1**)．これを原子核の**結合エネルギー**という．結合エネルギー E は質量欠損 Δm により

$$E = \Delta m \cdot c^2 \tag{11.6}$$

と表される．1 amu は元来質量を表す単位であるが，これをエネルギーに換算すると便利である．例題 4 で示すように

$$1\,\mathrm{amu} = 931.5\,\mathrm{MeV} \tag{11.7}$$

の関係が成り立つ．

比結合エネルギー　原子核の結合エネルギーを質量数で割ると，核子 1 個当たりの平均的な結合エネルギーとなる．これを**比結合エネルギー**という．図 **11.2** に比結合エネルギーと質量数との関係を示す．質量数 60 あたりで比結合エネルギーが最大値約 9 MeV に達し，それより質量数は大きくなっても小さくなっても減少していく．したがって，重い核から中くらいの核へ，あるいは軽い核から中くらいの核へ変化する反応があれば，結合エネルギーが余るのでその分だけ外部にエネルギーが放出される．前者は重い核が分裂する場合でこれを**核分裂**，後者は軽い核が融合する場合でこれを**核融合**という．

11.2 質量欠損と結合エネルギー

例題 4 1 amu はほぼ 931.5 MeV に等しいことを示せ．

解 (11.4) (p.176) により 1 amu $= 1.66054 \times 10^{-27}$ kg が成り立つ．一方，真空中の光速 c は有効数字 6 桁で $c = 2.99792 \times 10^{8}$ m·s^{-1} と書けるので次式が得られる．

$$1\,\text{amu} = 1.66054 \times 10^{-27} \times (2.99792)^2 \times 10^{16}\,\text{J}$$
$$= 1.492414 \times 10^{-10}\,\text{J} = 931.5\,\text{MeV}$$

ちなみに 1 MeV $= 1.6022 \times 10^{-13}$ J である．正確には 1 amu $= 931.491$ MeV となる．

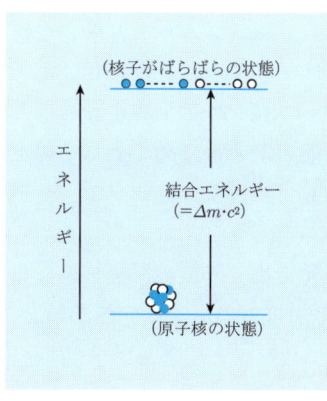

図 11.1 結合エネルギー

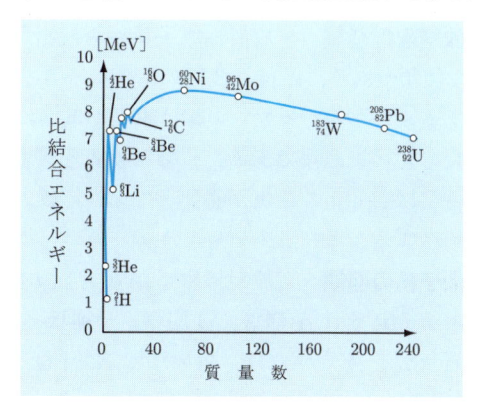

図 11.2 比結合エネルギー

― **原子の話** ―

昭和 15 (1940) 年には著者は小学校 4 年生であった．いまから考えると，この年はいろいろな意味で印象深かったといえる．この頃年号を表すのに皇紀という単位を使っていた．歴史の教科書の最初の方に神武天皇が即位したのが皇紀元年だという記述があった．仏教伝来は「おいっちにおいっちに」ということで 1212 という年号を覚えた．西暦に換算するには 660 を引けばよいが，著者の幼年時代そのような引き算が必要になることはなかった．1940 年は皇紀 2600 年ということで，国をあげてさまざまな祝賀行事が開かれた．「紀元は 2600 年，ああ 1 億の胸は鳴る」という歌は一世を風靡した感がある．後に名声を轟かすゼロ戦もこの年誕生したと伺っている．

鳩山道夫著「原子の話」という児童向けの啓蒙書が発行されたのは 1940 年のことであった．この書物には当時の最先端の知識が盛り込まれ，1938 年に発見されたウランの核分裂の記事もあった．何しろ小学校 4 年の学力では内容はさっぱりわからなかったが，角砂糖ほどの小さな物体がストーブの燃料として半永久的に使えるといったイラストはいまでも鮮明に覚えている．このようなエネルギーの利用は原子力発電によって実現された．1960 年にはほとんど 0 ％だった原子力発電は 2000 年には日本の総エネルギー量の 12.4 ％に達している．

11.3 放射性原子核

放射能 原子核にはいつまでも変わらない安定な原子核もあるが，放射線を出して自然に他の原子核に変わってしまう不安定なものもある．放射線を出すような元素を**放射性元素**，その原子核を**放射性原子核**，また放射線を出す性質を**放射能**という．天然にある元素で放射能をもつものを**自然放射性元素**，原子炉などで人工的に作られる放射性元素を**人工放射性元素**という．

放射線の種類 放射性原子核から放出される放射線には α 線，β 線，γ 線の3種類がある．α 線，β 線の本体はそれぞれヘリウム4の原子核 ${}^{4}_{2}\text{He}$，電子であることがわかった．γ 線は磁場や電場に影響されず，光や X 線よりもっと波長の短い電磁波である．γ 線は物質を貫通する能力が非常に高くそれを阻止するには数 cm の鉛板が必要となる．γ 線の振動数が非常に大きいので，その光子のエネルギー $h\nu$ も大きい．

原子核の崩壊 放射性原子が α 線，β 線，γ 線を出して他の原子核になることをそれぞれ **α 崩壊**，**β 崩壊**，**γ 崩壊**という．崩壊前の原子核の陽子数を Z，質量数を A とすれば，各崩壊で Z, A は

$$(Z, A) \to (Z-2, A-4) \quad (\alpha崩壊) \qquad (11.8)$$

$$(Z, A) \to (Z+1, A) \quad (\beta崩壊) \qquad (11.9)$$

$$(Z, A) \to (Z, A) \quad (\gamma崩壊) \qquad (11.10)$$

のように変化する．β 崩壊では，核内の中性子が陽子に変わり，そのとき電子が放出される．この場合，同時に中性で質量がほとんど0の粒子が飛び出さないとエネルギー保存則が成り立たない．この粒子を**ニュートリノ**といい，ふつう ν で表す．ニュートリノを日本語では**中性微子**という．

半減期 放射性原子核が崩壊して他の原子核になるとき，放射性原子核の数 N は時間 t の関数として変化していく．$t=0$ における N の値を N_0 とするとき，N が N_0 の半分になるまでの時間を**半減期**という．放射性原子核の場合，半減期 T ごとに個数が半分になり，t 時間の間に半分になることが t/T 回繰り返されるから，t で N は

$$N = N_0 (1/2)^{t/T} \qquad (11.11)$$

と表される．N は t の関数として図 11.3 のように変化する．T は原子核の種類により大幅に変化した値をとり，10^{-7} s 程度の非常に短いものもあれば，10^{10} 年程度の非常に長いものもある．

> **例題 5** 植物中の炭素はすべて大気中の二酸化炭素を摂取したもので，その大部分は $^{12}_{6}C$ であるが，中に少量の $^{14}_{6}C$ が含まれている．これは宇宙線によって大気中にごくわずかの $^{14}_{6}C$ が作られて，それが植物中に摂取されるためである．植物が生存している間，その中の $^{12}_{6}C$ と $^{14}_{6}C$ の比は大気中と同じであるが，生存を止めた後，$^{12}_{6}C$ の量は不変である．しかし，$^{14}_{6}C$ の量は半減期 5600 年で減少していく．大気中に $^{14}_{6}C$ が含まれている割合は昔も現在も一定であると仮定する．古い木材に含まれていた炭素中の $^{14}_{6}C$ の割合が，現代の植物中での $^{14}_{6}C$ の割合と比べて 2/3 であったとすると，この木が生存していた時期は何年前か．ただし，$\log_{10} 2 = 0.30, \log_{10} 3 = 0.48$ とする．

解 $N = (2/3)N_0$ となるので，(11.11) から

$$\frac{2}{3} = \left(\frac{1}{2}\right)^{t/5600}$$

と書け両辺の対数をとり $\log \frac{2}{3} = \frac{t}{5600} \log \frac{1}{2}$ が得られる．よって次のようになる．

$$t = 5600 \times \frac{\log 3 - \log 2}{\log 2} \text{年} = 5600 \times \frac{0.48 - 0.30}{0.30} \text{年} = 3360 \text{年}$$

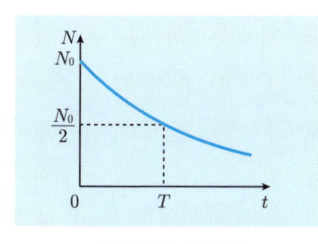

図 11.3 半減期

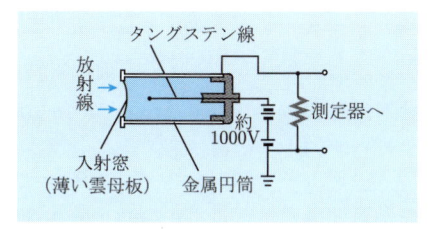

図 11.4 ガイガー-ミュラー・カウンター

参考 **放射線の検出** 放射線の検出によく使われるのはガイガー-ミュラー・カウンター (**GM 計数管**) である (図 11.4)．金属の円筒とこの中心軸に沿って張った細い導線とを両極とし，その間を高電圧に保つ．管内には低圧のアルゴンなどが封入されていて，放射線の粒子が飛び込むと，一瞬間だけ電流が流れるので，これを計数装置で測定する．それ以外，写真乾板を使ったり，霧箱，泡箱を利用したりする．

補足 **放射能の応用** 放射線は，X 線と同様，細胞を破壊したり，遺伝子を変化させるなどの作用があるので，殺菌，ガンの治療，作物の品種改良などに利用される．この他，金属材料の内部調査，また例題 5 で学んだような年代測定などに応用される．反面，放射能は人体に有害であり，安全性には十分な注意を払う必要がある．1986 年に起こった，旧ソ連のチェルノブイリの原発事故と関連し，放射能汚染という言葉は通常の日本語になった感じである．

11.4 原子核の変換

核反応　　原子核に α 線，陽子，中性子などをあてると，他の種類の原子核に変わることがあり，このような原子核の変換を**核反応**という．ここで

$$^{A_1}_{Z_1}\text{X} + {}^{A_2}_{Z_2}\text{X} \longrightarrow {}^{A_3}_{Z_3}\text{Y} + {}^{A_4}_{Z_4}\text{Y} \tag{11.12}$$

という型の核反応を考える．(11.12) を**核反応式**という．核反応で核子は新たに生成，消滅されないので，陽子数，質量数の和は保存される．よって，次式が成り立つ．

$$Z_1 + Z_2 = Z_3 + Z_4 \tag{11.13}$$

$$A_1 + A_2 = A_3 + A_4 \tag{11.14}$$

エネルギー保存則　　核反応に際して質量の一部がエネルギーに変わったりするので，相対論的な表式を使わねばならない．核反応が $A + B \rightarrow C + D$ の形をとるとして，各粒子の速さは光速より小さいとする．その結果，第 10 章の演習問題 8 (p.172) と同様，例えば原子核 A のエネルギーは $E_A + K_A$ (E_A：静止エネルギー，K_A：運動エネルギー) と表される．こうしてエネルギー保存則から

$$E_A + K_A + E_B + K_B = E_C + K_C + E_D + K_D \tag{11.15}$$

となる．上式を導くとき反応の前後で外部からエネルギーの供給はないとした．質量欠損を $\Delta m = M_A + M_B - M_C - M_D$ とし，$\Delta K = K_C + K_D - K_A - K_B$ とすれば次のように書ける．

$$\Delta K = \Delta m \cdot c^2 \tag{11.16}$$

すなわち，静止エネルギーの減少分が運動エネルギーの増加分に等しい．

運動量保存則　　核反応の前後で運動量が保存され次式が成立する．

$$M_A \boldsymbol{v}_A + M_B \boldsymbol{v}_B = M_C \boldsymbol{v}_C + M_D \boldsymbol{v}_D \tag{11.17}$$

ここで，例えば $\boldsymbol{v}_A$ は原子核 A の速度である．

中性子の発見　　中性子が発見される前，原子核は A 個の陽子と $(A-Z)$ 個の電子から構成されるという考えがあった．${}^{9}_{4}\text{Be}$ に α 粒子をあてると，非常に強い放射線が出る．1932 年，チャドウィックはこの放射線によりはね飛ばされた粒子の飛跡を調べ，この放射線は陽子と同じ質量をもつ中性の粒子 (中性子) であることを示した．いまの場合の反応式は

$$^{9}_{4}\text{Be} + {}^{4}_{2}\text{He} \longrightarrow {}^{12}_{6}\text{C} + {}^{1}_{0}\text{n} \tag{11.18}$$

と書けるが，中性子の発見以後，原子核は陽子と中性子とから構成されるという考えが広まった．

11.4 原子核の変換

例題 6 0.50×10^6 V の電圧で加速した陽子をリチウムに衝突させると，2 個の粒子が高速で飛び出す．この現象は陽子とリチウム原子核が，次式で表される核反応を起こしたものと考えられる．

$$\,^1_1\mathrm{H} + \,^7_3\mathrm{Li} \longrightarrow 2\,^A_Z\mathrm{X}$$

(a) Z, A を求め 2 個の粒子が何であるか明らかにせよ．
(b) リチウムに衝突する陽子は何 MeV のエネルギーをもっているか．
(c) 上式の右辺の質量の和は，左辺の質量の和より 0.0186 原子質量単位だけ少ない．いまの場合の ΔK は何 MeV となるか．

解 (a) 核反応で生じた原子核の陽子数，質量数を Z, A とすれば

$$2Z = 4, \quad 2A = 8 \quad \therefore \quad Z = 2, A = 4$$

となり，飛び出る原子核は $\,^4_2\mathrm{He}$，すなわち α 粒子である．

(b) 1 個の陽子を 1 V の電圧で加速したとき，陽子の得るエネルギーは 1 eV である．よって，0.50×10^6 V で加速したとき陽子のエネルギーは 0.50×10^6 eV で，1 MeV $= 10^6$ eV の関係に注意すると，上記のエネルギーは 0.50 MeV となる．

(c) 前ページと同様の記号を使うと，反応の前後で外部から加わる仕事を ΔW と書いたとき，反応後のエネルギーは反応前と比べ ΔW だけ大きいから

$$E_\mathrm{A} + K_\mathrm{A} + E_\mathrm{B} + K_\mathrm{B} + \Delta W = E_\mathrm{C} + K_\mathrm{C} + E_\mathrm{D} + K_\mathrm{D}$$

が得られる．前と同様な計算により上式は

$$\Delta K = \Delta W + \Delta m \cdot c^2$$

と書ける．題意により ΔK は次のように計算される．

$$\Delta K = (0.50 + 0.0186 \times 931.5)\,\mathrm{MeV} = 17.8\,\mathrm{MeV}$$

参考 **人工放射性原子核と陽電子の発見** 1934 年，ジョリオ・キュリー夫妻は $\,^{27}_{13}\mathrm{Al}$ に α 粒子をあてると，リンの同位体 $\,^{30}_{15}\mathrm{P}$ ができ，これが陽電子を出して $\,^{30}_{14}\mathrm{Si}$ に変わることを発見した．この過程を反応式で表すと

$$\,^{27}_{13}\mathrm{Al} + \,^4_2\mathrm{He} \rightarrow \,^{30}_{15}\mathrm{P} + \,^1_0\mathrm{n}$$

$$\,^{30}_{15}\mathrm{P} \rightarrow \,^{30}_{14}\mathrm{Si} + \mathrm{e}^+$$

と書ける．ただし，e$^+$ は電子と同じ質量をもち，電荷が e である**陽電子**を表す記号である．この場合の $\,^{30}_{15}\mathrm{P}$ の半減期は 2.5 分である．このように人工的に作られた放射性原子核を**人工放射性原子核**，また陽電子を放出する崩壊を**陽電子崩壊**という．ディラックは量子力学の基礎方程式がローレンツ不変になるよう理論を提唱したが，その結果を解釈する 1 つの方法として真空はすべて電子で満たされるとした．真空に孔ができるとこれは正の電荷をもったように振る舞う．こうして，陽電子の存在は理論的に予想されていたが，ジョリオ・キュリー夫妻の実験結果は陽電子が実際存在することを示した．

11.5 核分裂と核融合

ウラン原子核の核分裂 重い原子核が中くらいの核へ変換する場合，余った結合エネルギーが外部に放出される．1938 年，ハーンとシュトラスマンは $^{235}_{92}\text{U}$ に中性子をあてる実験を行った．その報告を受けたマイトナーとフリッシュは結果を解析し，実験結果がウラン原子核の分裂として説明できることを示した．現在，核分裂の発見は上記の 4 名の功績とされている．

連鎖反応 $^{235}_{92}\text{U}$ の核分裂の場合，いろいろな型の核反応が起こる．核分裂のとき同時に中性子が 2～3 個放出される．この中性子が他の ^{235}U の原子核に吸収されると，また核分裂が起こる．1 個の核分裂によって出る中性子の数は平均 2.5 個で 1 より大きいから，中性子はネズミ算的に増え，核分裂が連鎖的に起こるようになる (図 **11.5**)．これを核分裂の**連鎖反応**という．この反応の際，^{235}U 原子核 1 個当たり約 200 MeV の核エネルギーが放出される．

核エネルギーの利用 核子の質量は 1.67×10^{-27} kg であるから，1 kg の ^{235}U は 2.55×10^{24} 個の原子核を含み，核分裂により 1 kg の ^{235}U は約 5×10^{26} MeV の核エネルギーを出す．これは約 5×10^{26} MeV $\simeq 8 \times 10^{13}$ J $= 8 \times 10^{10}$ kJ と計算される．1 kg の石油が燃焼するとき生じる熱量はほぼ 40×10^3 kJ で，1 kg の ^{235}U は石油の約 2000 トンに相当する．核分裂に要する時間は約 10^{-6} 秒で瞬間的にエネルギーを生じ，これが原子爆弾の原理である．核分裂の人工的な制御によって核エネルギーを利用するような装置が**原子炉**である．

核融合 11.2 節で注意したように，軽い核が融合する場合にも核エネルギーが放出される．すなわち，軽い原子核が 2 個結合して，より重い安定な原子核が形成される核反応が**核融合**である．例えば，重水素核 ^2_1H が 2 個結合して

$$^2_1\text{H} \ + \ ^2_1\text{H} \ \longrightarrow \ ^3_2\text{He} \ + \ ^1_0\text{n} \quad (11.19)$$
$$(2.0141) \quad (2.0141) \quad (3.0160) \quad (1.0087)$$

という核反応が起こるときを考える．ただし，(11.19) の下でかっこ内の数字は各原子の質量を amu で表したものである．左辺，右辺の質量の和はそれぞれ 4.0282 amu, 4.0247 amu で，その差 0.0035 amu $=$ 3.3 MeV の核エネルギーが放出される．2 個の原子核が核融合を起こすには，互いに働くクーロン斥力に打ち勝つため大きな運動エネルギーが必要となる．そのためには体系を高温に保つことが要求され，これを**熱核融合反応**という．この反応を実現したのは水素爆弾だけの例である．

例題 7 ^{235}U の核分裂の一例として

$$^{235}_{92}\text{U} + ^{1}_{0}\text{n} \longrightarrow {}^{141}_{56}\text{Ba} + {}^{92}_{36}\text{Kr} + 3{}^{1}_{0}\text{n}$$

を考える．1 個の ^{235}U 原子核が上式により核分裂したとき，放出されるエネルギーは何 MeV か．ただし，各原子の質量は $^{235}_{92}\text{U} = 235.0439\,\text{u}$, $^{141}_{56}\text{Ba} = 140.9139\,\text{u}$, $^{92}_{36}\text{Kr} = 91.8973\,\text{u}$, $^{1}_{0}\text{n} = 1.0087\,\text{u}$ とする．u は amu の略で (11.7) (p.178) により $1\,\text{u} = 931.5\,\text{MeV}$ が成り立つ．

解 反応式の左辺の質量の和は $236.0526\,\text{u}$，右辺の質量の和は $235.8373\,\text{u}$ である．この差をとり，エネルギーに変わった質量は $0.2153\,\text{u}$ で，MeV に換算すると，$200.6\,\text{MeV}$ と計算される．本来ならこのような計算を行うとき，各原子核の質量をとらねばならない．しかし，電子の質量は左辺，右辺で打ち消し合うので，各原子の質量を考えれば十分である．

[補足] 臨界量 原子核は原子に比べ非常に小さいから，ある程度以上の量がないと，中性子は核にぶつからない．よって，核分裂性物質が少なすぎると，分裂によって生じた中性子が次の原子核に吸収される確率が小さく，塊の外に出てしまう (図 **11.6**)．連鎖反応を持続させるには，塊の大きさがある程度以上でなければならない．この必要最小限の量を**臨界量**という．

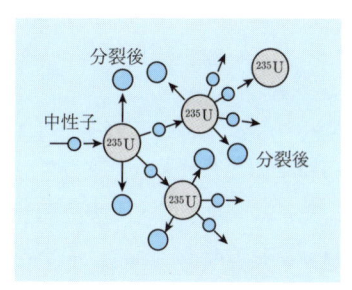

図 **11.5** 連鎖反応

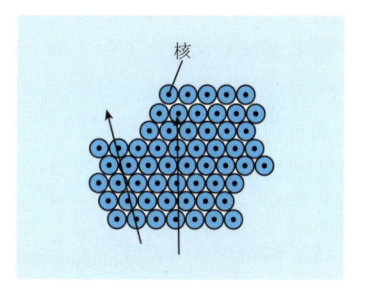

図 **11.6** 臨界量

[参考] 濃縮ウラン p.176 で述べたように，天然のウランのほとんどが ^{238}U で ^{235}U は 0.7％に過ぎない．そこで，人工的に ^{235}U の割合を増加させ，核燃料などとして利用する．これを**濃縮ウラン**という．

[補足] プルサーマル プルトニウム酸化物 (PuO_2) とウラン酸化物 (UO_2) と混ぜた核燃料を MOX 燃料 (モックス燃料) といい，MOX とは Mixed Oxide の意味である．MOX 燃料を熱中性子炉で利用するという計画があり，これを**プルサーマル**という．この用語は和製英語で plutonium thermal use に由来する．

11.6 素粒子の性質

素粒子　電子はいまのところそれ以上は細かく分けられないと考えられている．このようにそれ以上細かくは分けられない粒子を**素粒子**という．素粒子を特徴づける物理量として質量，電荷，スピン，寿命がある．以下これらを順次説明していく．素粒子の質量を kg 単位で表してもよいが，通常は質量を静止エネルギーに換算し素粒子の質量の単位として MeV を使う．例えば電子，陽子の質量はそれぞれ 0.51 MeV, 938 MeV となる．電子が 2 個で約 1 MeV であることは覚えやすい関係であろう．電荷は 0 か $\pm$(整数)e のどれかの値をとる．

スピンと量子統計　素粒子を記述するのは自転に相当する**スピン角運動量**(あるいは単に**スピン**)で，これを通常 S の記号で表す．S の x, y, z 成分を S_x, S_y, S_z と書くと，S_z の固有値は $\hbar$ の単位で次のように書ける．

$$-S, -S+1, -S+2, \cdots, S-1, S \tag{11.20}$$

その個数は $(2S+1)$ である．S が 0 あるいは正の整数の場合，粒子は p.175 で述べたボース粒子(ボソン)であり，また S が 1/2, 3/2, $\cdots$ などの半奇数のとき，粒子はフェルミ粒子(フェルミオン)である．このようにスピンは量子統計との間に密接な関係をもつ．陽子，中性子，電子，ニュートリノなどの S はいずれも 1/2 で，これらはすべてフェルミオンである．

粒子と反粒子　電子と陽電子のような関係を，一般に粒子と**反粒子**と呼ぶ．反粒子とは，質量が同じで逆符号の電荷をもつ粒子のことである．素粒子論によると，すべての粒子には反粒子が存在する．光子は素粒子で γ という記号で表す．光子は電荷をもたず，光子の反粒子は自分自身である．また，陽子の反粒子は反陽子である．中性子，ニュートリノは中性であるが，その反粒子が存在する．これらを $\bar{n}, \bar{\nu}$ という記号で表す．

素粒子の寿命　素粒子は不変なものではなく，多くの素粒子は有限な**寿命**をもち別の粒子群に変わる．この現象を**素粒子の崩壊**という．また，他の粒子と反応して他の新しい粒子を生成する．これを**素粒子反応**という．このような崩壊では反応の際，エネルギー保存則，運動量保存則，電荷保存則が成り立つ．

対生成と対消滅　2 個の γ 線光子が衝突し，その波長が十分短いと電子と陽電子の対が発生することが知られている (例題 8)．この現象を**対生成**という．また，その逆過程，すなわち電子と陽電子の対が消滅し (2 個以上の) γ 線光子となる**対消滅**も起こる．

11.6 素粒子の性質

例題 8 (a) 電子の静止エネルギーは何 MeV か．
(b) 対生成される電子と陽電子が静止しているとする．1 個の γ 線光子ではこのような過程は起こせないことを示せ．
(c) 2 個の γ 線光子が正面衝突し，対生成を起こすとする（図 11.7）．このときの γ 線の波長を求めよ．

解 (a) 電子の質量は 0.000549 amu，1 amu = 931.5 MeV [(11.7), p.178] を利用すると，電子の静止エネルギーは 0.511 MeV と計算される．

(b) 対生成される電子と陽電子が静止していればその全運動量は 0 である．1 個の光子が対生成を起こすとすれば，$p = E/c$ により $p = 0, E = 0$ で光子の ν は 0 となってしまう．このため最低 2 個の光子が対生成を起こすと考える必要がある．

(c) 2 個の光子では図 11.7 のような正面衝突となる．この場合の反応式は

$$\gamma + \gamma \longrightarrow e^- + e^+$$

と書ける．電子，陽電子の質量を m とすれば，エネルギー保存則から

$$2h\nu = 2mc^2$$

が成り立つ．γ 線の波長 λ は $\lambda = c/\nu$ と書け，これらの関係から λ は

$$\begin{aligned}\lambda &= \frac{h}{mc} \\ &= \frac{6.63 \times 10^{-34}\,\text{J}\cdot\text{s}}{9.11 \times 10^{-31}\,\text{kg} \times 3.00 \times 10^8\,\text{m}\cdot\text{s}^{-1}} \\ &= 2.43 \times 10^{-12}\,\text{m}\end{aligned}$$

と計算される．2 個の光子が正面衝突するとき，対生成を起こすための波長はこれより短いことが必要である．

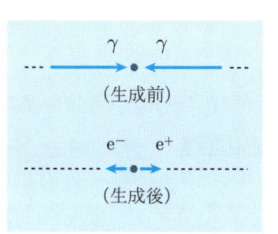

図 11.7 対生成

[補足] コンプトン波長 上の例題中の h/mc を**コンプトン波長**という．電子が光速で運動するときその運動量 p は $p = mc$ で与えられるが，コンプトン波長はその運動量に対応するド・ブロイ波の波長である．

[参考] 一般の対生成と対消滅 電子，陽電子の場合に限らず，一般に，素粒子反応において粒子と反粒子が生じる現象を対生成，その逆反応を対消滅という．

[補足] 陽電子消滅の応用 陽電子を固体にあて固体中の電子と対消滅させて，そのとき発生する γ 線を調べると，固体内電子の情報を得ることができる．金属の場合，電子の詰まっている部分と空になっている部分との境界を**フェルミ面**というが陽電子消滅はフェルミ面の研究に有効に利用される．また，コンピュータと併用すると人体の断層写真を撮ることができ，陽電子消滅はガンの発見などに使われる．

11.7 核　力

基本的な相互作用　2つまたはそれ以上の物体は互いに**相互作用**を及ぼし合う．この相互作用は直観的に力という概念で記述されるが，分子，原子，素粒子などの粒子間の場合には相互作用という用語が使われる．自然界には基本的に4種の相互作用があるが，表 11.2 にこれを示す．

弱い相互作用　表 11.2 のうち，弱い相互作用は，原子核の β 崩壊をもたらすものである．11.3 節 (p.180) で学んだように，β 崩壊では原子核の陽子数は1だけ増え，同時に電子とニュートリノが放出される．その過程は原子核の内部で中性子 n が陽子 p，電子 e^-，反ニュートリノ $\bar{\nu}$ に変わると記述され

$$n \longrightarrow p + e^- + \bar{\nu} \tag{11.21}$$

と書ける．β 崩壊で電子と同時に放出されるニュートリノは反ニュートリノであると定義される．上式は n が不安定であることを意味し，その寿命は 887 s である．(11.21) の反応をもたらす相互作用はフェルミが 1934 年に導入したのでこれを**フェルミ相互作用**という．フェルミ相互作用では (11.21) の逆変換が起こり

$$p \longrightarrow n + e^+ + \nu \tag{11.22}$$

の陽電子崩壊が可能である．弱い相互作用とはフェルミ相互作用のことである．

湯川理論　1934 年，湯川秀樹は，**核力**はある種の粒子が存在するため起こるとし，その質量を推定して電子の 200 倍程度となることを示した (例題 9)．この質量は電子と核子の中間なので，核力をもたらす粒子は**中間子**と呼ばれた．

核力と π 中間子　現代物理学の考え方では，粒子間に力が働くとき，その力を媒介する何らの素粒子が存在する．例えば，電子と電子の間のクーロン力では光子が力の媒介となり，1つの電子が光子を放出し，それを他の電子が吸収するという光子の交換によってクーロン力が生じる．核子間の核力の場合，力の媒介となるのは π **中間子**である．π 中間子には電荷 e をもつ π^+，その反粒子である π^- と電荷をもたない π^0 の 3 種類があって，これらが核子の間でやりとりされることによって，核力が生じる．例えば，p が π^+ を出して n となり，この π^+ を n が吸収し p となる．また，n は π^- を出して p となり，p はこの π^- を吸収して n となる．すなわち

$$p \rightleftarrows n + \pi^+, \quad n \rightleftarrows p + \pi^-$$

の変換によって，陽子，中性子間に核力が働く [図 **11.8(a)**]．同様に，同図 (b)，(c) のように，π^0 の交換によって p, p 間または n, n 間の核力が生じる．

11.7 核 力

表 11.2 基本的な相互作用

相互作用	強さ	力の作用範囲
重力 (万有引力) 相互作用	$\approx 10^{-29}$	無限大 ($1/r^2$ 法則)
弱い相互作用	$\approx 10^{-10}$	短い （$\sim 10^{-15}$ m）
電磁相互作用	$\approx 10^{-2}$	無限大 ($1/r^2$ 法則)
強い相互作用	1	短い （$\sim 10^{-15}$ m）

例題 9 相対論的なクライン-ゴルドン方程式と呼ばれる方程式を解くと質量 m の粒子が及ぼす力の範囲 l は

$$l = \frac{\hbar}{mc}$$

と評価される．核力の到達距離が 2×10^{-15} m と仮定して，核力を伝える粒子の質量を計算せよ．

解 上式から m を概算すると次のようになる．

$$m = \frac{\hbar}{lc} = \frac{1 \times 10^{-34} \, \text{J} \cdot \text{s}}{2 \times 10^{-15} \, \text{m} \times 3 \times 10^8 \, \text{m} \cdot \text{s}^{-1}} = 1.7 \times 10^{-28} \, \text{kg}$$

この質量は電子の質量 $= 9.11 \times 10^{-31}$ kg の 187 倍である．

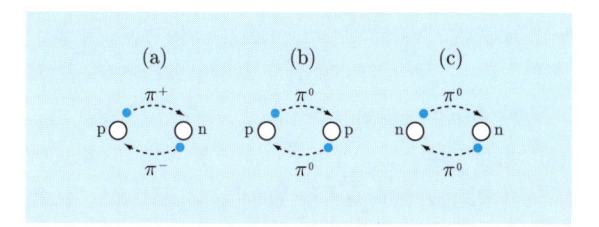

図 11.8 核力と π 中間子

=== **自然界における 4 つの力** ===

万有引力，電磁相互作用などは日常的に経験される．物体に働く重力は地球とその物体間の万有引力によるし，電流と磁場との間の力はモーターの原理として日常生活に欠くべからざるものである．左ページで注意したように，分子，原子，素粒子などの粒子間の場合には力の代わりに相互作用という用語が使われる．自然界における基本的な相互作用は表 11.2 に示すように 4 種類存在する．このうちもっとも強い相互作用は核力でこのときの値を 1 としたときの相対的な強さが表に示されている．例えば p.123 の例題 1 で学んだように，水素原子の場合，陽子，電子間に働く万有引力は，両者間のクーロン力に比べ桁違いに小さい．これは表 11.2 の結果と一致する．

11.8 素粒子の分類

素粒子の大別 素粒子はレプトン，ゲージボソン，ハドロンの3種に大別することができる．このうち前者の2種は文字通りの素粒子でそれ以上分割できないと考えられている．これに対し，ハドロンは内部構造をもち，**クォーク**という基本粒子が複数個集まったものとされる．

レプトン 電子の仲間を総称して**レプトン**と呼び，これには電子，μ 粒子，τ 粒子，ニュートリノが含まれる．レプトンはギリシア語で軽いという意味をもつ．μ 粒子は 105.7 MeV の質量で陽子より軽いが，τ 粒子は 1777 MeV で陽子の2倍程度重い．この粒子はレプトンに属するが，特に軽いというわけではないので注意が必要である．τ 粒子は自然現象の中で見つかったものではなく，1975年加速器実験により発見された．μ 粒子は発見当時湯川の中間子と混同され μ 中間子と呼ばれたが，その後レプトンに分類するのが適当であると判明した．ニュートリノは電子型，μ 型，τ 型の3種類に分類され，それぞれ ν_e, ν_μ, ν_τ と表される．電子型ニュートリノは基本的に電子だけと反応し，その以外の粒子とは反応しない．同様に，μ 型は μ 粒子，τ 型は τ 粒子だけと反応する．レプトンはすべてスピン 1/2 のフェルミオンである．

ゲージボソン 電磁場や波動関数の適当な変換により物理理論が不変に保たれる性質を**ゲージ不変性**という．ゲージ不変性は相対性理論がローレンツ不変性をもつことと似ている．ゲージ不変性を実現するにはゲージ場が必要となるがゲージ場に伴う粒子を**ゲージボソン**という．ゲージボソンはスピン 1 をもつボソンで，各種の相互作用の媒介となる．ゲージボソンとして γ (光子)，g (グルーオン)，正あるいは負の電荷をもつ W ボソン W^+, W^- と電荷をもたない Z ボソン Z^0 がある．3つとも質量は大きく，陽子の100倍程度で，弱い相互作用の仲立ちをするので**ウィークボソン**と呼ばれる．グルーオンはクォークを結び付ける「にかわ」の役割を果たす素粒子で強い相互作用と関係がある．なお，W^- は W^+ の反粒子である．

ハドロン 強い相互作用をする素粒子を**ハドロン**，そのうちのボソンを**メソン** (中間子)，フェルミオンを**バリオン**という．これまで話題となった π^+, π^0, π^- などはメソンの例である．また，バリオンは核子およびそれより重い素粒子で**重粒子**とも呼ばれる．陽子，中性子，Λ 粒子，Σ 粒子，Δ 粒子，Ξ 粒子などがバリオンに属する．用語の語源について述べておくと，ハドロン，バリオンの語源はギリシア語で前者は太い，後者は重いという意味である．

11.8 素粒子の分類

参考　クォーク　ハドロンは内部構造をもち，**クォーク**という基本粒子が複数個集まったものとされる．この基本粒子はゲルマンおよび他の人達によって導入されたものである．ハドロンのうち，メソンはボソン，バリオンはフェルミオンである．一般に，偶数個のフェルミオンの複合粒子はボソン，奇数個のフェルミオンの複合粒子はフェルミオンとなる．クォークをスピン $\hbar/2$ のフェルミオンと考えるのでメソン，バリオンはそれぞれ 2 個，3 個のクォーク (または反クォーク) の複合粒子となる．素粒子の分類に世代という概念があり，いまのところこの世代は 3 代にわたると考えられている．各世代に属するレプトン，クォークの電荷とその記号を表 11.3 に示す．素粒子を英字で表すときイタリック記号ではなくローマン記号を用いる．

クォークは，$2e/3, -e/3$ という半端な電荷をもつが，u はアップ (up)，c はチャーム (charm)，t はトップ (top)，d はダウン (down)，s はストレンジ (strange)，b はボトム (bottom) の略である．メソンはクォークと反クォークの複合粒子で例えば π^+ は u$\bar{\text{d}}$ と表される．その電荷は $2e/3 + e/3 = e$ と計算される．同様に，図 11.9 に示されるように p, n はそれぞれ uud, udd と表される．これらの電荷はそれぞれ $e, 0$ となる．

表 11.3　世代とレプトン，クォーク

	電荷	第 1 世代	第 2 世代	第 3 世代
レプトン	0	ν_e	ν_μ	ν_τ
	$-e$	e	μ	τ
クォーク	$\frac{2}{3}e$	u	c	t
	$-\frac{1}{3}e$	d	s	b

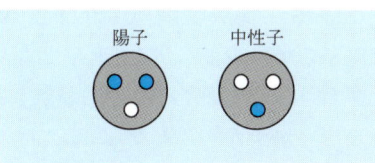

図 11.9　格子のクォーク構成
●:u クォーク　　○:d クォーク
陽子の構成は uud，中性子の構成は udd

11.9 高エネルギー物理学

高エネルギー　素粒子は 10^{-15} m という微小なもので，これを光で見ようとすれば，その光の波長はこれと同程度で光子のエネルギーは 10^3 MeV に達する (演習問題 7)．このように，素粒子を調べるには高エネルギーの粒子が必要となるので，それと関連した物理学を**高エネルギー物理学**という．これは素粒子物理学と同義語であると考えてもよい．1930 年頃までは，自然放射性元素からの α 線や宇宙線を用いて高エネルギー物理学の研究が行われた．1930 年代から 1940 年代にかけて荷電粒子を高速に加速する装置，すなわち**加速器**が開発された．1960 年代になると，加速器のエネルギーは 10^{10} eV 以上となり，続々と新しい素粒子が発見された．

エネルギーの単位　核エネルギーを表す適切な単位は

$$1 \text{ メガ電子ボルト}: 1\,\text{MeV} = 10^6 \text{ eV} = 1.60 \times 10^{-13} \text{ J}$$

である．高エネルギー物理学はこれよりはるかに高いエネルギー領域を扱うので

$$1 \text{ ギガ電子ボルト}: 1\,\text{GeV} = 10^9 \text{ eV} = 1.60 \times 10^{-10} \text{ J}$$

$$1 \text{ テラ電子ボルト}: 1\,\text{TeV} = 10^{12} \text{ eV} = 1.60 \times 10^{-7} \text{ J}$$

などの単位を用いる．一昔前ギガ電子ボルトをビリオン電子ボルト (BeV) といった．国により 10^9 または 10^{12} をビリオンといい混乱が起こるため，1948 年以降 10^9 eV を統一的にギガ電子ボルトと呼ぶことにした．

テバトロン　世界最大級の加速器はアメリカのフェルミ国立加速器研究所のテバトロン (図 11.10) である．この加速器では 4.4 T の磁場中，半径 1 km の加速管の中で陽子と反陽子のエネルギーが 1.0 TeV になるまで加速される．そのため，テバトロンと命名された．図 11.10 からわかるように，この種の加速装置では競技場のような広い場所が必要となり，高エネルギー物理学は一名巨大科学とも呼ばれる．

図 **11.10**　テバトロン (フェルミ国立加速器研究所提供)

11.9 高エネルギー物理学

高エネルギー物理学の国際協力

物理学は真理の探求を目指しているから，日本だ，アメリカだ，中国だという国籍が問題になることはない．という意味では，物理は元来国際的で，現代的ないい方をすればグローバルな学問である．かつてヒトラー時代にドイツ物理 (deutshe Physik) という概念が生み出され，折からのユダヤ排斥の風潮と相成ってアイシュタイン攻撃が行われたことがある．もちろん，このような物理の方向は間違っている．著者が 1959 年に渡米した際，物理に関する限りあまり不自由さを覚えた経験はない．物理の専門用語を知っていれば，数式は万国共通で言葉の不十分な分は数式で補うことができた．こういう点で物理は音楽やスポーツに似ているかもしれない．極端ないい方をすれば，地球外知的生物でも物理の知識さえあれば物理の法則は互いに理解しあえると思われる．なぜなら，物理法則は宇宙全体にわたって成り立つと信じられているからである．

高エネルギー物理学ではエネルギーの高い粒子の実現が要求される．それには粒子をなるべく速いスピードでぐるぐる回せばよい．著者が子供の頃，盆を収納する入れ物があり，その蓋の周囲は高さ 3 cm ぐらいの壁になっていた．この縁に沿ってビー玉を動かし蓋をビー玉の運動に同調させるとビー玉は加速され猛スピードに達する．左ページに示したテバトロンも同じで，粒子を回すのに磁場を使い，粒子の運動と同調させるのに電場を利用するのがこの装置の原理である．一昔前，4 年たつと回転半径が倍になる，そのうち粒子を地球のまわりを回す必要があると冗談のようにいわれた．

地球のまわりは極端としても，高エネルギー物理学の実験にはテバトロンのような広い土地を必要とし，予算，人員など一国では支給しきれない事態が生じる．そこで，費用などをいくつかの国で出し合う方式が試みられた．このような例はセルン (CERN) で実現され，ヨーロッパ諸国の共同出資による高エネルギー物理学の研究機関として活躍している．CERN は Conseil Européen pour la Recherche Nucléaire の略で中央研究所はジュネーブの近郊に作られ，1954 年設立時のメンバー国は，スイス，ドイツ，ベルギー，オランダ，デンマーク，ノルウェー，スウェーデン，フランス，イタリア，ギリシア，イギリスであったが，その後，オーストリア，スペイン，ポルトガル，フィンランド，ポーランド，ハンガリー，スロバキア，チェコ，ブルガリアなどが加盟し 2004 年現在 20 カ国により運営，利用されている．日本もインド，イスラエル，ロシア，米国とともにオブザーバー国になっている．著者の専門分野は物性物理学なので CERN と縁はないが，日本人でも素粒子関係の研究者はここを訪問する機会があったと思う．現在までに CERN を利用したのは 6500 名で 80 カ国，500 大学に上るという話である．

著者は 1961 年から 1966 年まで物性研究所に所属した．形式上，物性研は東京大学の付属研究所であるが事実上，共同利用研究所で全国の物性研究者がその設備を利用していた．CERN はいわば国際的な共同利用研究所であり，これからの物理研究の在り方を示唆している．物理学は本来コスモポリタン的で，国家や人種の違いを乗り越え共通の目的のために邁進するという性格をもつ．そこには戦争といった概念の入り込む余地はない．物理に限らず世の中すべてのことがコスモポリタン的になる日が来ることを期待したい．

演習問題
第11章

1. $^4_2$He の原子の質量は 4.00260 amu である．amu 単位で陽子，中性子，電子の質量は陽子 = 1.00727，中性子 = 1.00867，電子 = 0.00055 とする．質量欠損を amu の単位で求めよ．また，結合エネルギーは何 MeV か．

2. $^{235}_{92}$U の原子核は α 崩壊や β 崩壊を何回も起こし最終的に原子番号 82 の安定な鉛となる．次の問に答えよ．
   (a) ウランが鉛になったとき質量数は 206, 207, 208 のうちどれか．
   (b) ウランが鉛になるまでに α 崩壊，β 崩壊を何回行ったか．

3. 静止している 1 個の $^{235}_{92}$U の原子核が，おそい中性子 1 個を吸収し質量数 A_1, A_2 の 2 個に核に分裂し中性子 2 個を放出した．分裂核のそれぞれの速さと運動エネルギーを v_1, v_2, E_1, E_2 として，次の問に答えよ．ただし，中性子の運動は考えなくてもよい．
   (a) E_1 はどのように書けるか．
   (b) v_1 と v_2 の比 v_1/v_2 はどのように表されるか．A_2 だけを用いて表せ．
   (c) E_1 と E_2 を知って A_1 を求める式を導け．

4. 太陽は毎秒 4.0×10^{26} J のエネルギーを出して輝いている．そのエネルギー源は核エネルギーで，4 個の陽子が 1 個のヘリウム原子核と 2 個の陽電子になる反応が起こっている．この反応で質量が約 0.7％減少するとして，次の問に答えよ．
   (a) この場合の核反応式を示せ．
   (b) 太陽の質量は 2.0×10^{30} kg である．これが全部水素でできていて，その全部が上記の反応をしたとすれば何 J のエネルギーを出すか．
   (c) 太陽が現在と同じエネルギーを放出し将来も輝くと仮定したとき，太陽は何年輝き続けることができるか．

5. ウラン ^{235}U 1 個が核分裂すると 200 MeV のエネルギーが放出される．毎秒 1×10^{-7} kg のウラン 235 が消費される原子炉で，核エネルギーの 20％が電気エネルギーに変換されるとする．この原子力発電で得られる電力は何 kW か．

6. π^+ は 2.60×10^{-8} s の寿命で $\pi^+ \to \mu^+ + \nu_\mu$ と変換する．π^- の変換はどのように表されると期待されるか．

7. 波長 10^{-15} m の光に付随する光子のエネルギーが何 MeV に相当するかについて計算せよ．

8. テバトロンで陽子を 1 TeV に加速したとき，そのエネルギーは静止エネルギーの何倍となるか．

演習問題略解

第1章

1 $1\,\mathrm{cm} = 10^{-2}\,\mathrm{m}$ であるから $1\,\mathrm{cm}^3 = 10^{-6}\,\mathrm{m}^3$ となる．したがって，密度の CGS 単位系と MKS 単位系との関係は次のように表される．
$$1\,\frac{\mathrm{g}}{\mathrm{cm}^3} = 1 \times \frac{10^{-3}\,\mathrm{kg}}{10^{-6}\,\mathrm{m}^3} = 10^3\,\frac{\mathrm{kg}}{\mathrm{m}^3}$$

2 音速は $340\,\mathrm{m \cdot s^{-1}}$ であるから，音は1時間の間に $340 \times 3600\,\mathrm{m} = 1124000\,\mathrm{m} = 1124\,\mathrm{km}$ だけ進む．よって，1マッハ $= 1124\,\mathrm{km \cdot h^{-1}}$ という関係が成り立つ．

3 時速 $250\,\mathrm{km}$ の新幹線は $1\,\mathrm{s}$ の間に
$$\frac{250 \times 1000}{3600}\,\mathrm{m} = 69.4\,\mathrm{m}$$
だけ進む．①〜④のうちこの数値に近いのは③で，よって正解は③である．

4 電子回路を半導体素子で構成するというアイディアは20世紀の中頃から発展し，同一シリコンの基板上にトランジスター・ダイオード・抵抗などを配置する集積回路が開発された．このような半導体分野で発展したきた微細加工技術は nm という領域に達し，そのためこの技術をナノテクノロジーと呼んでいる．ナノテクはパソコン，携帯電話などの基礎技術としてその応用は今後とも広がっていくであろう．

5 アメリカでは古来からヤード・ポンド法が定着し，長さ，質量，時間のうち，時間の単位は s であるが，長さはヤード (yd)，質量はポンド (lb) を基礎としている．これらは，日常生活に深く住み着き，いまさら単位系を国際単位系に修正するのは不可能なように見える．例えば，アメリカン・フットボールでは攻撃を続けるためには4回の試技で10ヤード進むことが要求され，ヤード → メートルにしたら大混乱が起こるに違いない．km に相当するのはマイル (mi あるいは mil) で
$$1\,\mathrm{mi} = 1760\,\mathrm{yd} = 1.6093\,\mathrm{km}$$
である．このため，このため時速40マイルは時速約 $64\,\mathrm{km}$ と換算される．アメリカでは自動車のスピードメーターは昔 mph (miles per hour) だけで表示されていたが，最近では $\mathrm{km \cdot h^{-1}}$ と mph とが併記されている（上図）．

6 (a) 1ガロンはアメリカでは $3.785\,\ell$ に等しい．よって，ガロン当たり20マイル走る自動車は $3.785\,\ell$ 当たり $32\,\mathrm{km}$ 走行する．これを $1\,\ell$ 当たりに換算すると $8.45\,\mathrm{km}$ となる．最近の自動車の燃費は $1\,\ell$ 当たり $25\,\mathrm{km}$ 前後に達し昔と比べ格段に進歩している．原因の1つはもちろんエンジンの性能がよくなったことであるがそれと同時に，自動車を走らすエネルギー元としてガソリンだけでなく電力も併用するいわゆるハイブリッドのタイプが普及したことも一因となっている．

(b) 1 ポンド $= 453.6$ g と表される．よって，プロボクシングのフライ級のリミット 108 ポンドから 112 ポンドは

$$0.4536 \times 108\,\mathrm{kg} = 48.99\,\mathrm{kg}$$

から

$$0.4536 \times 112\,\mathrm{kg} = 50.80\,\mathrm{kg}$$

の範囲に相当する．

7 貫と kg との間には $12\,\text{貫} = 45\,\mathrm{kg}$ という関係が成り立つ．このため 40 貫の力士は

$$40 \times \frac{45}{12}\,\mathrm{kg} = 150\,\mathrm{kg}$$

に等しい．

8 1 間は

$$1\,\text{間} = 6\,\text{尺} = 6 \times \frac{10}{33}\,\mathrm{m} = 1.818\,\mathrm{m}$$

と表される．よって

$$1\,\text{坪} = 36 \times \frac{100}{1089}\,\mathrm{m}^2 = 3.306\,\mathrm{m}^2$$

と書ける．このため，6 畳の部屋の面積は 3 坪に相当しこれは

$$3.306\,\mathrm{m}^2 \times 3 = 9.918\,\mathrm{m}^2$$

となる．1 坪 $\simeq (10/3)\,\mathrm{m}^2$ であるから坪を m^2 に変換するには坪の値を 10 倍し 3 で割ればよい．

9 ランチメニューのエネルギーを J で表現すると

$$600 \times 4.19 \times 10^3\,\mathrm{J} = 2.514 \times 10^6\,\mathrm{J}$$

となる．$10^6\,\mathrm{J} = 1\,\mathrm{MJ}$ であるから，このランチのエネルギーは

$$2.514\,\mathrm{MJ}$$

と表される．カロリーはよく知られた単位であるが，これがエネルギーと等価であることは案外知られていないかもしれない．エネルギーの国際的な単位は J であるから，ランチのエネルギーを MJ で表現するのは至極当然である．実際，国際単位系の先進国ドイツでは食品のエネルギー表示として MJ を使っているという話である．

第 2 章

1 人の平均の速さは 7 m を 5 s で割り $1.4\,\mathrm{m \cdot s^{-1}}$ となる．これを時速に換算すると 3600 倍し

$$3600 \times 1.4\,\mathrm{m \cdot h^{-1}} = 5.04\,\mathrm{km \cdot h^{-1}}$$

に等しい．

2 (a) 等加速度運動では $v = \alpha t + v_0$ と書け，$v_0 = 15\,\mathrm{m \cdot s^{-1}}$，$t = 3\,\mathrm{s}$，$v = 0$ とおき，$\alpha = -5\,\mathrm{m \cdot s^{-2}}$ が得られる．

(b) $x = \frac{1}{2}\alpha t^2 + v_0 t = \frac{1}{2}(-5) \times 3^2\,\mathrm{m} + 15 \times 3\,\mathrm{m} = 22.5\,\mathrm{m}$

と計算され，$22.5\,\mathrm{m}$ と求まる．

3 e^z の z 依存性を考える．z を Δz だけ増加させたとき
$$e^{z+\Delta z} = e^z e^{\Delta z} = e^z \left\{ 1 + \Delta z + \frac{1}{2}(\Delta z)^2 + \cdots \right\}$$
が成り立ち，これから
$$\lim_{\Delta z \to 0} \frac{\Delta(e^z)}{\Delta z} = e^z$$
が得られる．したがって，$z = \alpha t$ とおき
$$v = \lim_{\Delta t \to 0} \frac{\Delta x}{\Delta t} = \lim_{\Delta z \to 0} \frac{\Delta x}{\Delta z} \lim_{\Delta t \to 0} \frac{\Delta z}{\Delta t} = \alpha x_0 e^{\alpha t}$$
となり，同様に
$$a = \lim_{\Delta t \to 0} \frac{\Delta v}{\Delta t} = \lim_{\Delta z \to 0} \frac{\Delta v}{\Delta z} \lim_{\Delta t \to 0} \frac{\Delta z}{\Delta t} = \alpha^2 x_0 e^{\alpha t}$$
が導かれる．

4 時速 30 km の自動車は 1 分間当たり 0.5 km = 500 m 進む．したがって，t 分では 500t m だけ進み，③が正解となる．

5 $\boldsymbol{A} = (-1, 2, -3)$ に対し $4\boldsymbol{A}$ は
$$4\boldsymbol{A} = (-4, 8, -12)$$
と表される．

6 $2\boldsymbol{A} = (2, 4, 6), 3\boldsymbol{B} = (-12, 9, 3)$ であるから
$$2\boldsymbol{A} + 3\boldsymbol{B} = (-10, 13, 9)$$
と表される．

7 $\boldsymbol{A}$ を平行移動したベクトルを $\boldsymbol{B}$ とすれば
$$B_x = A_x, \quad B_y = A_y, \quad B_z = A_z$$
が成り立つので，$\boldsymbol{B} = \boldsymbol{A}$ の関係が導かれる．位置ベクトルはその始点が決まっており，いわば始点に束縛されたベクトルである．そのような意味で位置ベクトルを**束縛ベクトル**という．これに対し，例えば東向きに 3 m の変位を表す変位ベクトルの場合には変位は一義的に決まり，ベクトルの始点はどこにとってもよい．この種のベクトルを**自由ベクトル**という．束縛ベクトルでも，自由ベクトルでも，あるベクトルを平行移動したものは元のベクトルに等しい．

8 図のように点 O から P に向かうベクトル $\boldsymbol{A}$ を考え，P から x, y, z 軸に垂線を下ろしその足をそれぞれ A, B, C とする．また，P から xy 面に下ろした垂線の足を D とすれば，ピタゴラスの定理により
$$\mathrm{OA}^2 + \mathrm{OB}^2 = \mathrm{OD}^2$$
が成り立つ．この式から $A_x^2 + A_y^2 = \mathrm{OD}^2$ となる．同様に $\mathrm{OD}^2 + A_z^2 = A^2$ となり
$$A_x^2 + A_y^2 + A_z^2 = A^2$$
と書ける．上式から方向余弦に関する $\alpha^2 + \beta^2 + \gamma^2 = 1$ が導かれる．

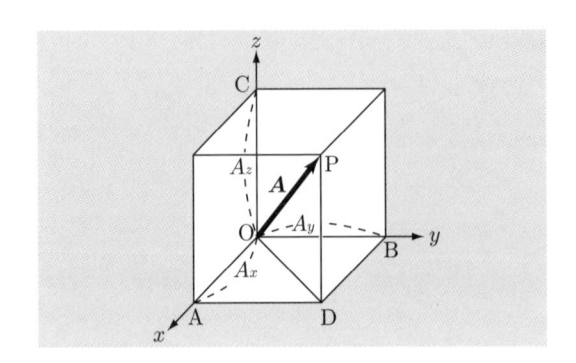

9 例えば $\alpha = 1/2$ の場合, $x = x_0 t^{1/2}$ となり $t < 0$ では x は虚数で物理的に無意味である. したがって, 一般に $t > 0$ という条件が必要となる. 微小時間 Δt に対し
$$(t+\Delta t)^\alpha - t^\alpha = t^\alpha \left(1 + \frac{\Delta t}{t}\right)^\alpha - t^\alpha = \alpha \Delta t \cdot t^{\alpha-1} + \cdots$$
が成り立つので
$$\lim_{\Delta t \to 0} \frac{\Delta t^\alpha}{\Delta t} = \alpha t^{\alpha-1}$$
と書ける. これから
$$v_x = \alpha x_0 t^{\alpha-1}$$
が求まる. 同様に, a_x は
$$a_x = \lim_{\Delta t \to 0} \frac{\Delta v_x}{\Delta t} = \alpha(\alpha-1)x_0 t^{\alpha-1}$$
となる. 同じようにして次式が得られる.
$$v_y = \beta y_0 t^{\beta-1}, \quad a_y = \beta(\beta-1) y_0 t^{\beta-2}$$
$$v_z = \gamma z_0 t^{\gamma-1}, \quad a_z = \gamma(\gamma-1) z_0 t^{\gamma-2}$$
特別な場合として, 上の式で $\alpha = 1$, $\beta = 2$, $\gamma = 3$ とおき, x_0, y_0, z_0 を適当に選んだとすれば例題 7 (p.19) の結果が求まる. この場合には $t > 0$ という制限は必要ない.

第3章

1 万有引力の大きさは次のように計算される.
$$F = 6.67 \times 10^{-11} \times \frac{2 \times 5}{4^2} \text{ N} = 4.17 \times 10^{-11} \text{ N}$$

2 摩擦角 α に対し $\tan \alpha = 0.15$ となる. これから α は $\alpha = 8.53°$ と求まる.

3 自動車に働く力の大きさ F は $F = 2 \times 10^3 \times 8$ N $= 1.6 \times 10^4$ N と計算される.

4 (a) 図 3.11 (p.31) と同様な座標軸を選ぶと
$$x = v_0 t \cos\theta, \quad y = h + v_0 t \sin\theta - \frac{1}{2}gt^2$$
となる. $y = 0$ とおくと
$$gt^2 - 2v_0 t \sin\theta - 2h = 0$$

という 2 次方程式が得られる．これを解くと

$$t = \frac{v_0 \sin\theta \pm \sqrt{v_0^2 \sin^2\theta + 2gh}}{g}$$

であるが，$t > 0$ なので平方根の前の $+$ 符号をとり t は次のように求まる．

$$t = \frac{v_0 \sin\theta + \sqrt{v_0^2 \sin^2\theta + 2gh}}{g}$$

(b)　上の t を $x = v_0 t \cos\theta$ に代入すると到達距離 d は次のように表される．

$$d = \frac{v_0 \cos\theta}{g}\left(v_0 \sin\theta + \sqrt{v_0^2 \sin^2\theta + 2gh}\right)$$

5　単振り子の周期は (3.26) (p.32) に $l = 0.5$, $g = 9.81$ を代入し

$$T = 2\pi\sqrt{\frac{0.5}{9.81}}\,\mathrm{s} = 1.42\,\mathrm{s}$$

と計算される．20 回振動するのに要する時間は上の値を 20 倍し $28.4\,\mathrm{s}$ と求まる．

6　二体問題では外力の和は $\mathbf{0}$ と考えるので (3.46) (p.40) で $\mathbf{F} = \mathbf{0}$ とおける．よって，$\mathbf{a}_G = \mathbf{0}$ となり $\mathbf{r}_G$ は等速直線運動を行う．一方，質点 1 に働く力を $\mathbf{f}$ とすれば運動の第三法則により質点 2 に働く力は $-\mathbf{f}$ となる (右図)．このため，質点 1, 2 に対し

$$m_1\mathbf{a}_1 = \mathbf{f}, \quad m_2\mathbf{a}_2 = -\mathbf{f}$$

の運動方程式が成り立つ．ここで $\mathbf{r} = \mathbf{r}_1 - \mathbf{r}_2$ と $\mathbf{r}$ を定義し，$\mathbf{r}$ に対応する加速度を $\mathbf{a}$ とすれば，$\mathbf{a} = \mathbf{a}_1 - \mathbf{a}_2$ と書ける．$\mathbf{a}$ に対し

$$\mathbf{a} = \left(\frac{1}{m_1} + \frac{1}{m_2}\right)\mathbf{f}$$

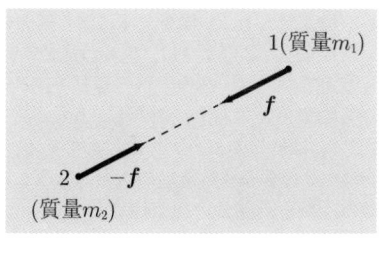

が成り立ち，換算質量を使うと $\mu\mathbf{a} = \mathbf{f}$ が得られる．このようにして二体問題は質量 μ の質点に対する一体問題に帰着する．

7　太陽 (質量 M) を中心として質量 m の惑星が等速円運動をしているとする．$M \gg m$ が成り立つので，換算質量は m に等しいと考えてよい．惑星に働く向心力は太陽，惑星間の万有引力であるから

$$mr\omega^2 = G\frac{Mm}{r^2}$$

が得られる．$\omega = 2\pi/T$ の関係を代入すると

$$T^2 = \frac{4\pi^2}{GM}r^3$$

となる．すなわち，$T^2 \propto r^3$ の比例関係が成り立つ．厳密にいうと惑星は太陽を焦点とする楕円上を運動し，楕円の長径を a とすると $T^2 \propto a^3$ である．これをケプラーの第三法則という．実際には楕円は円に近く，惑星の運動は等速円運動として記述される．ここで

$$T = 365 \times 24 \times 60 \times 60\,\mathrm{s} = 3.16 \times 10^7\,\mathrm{s}$$

$$r = 1.5 \times 10^8\,\mathrm{km} = 1.5 \times 10^{11}\,\mathrm{m}$$

を使うと，M は次のように概算される．
$$M = \frac{4\pi^2 r^3}{GT^2} = \frac{4\pi^2 \times (1.5 \times 10^{11})^3}{6.67 \times 10^{-11} \times (3.16 \times 10^7)^2}\,\text{kg} = 2.0 \times 10^{30}\,\text{kg}$$

8 質点 A, B に外力は働かないとしているので衝突前後で質点系の全運動量が保存される．右図のように質点の進む向きに x 軸をとれば，衝突前の全運動量は
$$mv + m'v' \qquad (1)$$
で与えられる．一方，衝突後は両者共通の V で運動するため，全運動量は
$$(m + m')V \qquad (2)$$
と表される．運動量保存則により (1) と (2) とは等しいから，この関係により V は次のように求まる．
$$V = \frac{mv + m'v'}{m + m'}$$

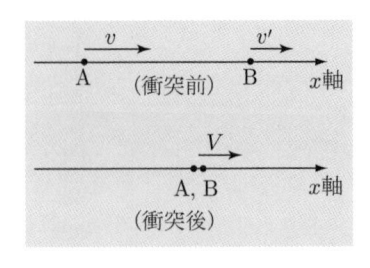

9 質点系あるいは剛体と質点系を含むような体系に対し，体系全体の質量を M，その重心の加速度を $\boldsymbol{a}_\mathrm{G}$，体系全体に働く外力の和を $\boldsymbol{F}$ とすれば $M\boldsymbol{a}_\mathrm{G} = \boldsymbol{F}$ という運動方程式が成り立つ．このように，重心の運動に注目する限り，それは 1 個の質点に対する力学の問題と同じである．体系全体の運動を決めるには (3.47) (p.40) すなわち $\lim \Delta \boldsymbol{L}/\Delta t = \boldsymbol{N}$ の条件が必要である．ただし，$\lim$ は $\Delta t \to 0$ の極限を意味する．ここで $\boldsymbol{L}$ は全角運動量，$\boldsymbol{N}$ は外力のモーメントの和である．体系が静止しているとき，3.2 節の質点の場合と同様，その体系は釣合いの状態にあるという．体系が静止していれば，$\boldsymbol{r}_\mathrm{G} = $ 一定, $\boldsymbol{L} = 0$ であるから，釣合いの条件は
$$\boldsymbol{F} = \boldsymbol{0}, \quad \boldsymbol{N} = \boldsymbol{0}$$
と表される．この関係は成分で考えると 6 個の条件を意味する．したがって 1 個の剛体では自由度は 6 であるから，原理的にこれらの条件から剛体の釣合いの位置が決まる．なお，1 個の剛体に限らず，何個かの剛体を含む体系とか，剛体と質点系とが混在するような場合でも，釣合いの条件は
 1) 全体系に働く外力の総和が 0 であること
 2) 全体系に働く外力のモーメントの総和が 0 であること
と表される．しかし，これは釣合いのための必要条件であり，一般には十分条件になっていない．そんなときには，内力まで考慮し，個々の質点なり，剛体に対して釣合いの条件を立てればよい．モーメントを具体的に計算する場合，点 O は任意に選んでよい．ある点 O に関しモーメントの和が $\boldsymbol{0}$ であると，i 番目の質点の位置ベクトルを $\boldsymbol{r}_i$，i に関する和を簡単に $\sum$ と書けば
$$\sum (\boldsymbol{r}_i \times \boldsymbol{F}_i) = \boldsymbol{0}$$
が成り立つ．別の点 O′ を選び，O から O′ に至る位置ベクトルを $\boldsymbol{r}_0$，点 O, O′ から見た i 番目の質点の位置ベクトルをそれぞれ $\boldsymbol{r}_i, \boldsymbol{r}'_i$ とすれば $\boldsymbol{r}_i = \boldsymbol{r}_0 + \boldsymbol{r}'_i$ となる．これから

$$\sum(\boldsymbol{r}_i \times \boldsymbol{F}_i) = \sum(\boldsymbol{r}_0 \times \boldsymbol{F}_i) + \sum(\boldsymbol{r}' \times \boldsymbol{F}_i) = \sum(\boldsymbol{r}' \times \boldsymbol{F}_i) = \boldsymbol{0}$$

となり，点 O は任意に選んでよいことがわかる．普通はモーメントの計算が簡単になるよう点 O を選んでいる．ある力の作用する点を O に選ぶと，その力の O に関するモーメントは考えなくてもよいので計算は楽になる．

上の釣合いの条件を現在の問題に適用する．人間とはしごを 1 つの質点系と考えれば，これに働く外力は重力 Mg, mg，壁からの垂直抗力 N'，床からの垂直抗力 N，摩擦力 F である．水平方向の力の釣合いから $F = N'$，鉛直方向の力の釣合いから $N = (M+m)g$ が求まる．また，点 B のまわりの力のモーメントを考えると，N と F はモーメントをもたないので

$$mgx\cos\theta + (M/2)gl\cos\theta = N'l\sin\theta$$

の条件が得られる．これから N' を解き，滑らないための条件 $F \leqq \mu N$ を用いると下記の結果が導かれる．

$$\mu \geqq \frac{[mx + (M/2)l]}{l(M+m)\tan\theta}$$

第 4 章

1 りんごが 2 秒間に落下する距離は $(1/2) \times 9.81 \times 2^2$ m $= 19.62$ m と計算される．したがって，重力のする仕事 W は $W = 0.2 \times 9.81 \times 19.62$ J $= 38.5$ J となる．

2 モーターは 1 s 当たり 0.5×735.5 J $= 367.8$ J の仕事をする．このため，荷物の吊り上がる速さ v は次のように計算される．

$$v = \frac{367.8}{20 \times 9.81}\frac{\text{m}}{\text{s}} = 1.92\,\text{m} \cdot \text{s}^{-1}$$

3 重力の位置エネルギーは $U = 0.5 \times 9.81 \times 6$ J $= 29.4$ J となる．

4 運動エネルギーは $K = (1/2) \times 60 \times 7^2$ J $= 1470$ J と計算される．

5 (a) $v = v_0 - gt$ から，2 秒後の質点の速さは $v = 40 - 9.81 \times 2 = 20.4\,\text{m} \cdot \text{s}^{-1}$ となる．一方，$z = v_0 t - (1/2)gt^2$ の関係から

$$z = 40 \times 2 - \frac{1}{2} \times 9.81 \times 2^2 = 60.4\,\text{m}$$

と計算される．したがって，次のようになる．

$$K = \frac{1}{2} \times 0.2 \times 20.4^2\,\text{J} = 41.6\,\text{J}, \quad U = 0.2 \times 9.81 \times 60.4\,\text{J} = 118.5\,\text{J}$$

(b) 最高点では $v = 0$ ∴ $t = v_0/g$ となり，これから最高点の高さは $z_0 = v_0^2/2g$ と書ける．したがって，最高点における U は次のようになる．

$$U = mgz_0 = \frac{mv_0^2}{2} = \frac{0.2 \times 40^2}{2}\,\text{J} = 160\,\text{J}$$

あるいは力学的エネルギー保存則を適用すると，最高点での位置エネルギーは最初の運動エネルギーに等しくなる．これからも上の関係が導かれる．

6 (a) 座標 x は $x = r\sin(\omega t + \alpha)$ と書けるので，速度 v は $v = \omega r\cos(\omega t + \alpha)$ と計算される．4.2 節の例題 3 (p.51) により位置エネルギー U は $U = m\omega^2 x^2/2$ とな

る．したがって，運動エネルギー K，位置エネルギー U は
$$K = \frac{1}{2}m\omega^2 r^2 \cos^2(\omega t + \alpha), \quad U = \frac{1}{2}m\omega^2 r^2 \sin^2(\omega t + \alpha)$$
と表される．

(b) $\cos^2\varphi + \sin^2\varphi = 1$ の関係を使うと力学的エネルギー E は $E = K + U$ と書けるので
$$E = \frac{1}{2}m\omega^2 r^2$$
となり，E は時間に依存しない定数である．すなわち，力学的エネルギー保存則が確かめられる．この E を**振動のエネルギー**ということがある．

7 時速 150 km を m·s^{-1} に換算すると 41.7 m·s^{-1} となる．最高点の高さは $z_0 = v_0^2/2g$ と表されるので z_0 は次のようになる．
$$z_0 = \frac{41.7^2}{2 \times 9.81} \text{ m} = 88.6 \text{ m}$$

8 質点を束縛している曲線または曲面が時間とともに変わる場合，時刻 $t, t + \Delta t$ における状況は図のように表される．点線が質点の軌道を示すが，束縛力は質点の軌道と垂直ではなくなり，このため束縛力が仕事をする．したがって，力学的エネルギー保存則が成り立たなくなる．

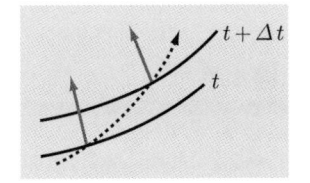

9 $\cos\theta \leq 1$ が成り立つ必要があるので
$$\frac{v_0^2}{3gr} \leq \frac{1}{3} \quad \therefore \quad v_0 \leq \sqrt{gr}$$
でなければならない．したがって，$v_0 > \sqrt{gr}$ のときには，質点は頂上からただちに球面を離れてしまう．

10 斜面と水平面とのなす角を θ とすれば，ジャンパーがすべり落ちる距離 s と高さ h との間には $s\sin\theta = h$ の関係が成り立つ．ジャンパーの質量を m，動摩擦係数を μ' とすれば，斜面に沿いジャンパーのすべり落ちる向きでは，重力の斜面方向の成分と動摩擦力は $mg\sin\theta - \mu' mg\cos\theta$ と表される．よって，この力のする仕事を考えると
$$\frac{1}{2}mv^2 = (mg\sin\theta - \mu' mg\cos\theta)s$$
が成り立つ．これから
$$v = \sqrt{2gh(1 - \mu'\cot\theta)}$$
が得られる．$\mu' = 0.1, \cot\theta = \sqrt{3}$ を代入し次の結果が求まる．
$$v = 22.1 \text{ m}\cdot\text{s}^{-1} = 79.6 \text{ km}\cdot\text{h}^{-1}$$

11 汽車は等速運動するから，進行方向の力の成分は 0 となる．したがって，汽車の推進力と動摩擦力の大きさは等しい．このため，汽車が 1 km 走ったとき推進力のする仕事は
$$0.01 \times 500 \times 10^3 \times 9.81 \times 10^3 \text{ J} = 4.91 \times 10^7 \text{ J}$$
と表される．一方，この間の石炭の発熱量は
$$28 \times 10^3 \times 3 \times 10^4 \text{ J} = 8.4 \times 10^8 \text{ J}$$

と計算される．したがって，求める答は 84/4.91％ = 5.8％ となる．すなわち，石炭のもっているエネルギーのわずか 6％ 程度しか力学的エネルギーとならずそのような意味で SL は能率がわるい．

第 5 章

1 (a) 理想気体の状態方程式 $pV = nRT$ から T が一定のとき p, V の微小変化に対し $p\Delta V + V\Delta p = 0$ が得られる．これから等温圧縮率 κ_T は次のように求まる．
$$\kappa_T = -\frac{1}{V}\frac{\Delta V}{\Delta p} = \frac{1}{p}$$

(b) $\kappa_T = 1/p$ であるから標準状態では $p = 1$ 気圧 $= 1.013 \times 10^5 \,\mathrm{N \cdot m^{-2}}$ を使い，κ_T は次のように計算される．
$$\kappa_T = 9.87 \times 10^{-6} \,\mathrm{m^2 \cdot N^{-1}}$$

2 窒素気体 N_2 の分子量は 28 であるから，モル数は 10/28 である．$pV = nRT$ から
$$V = \frac{10}{28} \times \frac{8.31 \times 293}{3 \times 1.013 \times 10^5} \,\mathrm{m^3} = 2.86 \times 10^{-3} \,\mathrm{m^3}$$
と計算される．

3 $W = 3\,\mathrm{J}, Q = -2\,\mathrm{cal} = -2 \times 4.19\,\mathrm{J}$ となる．よって (5.10) (p.68) により
$$U_B - U_A = 3\,\mathrm{J} - 2 \times 4.19\,\mathrm{J} = -5.38\,\mathrm{J}$$
と計算される．すなわち，内部エネルギーは 5.38 J だけ減少する．

4 分子運動論の結果によると，理想気体の内部エネルギー U は $U = (3/2)pV$ で与えられる (p.75)．このため，A, B における内部エネルギーは次のように計算される．
$$U_A = 2 \times 3 \times 1.013 \times 10^5 \,\mathrm{J} = 6.078 \times 10^5 \,\mathrm{J}$$
$$U_B = 4 \times 5 \times 1.013 \times 10^5 \,\mathrm{J} = 20.26 \times 10^5 \,\mathrm{J}$$
熱力学第一法則により $U_B - U_A = W + Q$ が成り立つ．上記の値から $U_B - U_A = 14.18 \times 10^5 \,\mathrm{J}$ と表されるので $Q = 14.18 \times 10^5 \,\mathrm{J} - W$ となる．

(a) A → C → B では $-W = 6.08 \times 10^5 \,\mathrm{J}$ である．したがって，気体に加わった熱量は
$$Q = 14.18 \times 10^5 \,\mathrm{J} + 6.08 \times 10^5 \,\mathrm{J} = 20.26 \times 10^5 \,\mathrm{J}$$
となる．

(b) A → D → B では $-W = 10.13 \times 10^5 \,\mathrm{J}$ である．したがって，気体に加わった熱量は $Q = 14.18 \times 10^5 \,\mathrm{J} + 10.13 \times 10^5 \,\mathrm{J} = 24.31 \times 10^5 \,\mathrm{J}$ となる．

5 温度 T_0, 体積 V_0 の一定量の空気を断熱圧縮して，温度 T_1, 体積 V_1 になったとすれば (5.25) (p.74) により
$$T_0 V_0^{0.4} = T_1 V_1^{0.4}$$
が得られる．$400\,°\mathrm{C} = 673\,\mathrm{K}$ であるから，$T_0 = 300\,\mathrm{K}$ とすれば
$$\frac{V_1}{V_0} = \left(\frac{T_0}{T_1}\right)^{1/0.4} = \left(\frac{300}{673}\right)^{2.5} = 0.133$$
とすればよい．すなわち，最初の体積の 0.133 倍まで空気を圧縮すると，炭火が得られる．

6 1モルの理想気体の内部エネルギーは p.75 の (3) により $U = 3RT/2$ と表される．したがって，(5.19) (p.72) を利用し

$$C_p = \frac{5}{2}R = \frac{5}{2} \times 8.31 \,\text{J} \cdot \text{K}^{-1} = 20.78 \,\text{J} \cdot \text{K}^{-1}$$

$$C_V = \frac{3}{2} \times 8.31 \,\text{J} \cdot \text{K}^{-1} = 12.47 \,\text{J} \cdot \text{K}^{-1}$$

と求まる．

7 カルノーサイクルの効率 η は $\eta = 1 - (T_2/T_1)$ と書ける．一方，1 サイクルの後，外部にする仕事 $-W$ は $-W = Q_1' + Q_2'$ と書ける．実際は $-W > 0$, $Q_1' > 0$, $Q_2' < 0$ である．η は $\eta = -W/Q_1'$ で与えられる．これらの関係から

$$1 - \frac{T_2}{T_1} = 1 + \frac{Q_2'}{Q_1'}$$

となって，与式が得られる．

8 例題 12 (p.81) の (2) に数値を代入し，Q_2 は $Q_2 = \frac{300}{1000} \times \frac{500}{200} \,\text{J} = 0.75 \,\text{J}$ と計算される．

9 単位質量の体系を考えると，エントロピーの定義式から

$$\Delta' q = T \Delta s$$

と書ける．したがって，物理量 x が一定な場合に比熱は与式のように与えられる．例題 13 (p.83) の結果から単位質量の場合，Δs は一般に

$$\Delta s = c_v \frac{\Delta T}{T} + \frac{R}{M} \frac{\Delta v}{v}$$

と表される．一方，状態方程式は

$$pv = \frac{R}{M} T$$

となり，両辺の自然対数をとると $\ln p + \ln v = \ln T + \ln(R/M)$ と書ける．よって，圧力が一定の場合にはこの式の変化分をとり

$$\frac{\Delta v}{v} = \frac{\Delta T}{T}$$

が得られる．これらの関係から $c_p = c_v + R/M$ のマイヤーの関係が導かれる．

10 80 cal $= 335.2 \,\text{J}$ に等しい．したがって，1 g の水を固体から液体にしたときのエントロピーの増加分は $T = 273 \,\text{K}$ であるから $\frac{335.2}{273} \,\text{J} \cdot \text{K}^{-1} = 1.23 \,\text{J} \cdot \text{K}^{-1}$ と計算される．

第 6 章

1 例題 2 (p.91) の結果により，cm, s の単位を使うと変位は

$$u = 6 \sin \left[2\pi \left(30t - \frac{x}{24} \right) + \frac{\pi}{6} \right]$$

と表される．$t = (1/60)\,\text{s}$, $x = 10\,\text{cm}$ を代入し

$$u = 6 \sin \left[2\pi \left(\frac{30}{60} - \frac{10}{24} \right) + \frac{\pi}{6} \right] = 6 \sin \left(\pi - \frac{5\pi}{6} + \frac{\pi}{6} \right) = 6 \sin \frac{\pi}{3} = 3\sqrt{3}$$

と計算される．したがって，変位は $3\sqrt{3}$ cm である．

2 右図のように入射角 θ で BC の方向に進む入射波の波面 AB を考え，A が境界面にあたった瞬間を時間の原点にとる．これから時間が t だけ経過して B が境界面上の点 C に到着したとすれば $BC = vt$ である．また，時刻 0 で点 A から出た 2 次波の波面は，時刻 t において点 A を中心とする半径 vt の円となる．図のように，点 C からこの円に引いた接線を CD とする．ここで，AB 上の任意の点 P をとり，点 P から BC に平行な直線を引きこれと AC との交点を Q，点 Q から CD に下ろした垂線の足を R とする．$\triangle$CDA と $\triangle$CRQ は相似なので

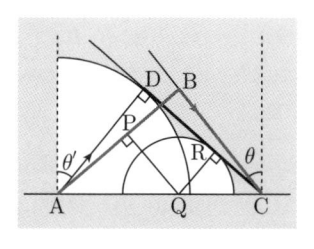

$$QR = AD \times \frac{CQ}{AC} = vt \times \frac{AC - AQ}{AC} = vt\left(1 - \frac{AQ}{AC}\right) \tag{1}$$

が成り立つ．ところで，$\triangle$ABC と $\triangle$APQ は相似であるから

$$\frac{PQ}{BC} = \frac{AQ}{AC} \quad \therefore \quad \left(\frac{AQ}{AC}\right)vt = PQ \tag{2}$$

となる．ただし，$BC = vt$ の関係を利用した．(1), (2) から

$$QR = v(t - PQ/v) \tag{3}$$

が得られる．点 P が AC に到着するまでの時間は PQ/v である．したがって，点 Q を出た 2 次波の半径は時刻 t において $v(t - PQ/v)$ となり，これは (3) と一致する．すなわち，この 2 次波は CD に接する．点 P は勝手に選んでよいので，結局任意の 2 次波は CD に接し，よって CD が反射波の波面となる．$\triangle$ACD と $\triangle$ACB は直角三角形で斜辺と 1 辺とが等しいから合同である．その結果

$$\angle DAC = \angle BCA$$

が成立する．図に示す θ' が反射角でこうして $\theta = \theta'$ の反射の法則が導かれた．

3 右図のように入射角を θ，屈折角を φ とし，第 1 媒質中を進む波面 AB に注目する．B が C に到達するまでの時間を t とすれば，$BC = v_1 t$ で，A を出た第 2 媒質中の 2 次波は半径 $v_2 t$ の円となる．また，C からこの円に引いた接線を CD とする．AB 上の任意の点 P が境界面に達するまでの時間は PQ/v_1 であるから，Q を出た 2 次波の半径は $v_2(t - PQ/v_1)$ となる．一方，Q から CD に下ろした垂線の足を R とすれば

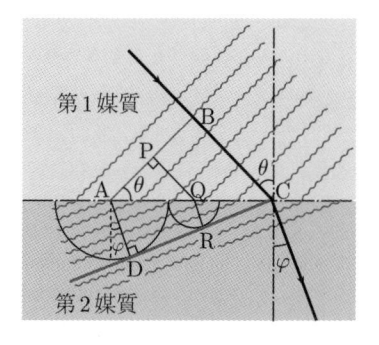

$$\frac{QR}{AD} = \frac{CQ}{AC} = \frac{AC - AQ}{AC} \quad \therefore \quad QR = v_2 t\left(1 - \frac{AQ}{AC}\right)$$

となる．ところで，$AQ/AC = PQ/BC = PQ/v_1 t$ であるから上式によって，$QR = v_2(t - PQ/v_1)$ と表され，反射のときと同様，2 次波はすべて CD に接することがわかる．したがって，接線 CD が屈折波の波面を与える．このため

$$\frac{\sin\theta}{\sin\varphi} = \frac{\mathrm{BC}/\mathrm{AC}}{\mathrm{AD}/\mathrm{AC}} = \frac{\mathrm{BC}}{\mathrm{AD}} = \frac{v_1 t}{v_2 t} = \frac{v_1}{v_2}$$

が成立し，屈折の法則が導かれる．

4 (a) 次の関係式が成り立つ．
$$\frac{\sin\left(\frac{\pi}{2}-\theta_1\right)}{\sin\left(\frac{\pi}{2}-\theta_2\right)} = \frac{\cos\theta_1}{\cos\theta_2} = \frac{v_1}{v_2}$$

(b) $\cos\theta_2 = 12/13$ から $\sin\theta_2 = 5/13$ と計算され，これから $\tan\theta_2 = 5/12$ となる．したがって，右図に示すように D, E をとれば $\mathrm{DE} = 0.4 \times 12/5 = 0.96$ と表される．

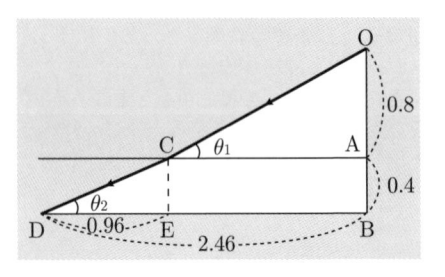

これから $\mathrm{OC} = \sqrt{1.5^2 + 0.8^2} = 1.7$ と書け $\cos\theta_1 = 1.5/1.7$ が得られる．(a) の結果を用いると，次のようになる．
$$\frac{v_1}{v_2} = \frac{1.5 \times 13}{1.7 \times 12} = \frac{65}{68}$$

5 (6.10) (p.96) により $v = (331.5 + 0.6 \times 30)\,\mathrm{m\cdot s^{-1}} = 349.5\,\mathrm{m\cdot s^{-1}}$ となる．

6 (a) $10 \times \log 2 \fallingdotseq 3\,\mathrm{dB}$
(b) $10 \times \log 10 = 10\,\mathrm{dB}$

7 デシベルの定義 (6.11) (p.96) から $90 = 10\log(I/I_0)$ となる．よって
$$I = 10^9 I_0 = 10^9 \times 10^{-12}\,\mathrm{W\cdot m^{-2}} = 10^{-3}\,\mathrm{W\cdot m^{-2}}$$
と表される．

8 パトカーの速さは $(40 \times 10^3/3600)\,\mathrm{m\cdot s^{-1}} = 11.1\,\mathrm{m\cdot s^{-1}}$ である．したがって，パトカーが近づいてくるとき，サイレンの振動数は
$$1000 \times \frac{340}{340-11.1}\,\mathrm{Hz} = 1034\,\mathrm{Hz}$$
となる．逆に，遠ざかるときのサイレンの振動数は次のように計算される．
$$1000 \times \frac{340}{340+11.1}\,\mathrm{Hz} = 968\,\mathrm{Hz}$$

9 ドップラー効果の式
$$f = f_0 \frac{v-w}{v-u}$$
で v は音速，w は人（観測者），u は音源の速さである．u は求める列車の速さ，w は $w = 144\,\mathrm{km\cdot h^{-1}} = 40\,\mathrm{m\cdot s^{-1}}$ に等しい．近づくとき，すれちがった後の振動数をそれぞれ f, f' をすれば上図を参考に
$$f = f_0 \frac{v+w}{v-u}, \quad f' = f_0 \frac{v-w}{v+u}$$
となる．題意から $f/f' = 3/2$ で
$$\frac{v+w}{v-u}\frac{v+u}{v-w} = \frac{3}{2}$$
が得られる．これから u を解くと

と書け，$v = 340\,\mathrm{m\cdot s^{-1}}$, $w = 40\,\mathrm{m\cdot s^{-1}}$ を代入して $u = 28.7\,\mathrm{m\cdot s^{-1}} = 103\,\mathrm{km\cdot h^{-1}}$ となる．

$$u = \frac{v(v-5w)}{5v-w}$$

10 音源の速さ v が音速 v_s より大きい超音速ジェット機のような場合，音波の様子は右図のようになる．

11 腹 $\rightleftarrows$ 節 という対応をさせれば開管の固有振動は両端が固定端である弦の横振動と等価である．したがって，固有振動数は

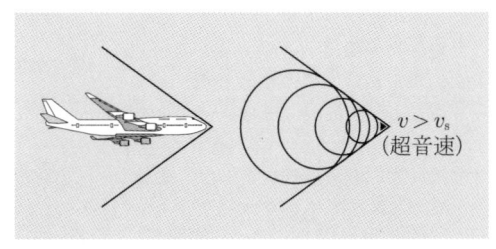

$$f_n = \frac{v}{2L}n \quad (n = 1, 2, \cdots)$$

で与えられる．

第7章

1 $\sin\theta = \sin 60° = 0.866\cdots$ であるから，屈折の法則により

$$\sin\varphi = \frac{0.866}{1.33} = 0.651 \quad \therefore \quad \varphi = 40.6°$$

と表される．

2 光を通す物体 (透明体) 中の光速 c_n はその絶対屈折率を n，真空中の光速を c として $c_n = c/n$ で与えられる．したがって，ガラス中の光速 c_n は

$$c_n = \frac{c}{n} = \frac{3 \times 10^8}{1.50}\,\mathrm{m\cdot s^{-1}} = 2 \times 10^8\,\mathrm{m\cdot s^{-1}}$$

と計算される．真空中で1回振動が起これば，ガラス中でも1回振動が起こる．よって，振動数 f は真空中でもガラス中でも同じで

$$f = \frac{3 \times 10^8}{500 \times 10^{-9}}\,\mathrm{Hz} = 6 \times 10^{14}\,\mathrm{Hz}$$

となる．また，波の基本式により，ガラス中の光の波長 λ は次のように表される．

$$\lambda = \frac{2 \times 10^8\,\mathrm{m\cdot s^{-1}}}{6 \times 10^{14}\,\mathrm{Hz}} = 3.33 \times 10^{-7}\,\mathrm{m} = 333\,\mathrm{nm}$$

3 光の逆進性を利用すると次の関係が得られる．

$$\frac{1}{\sin\varphi_\mathrm{c}} = n$$

4 φ_c は次のように計算される．

$$\sin\varphi_\mathrm{c} = \frac{1}{1.414} = \frac{1}{\sqrt{2}} \quad \therefore \quad \varphi_\mathrm{c} = 45°$$

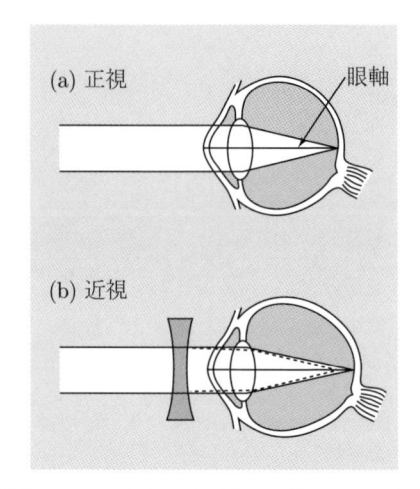

5 眼の水晶体は凸レンズとなっていて遠方からの光は右図 (a) のように平行光線となって，正視の場合，網膜上に像を結ぶ．しかし，近いものを見過ぎたりすると眼球が変形し図の眼軸が正常に比べ長くなる．このため平行光線は (b) の点線のように網膜上に像を結ばずこれが近視の一因となる．図 7.17 (p.118) からわかることだが，凹レンズに平行光線があたると光は透過した後，光軸から遠ざかるように進む．そのため，近視の場合，(b) のように凹レンズの眼鏡を用い，実線のように網膜上に像を結ぶよう矯正している．

6 (a) 1W は 1J/s に等しいので，1秒当たり 1J のエネルギーが広がっていく．電球を中心とする半径 1m の球面の表面積は $4\pi \, \mathrm{m}^2$ である．光のエネルギーは球対称に広がるから，球面上の面積 $S \, \mathrm{m}^2$ の部分を通るエネルギーは 1 秒当たり次のように書ける．

$$\frac{1}{4\pi}S \simeq 8 \times 10^{-2} S \, \frac{\mathrm{J}}{\mathrm{s}}$$

(b) Cs から飛び出る光電子は 1 個の原子から放出されると考えられる．S の程度は，原子半径を 10^{-10} m の程度とすれば，$S \sim (10^{-10})^2 \, \mathrm{m}^2 = 10^{-20} \, \mathrm{m}^2$ となる．この S を上式に代入すると，1 個の原子が 1 秒当たり吸収するエネルギーは $0.8 \times 10^{-21} \, \mathrm{J \cdot s^{-1}}$ で与えられる．一方，光電子のエネルギーは後の演習問題 8 で論じるが，ほぼ 1.1×10^{-19} J に等しい．原子がこれだけのエネルギーを蓄積するための所要時間は

$$\frac{1.1 \times 10^{-19}}{0.8 \times 10^{-21}} \, \mathrm{s} \simeq 140 \, \mathrm{s}$$

となり，2 分 20 秒の程度となる．現実には光をあてた瞬間に光電子が飛び出すのであるから，上の結果は実験事実と矛盾する．

7 $h\nu$ のエネルギーをもつ 1 個の光子が金属中の電子と衝突し，そのエネルギーを全部一度に電子に与えるとする．右図に示すように，電子が金属内部から外部へ出るのに必要なエネルギーを W とすれば，エネルギー保存則により $E + W = h\nu$ で

$$E = h\nu - W$$

が得られる．光電子の質量を m，その速さを v とすれば，E は電子の運動エネルギーと考えられるので

$$\frac{1}{2}mv^2 = h\nu - W$$

が成り立つ．もし $h\nu$ が W より小さいと電子は金属内部から外へ出られず光電効果は起こらない．$W = h\nu_0$ であるから，$\nu < \nu_0$ であれば光電効果は起こらず，こうして光子説から光電効果が理解できる．

8 光の振動数 ν は
$$\nu = \frac{3 \times 10^8}{600 \times 10^{-9}}\,\text{Hz} = 5 \times 10^{14}\,\text{Hz}$$
で E は
$$E = 6.63 \times 10^{-34} \times 5 \times 10^{14}\,\text{J} - 1.38 \times 1.60 \times 10^{-19}\,\text{J} = 1.11 \times 10^{-19}\,\text{J}$$
となる. これを eV で表すと
$$E = \frac{1.11 \times 10^{-19}}{1.60 \times 10^{-19}}\,\text{eV} = 0.694\,\text{eV}$$
である. また, 光電子の速さ v は
$$v = \left(\frac{2E}{m}\right)^{1/2} = \left(\frac{2 \times 1.11 \times 10^{-19}}{9.11 \times 10^{-31}}\right)^{1/2}\,\text{m}\cdot\text{s}^{-1} = 4.94 \times 10^5\,\text{m}\cdot\text{s}^{-1}$$
と計算される.

第8章

1 図 8.1 (p.121) のボルタの帯電列を見れば, 水晶と発泡スチロール間の摩擦電気では前者は正, 後者は負に帯電することがわかる.

2 クーロン力の大きさは両電荷の電気量の大きさの積に比例し, 距離の2乗に反比例する. したがって, クーロン力の大きさは (ab/c^2) 倍となる.

3 A, B にある点電荷のために生じる電場をそれぞれ E_A, E_B とすれば, E_A は右向き, E_B は左向きとなる. よって, x 軸の正の向きを正にとれば
$$E_A = 9.00 \times 10^9 \times \frac{3 \times 10^{-6}}{0.2^2}\,\frac{\text{V}}{\text{m}} = 0.675 \times 10^6\,\frac{\text{V}}{\text{m}}$$
$$E_B = -9.00 \times 10^9 \times \frac{2 \times 10^{-6}}{0.1^2}\,\frac{\text{V}}{\text{m}} = -1.80 \times 10^6\,\frac{\text{V}}{\text{m}}$$
と計算される. 以上の2つを加え,
$$E = E_A + E_B = -1.125 \times 10^6\,\text{V}\cdot\text{m}^{-1}$$
となるので, 原点では大きさ $1.125 \times 10^6\,\text{V}\cdot\text{m}^{-1}$ の電場が左向きに生じる.

4 等電位面は電場と直交し, よってこれは原点を中心とする球面として表される.

5 図 8.36 (p.146) のように Δs の微小部分が点 P に作る電場を $\Delta\boldsymbol{E}$ とする. x, y の点と z 軸に対し対称な $-x, -y$ の点を考えると, $\Delta\boldsymbol{E}$ の x, y 成分への両者の点からの寄与は互いに打ち消し合うから, P における電場は z 成分だけをもつ. 円輪上の電荷線密度 (単位長さ当たりの電荷) を σ とすれば, Δs の部分がもつ電荷は $\sigma\Delta s$ と書ける. したがって, この部分が P に作る電場 $\Delta\boldsymbol{E}$ の z 成分は
$$\frac{\sigma\Delta s}{4\pi\varepsilon_0}\frac{z}{(a^2+z^2)^{3/2}}$$
と表される. 円輪全体の寄与を求めるためには上式を Δs に関して加えればよい. このような和をとるとき Δs 以外の項は定数とみなせる. よって, Δs に関する和の結果, 円周の長さ $2\pi a$ が現れ次式が得られる.
$$E_z = \frac{\sigma a z}{2\varepsilon_0(a^2+z^2)^{3/2}}$$

この式で $2\pi a\sigma = q$ の関係に注意すると，E_z は次のようになる．
$$E_z = \frac{q}{4\pi\varepsilon_0} \frac{z}{(a^2+z^2)^{3/2}}$$

6 平面を xy 面にとり，電場を求めたい点 P から xy 面に垂線を下ろし，その足を点 O とする．ただし，平面より上の部分を考え点 P の z 座標は $z > 0$ とする．O を中心とする半径が r と $r + \Delta r$ との間の部分を考えると（右図），この部分の面積は $2\pi r \Delta r$ で与えられる．よって，この部分に含まれる電荷は上の面積に σ を掛ければ求まる．したがって，演習問題 5 の結果で $a \to r$, $q \to 2\pi\sigma r\Delta r$ とすれば（σ は面密度），上の部分が点 P に作る電場の z 成分 ΔE_z は

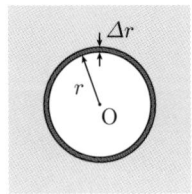

$$\Delta E_z = \frac{\sigma z r \Delta r}{2\varepsilon_0(r^2+z^2)^{3/2}}$$

と書ける．点 P における電場に対して対称性により $E_x = E_y = 0$ が成り立つ．同点での E_z を求めるためには上式を r について加えればよい．このような加え算は数学的には積分で表され

$$E_z = \frac{\sigma z}{2\varepsilon_0} \int_0^\infty \frac{r\,dr}{(r^2+z^2)^{3/2}} = \frac{\sigma z}{2\varepsilon_0}\left[\frac{-1}{(r^2+z^2)^{1/2}}\right]_0^\infty = \frac{\sigma}{2\varepsilon_0}$$

が得られる．$z < 0$ の場合には対称性により上の符号を逆転すればよい．こうして (8.13) (p.128) が導かれる．上の計算では積分を利用したが，その計算に慣れていない読者は結果だけを理解すればよい．

7 1 個の電池の起電力は 1.5 V である．3 個の電池を直列に接続するとその起電力は 3 倍の 4.5 V になる．したがって，流れる電流はオームの法則により

$$\frac{4.5}{5}\,\text{A} = 0.9\,\text{A}$$

と計算される．

8 地球の北極は N 極を引き付ける．磁気に対するクーロンの法則により，異符号の磁極同士には引力がはたらく．このため，地球の北極は磁石としては S 極である．

9 p.135 の補足で示した関係で点 1 の座標を x, y, z，点 2 の座標を $x + \Delta x, y, z$ とすれば

$$H_x \Delta x = V_{\text{m}}(x,y,z) - V_{\text{m}}(x+\Delta x, y, z)$$

となる．これから

$$H_x = -\frac{V_{\text{m}}(x+\Delta x, y, z) - V_{\text{m}}(x,y,z)}{\Delta x}$$

と書ける．同様に H_y, H_z は

$$H_y = -\frac{V_{\text{m}}(x, y+\Delta y, z) - V_{\text{m}}(x,y,z)}{\Delta y}$$

$$H_z = -\frac{V_{\text{m}}(x, y, z+\Delta z) - V_{\text{m}}(x,y,z)}{\Delta z}$$

と表される．

演習問題略解   **211**

10 (8.28) (p.136) により B の単位は M の単位 $\mathrm{Wb \cdot m^{-2}}$ に等しい. (8.24) (p.134) に注意すれば与式が得られる.

11 右図に示すように直線電流の流れる向きに z 軸をとる. 体系の軸対称性により x 軸上に点 P があるとして一般性を失わない. (8.34) (p.138) により位置 z にある長さ Δz の微小部分が P に作る $\Delta \boldsymbol{H}$ は y 軸の正方向を向くことがわかる. また, 図のように角 θ を定義すれば $\sin\theta = r/(r^2+z^2)^{1/2}$ と書けるので 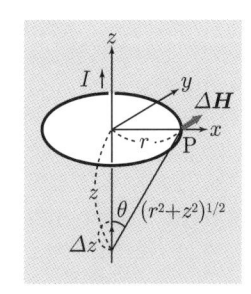
$$\Delta H = \frac{I}{4\pi}\frac{r}{(r^2+z^2)^{3/2}}\Delta z$$
が得られる. 導線全体の寄与を求めるため, 上式を z について $-\infty$ から ∞ まで和をとる (積分する). こうして
$$H = \frac{Ir}{4\pi}\int_{-\infty}^{\infty}\frac{dz}{(r^2+z^2)^{3/2}}$$
となる. この積分を実行するため, $z = r\tan\theta$ と変数変換を行う.
$$dz = \frac{rd\theta}{\cos^2\theta}, \quad r^2+z^2 = \frac{r^2}{\cos^2\theta}, \quad \tan\left(\pm\frac{\pi}{2}\right) = \pm\infty$$
の関係を使うと
$$H = \frac{I}{4\pi r}\int_{-\pi/2}^{\pi/2}\cos\theta d\theta = \frac{I}{2\pi r}$$
が得られる. 上式からわかるように, 磁場の単位は $\mathrm{A \cdot m^{-1}}$ と表すことができる. 積分に不慣れな読者は結果だけに注目すればよい.

12 電流 I_1 が距離 r のところに作る磁束密度 B_1 は前問で得られた結果に μ_0 を掛け
$$B_1 = \frac{\mu_0 I}{2\pi r}$$
と表される. その向きは下図のように表される. この図で ⊙ の記号は電流が紙面に垂直で紙面の裏から表への向きに流れていることを示す. 磁束密度中に電流 I_2 があるので, I_1, I_2 が同じ向きのとき電流に働く力は図のように左向きとなり, 平行電流間に引力が働く. この力は (8.32) (p.138) により単位長さ当たり
$$F = -\frac{\mu_0 I_1 I_2}{2\pi r}$$ 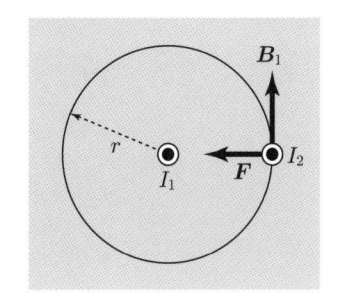
となって (8.36) と一致する結果が導かれる. 上式の $-$ 符号は I_1 と I_2 が同じ向きのときには力が引力, 反対向きのときには力は斥力であることを意味する. 国際単位系では上式の力を用いて電流の単位アンペアを定義する. すなわち, 1m 離れた同じ大きさの平行電流間に $\mu_0/2\pi = 2\times 10^{-7}\,\mathrm{N}$ の力が働くとき, その電流の大きさを 1A と定義している.

第9章

1 簡単のため各原子を質点とみなせば，1個の質点の位置を決めるのに3個の変数が必要である．このため，何の制限もないと H_2 分子の運動の自由度は6だが，題意によりH原子間の距離が一定という制限がつくため運動の自由度は1つ減り5となる．

2 O_2 分子の解離エネルギーは，分子1個当たり

$$\frac{495 \times 10^3}{6.02 \times 10^{23}} \text{ J} = 8.22 \times 10^{-19} \text{ J}$$

と計算される．$1\,\text{eV} = 1.60 \times 10^{-19}$ J の関係を使って，上のエネルギーを eV に換算し

$$\frac{8.22 \times 10^{-19}}{1.60 \times 10^{-19}} \text{ eV} = 5.14\,\text{eV}$$

が得られる．

3 立方格子の場合，立方体の各辺に沿って x, y, z 軸をとる．単純立方格子では x, y, z 軸上に2個の最近接点があるから $z = 6$ である．体心立方格子では立方体の中心にある格子点では立方体の頂点が最近接点となるので $z = 8$ となる．体心立方格子では xy 面，yz 面，zx 面上の4個の点が最近接するため $z = 3 \times 4 = 12$ となる．

4 単純立方格子では立方体の頂点にある原子を8等分すれば，体積 a^3 の立方体に含まれる原子数は 1/8 で頂点は8個あるから，上記の立方体中の原子数は1となる．すなわち，原子数と立方体数は1対1に対応する．体心立方格子では体積 a^3 の頂点にある原子数は単純立方格子と同じで1に等しい．それと同時に中心に1個原子が存在するので，立方体中の原子数は2である．面心立方格子の場合，各面の中心にある原子は2個の立方体に共有されるので1個の立方体中の原子数は 1/2 である．このような面が6個あるから面心の原子数は3，頂点上の原子数は1で，体積 a^3 の立方体中の原子数は4となる．

5 水素原子では1個の陽子のまわりを1個の電子が回っている．その構造は太陽のまわりを回る地球になぞらえて考えることができ，その点は水素原子と太陽系の相似点である．両者の違いはもちろんその大きさで水素原子では半径はボーア半径で 0.53Å の程度だが，太陽系で太陽と地球との距離は1天文単位と呼ばれ1億5千万 km 程度である．また，水素原子では陽子・電子間の力は電気的なクーロン力であるが，太陽系の場合の力は万有引力である．

6 (4.6) (p.50) により，一般に位置エネルギーの変化分 ΔU は

$$\Delta U = -\boldsymbol{F} \cdot \Delta \boldsymbol{r}$$

と書ける．r を $r + \Delta r$ に変化させるとき，$\boldsymbol{F}$ と $\Delta \boldsymbol{r}$ は平行であるから

$$\Delta U = -\frac{1}{4\pi\varepsilon_0} \frac{qq'}{r^2} \Delta r$$

が成り立つ．ここで U を

$$U = \frac{1}{4\pi\varepsilon_0} \frac{qq'}{r} + \text{定数}$$

と仮定すれば

$$\Delta U = \frac{qq'}{4\pi\varepsilon_0} \left(\frac{1}{r + \Delta r} - \frac{1}{r} \right) = \frac{qq'}{4\pi\varepsilon_0} \left(\frac{1}{r} - \frac{\Delta r}{r^2} + \cdots - \frac{1}{r} \right)$$

となって上の結果と一致する．$r \to \infty$ で $U \to 0$ とすれば上の定数は 0 で (9.4) (p.152) が得られる．

7 相対運動の運動エネルギーは $m \to \mu$ の置き換えをすれば求まる (μ は換算質量)．結果は m に依存しないので (3) がそのまま成り立つ．

8 振動数 ν は
$$\nu = \frac{3 \times 10^8}{600 \times 10^{-9}} \text{ Hz} = 5 \times 10^{14} \text{ Hz}$$
と表される．したがって，アインシュタインの関係 (9.5), (9.6)(p.156) により
$$E = h\nu = 6.63 \times 10^{-34} \text{ J} \cdot \text{s} \times 5 \times 10^{14} \text{ Hz} = 3.32 \times 10^{-19} \text{ J}$$
$$p = \frac{h}{\lambda} = \frac{6.63 \times 10^{-34} \text{ J} \cdot \text{s}}{600 \times 10^{-9} \text{ m}} = 1.11 \times 10^{-27} \frac{\text{kg} \cdot \text{m}}{\text{s}}$$
と計算される．

9 原子が光を出し続けると $E \to -\infty, r \to 0$ となる．

10 $a = \dfrac{4 \times 3.1416 \times 8.8542 \times 10^{-12} \times (1.0546 \times 10^{-34})^2}{9.1094 \times 10^{-31} \times (1.6022 \times 10^{-19})^2}$ m
$= 5.292 \times 10^{-11}$ m $= 0.529$Å

11 (a) ボーアの振動数条件 (9.8) (p.158) に (9.17) (p.160) を代入すると
$$h\nu = \frac{e^2}{8\pi\varepsilon_0 a}\left(\frac{1}{n^2} - \frac{1}{n'^2}\right)$$
となる．$\nu = c/\lambda$ の関係を利用しボーア半径の表式と $\hbar = h/2\pi$ を使うと R は
$$R = \frac{e^2}{8\pi\varepsilon_0 ach} = \frac{me^4}{8\varepsilon_0^2 ch^3}$$
と表される．演習問題 10 の数値と $c = 2.9979 \times 10^8$ m$\cdot$s^{-1}, $h = 6.6261 \times 10^{-34}$ J$\cdot$s を代入すると
$$R = \frac{9.1094 \times 10^{-31} \times (1.6022 \times 10^{-19})^4}{8 \times (8.8542 \times 10^{-12})^2 \times 2.9979 \times 10^8 \times (6.6261 \times 10^{-34})^3} \text{ m}^{-1}$$
$$= 1.0974 \times 10^7 \text{ m}^{-1}$$
となって，(9.19) を有効数字の範囲内で四捨五入した結果と一致する．

(b) (9.18) (p.160) で $n' = 3$ とおけば，H$_\alpha$ の波長 λ_α は
$$\frac{1}{\lambda_\alpha} = R\left(\frac{1}{4} - \frac{1}{9}\right) = \frac{5}{36}R \quad \therefore \quad \lambda_\alpha = \frac{36}{5R}$$
と表される．(a) の結果を利用すると λ_α は
$$\lambda_\alpha = \frac{36}{5R} = 6.561 \times 10^{-7} \text{ m} = 656.1 \text{ nm}$$
と計算される．この光は赤い光である．

12 水素気体に電圧をかけ電場によるエネルギーが解離エネルギーより大きいと水素気体は原子から構成されるようになる．よって，水素気体を真空放電させれば水素原子からの光が観測される．

第 10 章

1 自転速度は
$$\frac{4 \times 10^7}{24 \times 60 \times 60} \frac{\text{m}}{\text{s}} = 463 \,\text{m} \cdot \text{s}^{-1}$$
と計算され，公転速度のほぼ 1/65 である．したがって，自転速度は公転速度に比べ無視できる．

2 2×2 の行列 A を

$$A = \begin{bmatrix} \text{ch}\,\theta & -\text{sh}\,\theta \\ -\text{sh}\,\theta & \text{ch}\,\theta \end{bmatrix}$$
とすればローレンツ変換は $\begin{bmatrix} x' \\ ct' \end{bmatrix} = A \begin{bmatrix} x \\ ct \end{bmatrix}$ と書ける．A の逆行列を A^{-1} とすれば $\begin{bmatrix} x \\ ct \end{bmatrix} = A^{-1} \begin{bmatrix} x' \\ ct' \end{bmatrix}$ と表される．ここで A^{-1} を

$$A^{-1} = \begin{bmatrix} \text{ch}\,\theta & \text{sh}\,\theta \\ \text{sh}\,\theta & \text{ch}\,\theta \end{bmatrix}$$

と仮定すれば

$$AA^{-1} = \begin{bmatrix} \text{ch}\,\theta & -\text{sh}\,\theta \\ -\text{sh}\,\theta & \text{ch}\,\theta \end{bmatrix} \begin{bmatrix} \text{ch}\,\theta & \text{sh}\,\theta \\ \text{sh}\,\theta & \text{ch}\,\theta \end{bmatrix}$$
$$= \begin{bmatrix} \text{ch}^2\theta - \text{sh}^2\theta & 0 \\ 0 & \text{ch}^2\theta - \text{sh}^2\theta \end{bmatrix} = \begin{bmatrix} 1 & 0 \\ 0 & 1 \end{bmatrix}$$

が成り立つので仮定の正しいことがわかる．したがって

$$x = x'\,\text{ch}\,\theta + ct'\,\text{sh}\,\theta, \quad ct = x'\,\text{sh}\,\theta + ct'\,\text{ch}\,\theta$$

と書け，(5) (p.167) を使うと (7) が導かれる．

3 新幹線の速さは $\text{m} \cdot \text{s}^{-1}$ で表すと $69.4 \,\text{m} \cdot \text{s}^{-1}$ で $\beta = 2.3 \times 10^{-7}$ となる．このように β は 1 に比べると大変に小さいからローレンツ収縮の倍率は

$$(1 - \beta^2)^{1/2} \simeq 1 - \beta^2/2 = 1 - 2.6 \times 10^{-14}$$

となる．

4 ローレンツ収縮のため，棒の見かけ上の長さは

$$\sqrt{1 - 0.99^2} \,\text{m} = 0.141 \,\text{m}$$

と計算される．

5 (a) 地表に達するまでの所要時間 t は

$$t = \frac{60 \times 10^3 \,\text{m}}{3 \times 10^8 \times 0.999 \,\text{m} \cdot \text{s}^{-1}} = 2 \times 10^{-4} \,\text{s}$$

となる．

 (b) 時間の遅れにより，地上で観測したときの寿命 τ は $\tau = \tau'/\sqrt{1 - 0.999^2} = 22\tau' = 4.8 \times 10^{-5}\,\text{s}$ となって，見かけ上の寿命が大幅に延びる事情がわかる．t は τ の 4 倍程度であるが，この程度の食い違いはしばしば起こることである．

6 $\boldsymbol{p}$ が $\Delta\boldsymbol{p}$ だけ変化するときの E の変化分を ΔE とすれば，(10.20) (p.170) を利用

し $\Delta \boldsymbol{p}$ の 1 次の範囲内で
$$\Delta E = c\sqrt{(\boldsymbol{p}+\Delta\boldsymbol{p})^2 + m^2c^2} - c\sqrt{p^2 + m^2c^2}$$
$$\simeq c\sqrt{p^2 + m^2c^2 + 2\boldsymbol{p}\cdot\Delta\boldsymbol{p}} - c\sqrt{p^2 + m^2c^2} = c\frac{\boldsymbol{p}\cdot\Delta\boldsymbol{p}}{\sqrt{p^2 + m^2c^2}}$$
が得られる．ここで (10.18) (p.170) と (10.20) から導かれる
$$\frac{mc}{\sqrt{1-\beta^2}} = \sqrt{p^2 + m^2c^2}$$
の関係を利用すると
$$\Delta E = \frac{\sqrt{1-\beta^2}}{m}\boldsymbol{p}\cdot\Delta\boldsymbol{p}$$
の関係が得られる．ここで ΔE, $\Delta\boldsymbol{p}$ の変化が微小時間 Δt 内に起こったとすれば (10.16), (10.17) (p.170) を利用し
$$\Delta E/\Delta t = \boldsymbol{v}\cdot\boldsymbol{F}$$
となり題意が導かれる．これは (10.18) が E として正しい表式であることを意味している．

7 (10.16) (p.170) から
$$p^2 = \frac{m^2 v^2}{1-\beta^2}$$
となるが，c^2 で割り $\beta^2 = v^2/c^2$ に注意すると $p^2/c^2 = m^2\beta^2/(1-\beta^2)$ が得られる．これから β^2 を解き少々整理すると
$$\frac{1}{\sqrt{1-\beta^2}} = \frac{\sqrt{p^2+m^2c^2}}{mc}$$
となる．上式を利用すると (10.18) (p.170) は
$$E = c\sqrt{p^2 + m^2c^2}$$
と表される．

8 (10.18) (p.170) から $E = mc^2(1-\beta^2)^{-1/2} = mc^2(1+\beta^2/2+\cdots)$ で
$$E = E_0 + \frac{1}{2}mv^2 + \cdots$$
が得られる．上式右辺の第 1 項は静止エネルギーで，第 2 項はニュートン力学での運動エネルギーを表す．

9 (a) 演習問題 7 の結果を書き直すと
$$c^2p^2 - E^2 = -m^2c^4$$
となる．質点が静止している座標系では $p=0$, $E=mc^2$ で，このとき左辺の量はちょうど右辺の $-m^2c^4$ に等しい．静止座標系を O 系，質点とともに運動する座標系を O$'$ 系とみなせば，$c^2p^2 - E^2$ は O 系，O$'$ 系で同じとなり，ローレンツ不変性を満たすことがわかる．

(b) $c^2p^2 - E^2$ がローレンツ不変性を満たすとし，エネルギーが静止系で mc^2 であることを使えば
$$c^2p^2 - E^2 = -m^2c^4$$
となり，これから逆に E を解けば演習問題 7 の結果が求まる．

第11章

1 $^4_2$He 原子核の質量は，$^4_2$He 原子の質量から電子 2 個分の質量を引いたもので与えられる．したがって，それは amu 単位で

$$4.00260 - 2 \times 0.00055 = 4.0015$$

と計算される．この結果，質量欠損 Δm は

$$\Delta m = 2 \times (1.00727 + 1.00867) \,\text{amu} - 4.0015 \,\text{amu} = 0.03038 \,\text{amu}$$

と表される．(11.7) (p.178) により 1 amu = 931.5 MeV が成り立つので結合エネルギーは $0.03038 \times 931.5 \,\text{MeV} = 28.3 \,\text{MeV}$ となる．

2 (a) X という原子核が α 崩壊を起こし X′ に変換したとすれば，α 崩壊を表す核反応式は

$$^A_Z\text{X} \longrightarrow {}^{A-4}_{Z-2}\text{X}' + {}^4_2\text{He}$$

と書ける．同様に，β 崩壊で X → X″ とすれば，β 崩壊は

$$^A_Z\text{X} \longrightarrow {}^A_{Z+1}\text{X}'' + \text{e}^-$$

と表される．γ 崩壊では Z, A は変わらず，γ 崩壊は次式で記述される．

$$^A_Z\text{X} \longrightarrow {}^A_Z\text{X} + \gamma$$

これからわかるように，α 崩壊を起こすと原子番号が 2，質量数が 4 だけ減少する．また，β 崩壊を起こすと原子番号は 1 だけ増加し，質量数は変わらない．また，γ 崩壊では Z, A に変化はない．したがって，α 崩壊を x 回，β 崩壊を y 回繰り返し起こった後の原子番号 Z' と質量数 A' は次のように表される．

$$Z' = Z - 2x + y, \quad A' = A - 4x$$

上式からわかるように，$A - A'$ が 4 の倍数でないといけない．この条件に合うのは $A' = 207$ である．

(b) $x = (235 - 207)/4 = 7$ となる．また $10 = 2x - y$ から $y = 4$ と求まる．

3 (a) 陽子と中性子の質量の差を無視し両者を M とおけば，E_1, E_2 は

$$E_1 = \frac{1}{2}A_1 M v_1^2, \quad E_2 = \frac{1}{2}A_2 M v_2^2$$

と表され，これから次のようになる．

$$\frac{E_1}{E_2} = \frac{A_1 v_1^2}{A_2 v_2^2} \quad \therefore \quad E_1 = \frac{A_1 v_1^2}{A_2 v_2^2} E_2$$

(b) 核反応式は

$$^{235}_{92}\text{U} + {}^1_0\text{n} \longrightarrow {}^{A_1}\text{X} + {}^{A_2}\text{X} + 2\,{}^1_0\text{n}$$

と書ける．これから $A_2 = 234 - A_1$ となる．一方，運動量保存則により

$$A_1 M v_1 = A_2 M v_2$$

が成り立つので，次の関係が導かれる．

$$\frac{v_1}{v_2} = \frac{234 - A_1}{A_1}$$

(c)　(a), (b) により
$$\frac{E_1}{E_2} = \frac{A_1 v_1^2}{A_2 v_2^2} = \frac{v_1}{v_2} = \frac{234 - A_1}{A_1}$$
となる．これから A_1 を解いて
$$A_1 = \frac{234 E_2}{E_1 + E_2}$$
が求まる．

4　(a)　$4\,{}^1_1\mathrm{H} \to {}^4_2\mathrm{He} + 2\,\mathrm{e}^+$

(b)　質量の減少分は
$$2.0 \times 10^{30} \times 0.007\,\mathrm{kg} = 1.4 \times 10^{28}\,\mathrm{kg}$$
であるから，放出する全エネルギーはこれに c^2 を掛け
$$1.4 \times 10^{28} \times (3.0 \times 10^8)^2\,\mathrm{J} = 1.26 \times 10^{45}\,\mathrm{J}$$
と計算される．

(c)　1 年を秒で表すと 1 年 $= 3.2 \times 10^7\,\mathrm{s}$ である．よって太陽は 1 年間に
$$4.0 \times 10^{26} \times 3.2 \times 10^7\,\mathrm{J} = 1.28 \times 10^{34}\,\mathrm{J}$$
のエネルギーを出す．したがって，求める年数は次のようになる．
$$\frac{1.26 \times 10^{45}}{1.28 \times 10^{34}}\,\text{年} = 9.8 \times 10^{10}\,\text{年}$$

5　ウラン ${}^{235}\mathrm{U}$ の 1 モルは質量 $235\,\mathrm{g} = 0.235\,\mathrm{kg}$ で，この中に 6.0×10^{23} 個の原子核が含まれる．このため毎秒核分裂するウラン原子核の数 n は
$$n = \frac{1 \times 10^{-7}}{0.235} \times 6.0 \times 10^{23}\,\mathrm{s}^{-1} = 2.55 \times 10^{17}\,\mathrm{s}^{-1}$$
と表され，毎秒放出される核エネルギーは
$$200 \times 2.55 \times 10^{17}\,\mathrm{MeV \cdot s^{-1}} = 5.1 \times 10^{19}\,\mathrm{MeV \cdot s^{-1}}$$
と計算される．これをジュール単位で表し，求める電力 P は次のようになる．
$$\begin{aligned} P &= 5.1 \times 10^{19} \times 1.6 \times 10^{-13} \times 0.2\,\mathrm{J \cdot s^{-1}} \\ &= 1.6 \times 10^6\,\mathrm{W} = 1.6 \times 10^3\,\mathrm{kW} \end{aligned}$$

6　粒子と反粒子との間には互いに交換できるという対称性があるので，
$$\pi^- \to \mu^- + \overline{\nu}_\mu$$
と書ける．

7　波長 $10^{-15}\,\mathrm{m}$ の光の振動数 ν は
$$\nu = \frac{c}{\lambda} = \frac{3 \times 10^8}{10^{-15}}\,\mathrm{Hz} = 3 \times 10^{23}\,\mathrm{Hz}$$
となる．よって，光子のエネルギー E は
$$E = h\nu = 6.6 \times 10^{-34} \times 3 \times 10^{23}\,\mathrm{J} \simeq 2 \times 10^{-10}\,\mathrm{J}$$
と計算される．$1\,\mathrm{eV} = 1.6 \times 10^{-19}\,\mathrm{J}$ の関係を使うと E は

$$E = \frac{2 \times 10^{-10}}{1.6 \times 10^{-19}} \,\text{eV} \simeq 10^9 \,\text{eV} = 10^3 \,\text{MeV}$$

と表される.

8 1 TeV で加速された陽子は 1 TeV のエネルギーをもつ. 陽子の静止エネルギーは 938 MeV なので, 1 TeV はこのエネルギーの

$$\frac{10^6}{938} \text{倍} \simeq 10^3 \text{倍}$$

となる.

索　引

あ行

アイソトープ　175
アイソバー　175
アインシュタインの関係　156
アボガドロ数　122
アボガドロ定数　148
粗い束縛　24
粗い床　24
アルカリ金属　150
α 崩壊　180
アンペア　122, 130
アンペールの法則　140

イオン結晶　150
位相　92
位置エネルギー　50
位置ベクトル　16
色消しレンズ　113
色収差　113
因果律　27
陰極　130
陰極線　154
陰電気　120
陰電子　174

ウィークボソン　190
ウェーバ　134
うるう年　5
うるう秒　5
運動エネルギー　52
運動の自由度　10, 162
運動の定数　36
運動の法則　26
運動方程式　26
運動量　36
運動量保存則　36

エーテル　89, 165
SI　4
S 極　134
S 波　89

N 極　134
エネルギー　50
エネルギー準位　160
エネルギーの変換　58
エネルギー保存則　60
MKS 単位系　4
円運動　34
遠心力　33
エントロピー　82
エントロピー増大則　84
大きさ　97
オーム　130
オームの法則　130
音の三要素　97
オングストローム　148
温度　64
音波　96

か行

ガイガー-ミュラー・カウンター　181
回折　94
解離エネルギー　149
外力　36
ガウス　136
化学エネルギー　58
可逆過程　76
可逆機関　78
可逆サイクル　78
可逆変化　76
角運動量　38
角運動量保存則　42
核エネルギー　58
楽音　97
角加速度　42
核子　174
核種　175
角振動数　28
角速度　34
核反応　182

核反応式　182
核分裂　178
核融合　178, 184
核融合反応　59
核力　178, 188
化合物　152
加速器　192
加速度　14, 18
活性酸素　149
カラテオドリの定理　65
ガリレイの相対性　164
ガリレイ変換　164
カルノーサイクル　71
カロリー　64
換算質量　46
干渉　94
干渉じま　108
慣性系　26
慣性座標系　26
慣性の法則　26
慣性モーメント　42
慣性力　32, 164
完全黒体　117
γ 崩壊　180

基音　102
幾何光学　106
気化熱　67
貴金属　150
気体定数　66
気柱の縦振動　100
基底状態　158
起電力　130
軌道角運動量　159
擬ベクトル　39
基本振動　100
基本単位　6
逆進性　106
キャパシター　128
吸熱反応　58
球面波　92

索　引

凝縮　67
共振　101
共鳴　101
協和音　102
極板　128
虚像　112
キログラム原器　4
キログラム重　22

空洞放射　117
クーロン　122
クーロンの法則　122
クーロンポテンシャル　152
クーロン力　122
クォーク　190, 191
屈折角　92
屈折の法則　92
屈折率　106
組立単位　6
クラウジウスの原理　76
クラウジウスの式　78
クラウジウスの不等式　80

ゲージ不変性　190
ゲージボソン　190
撃力　36
結合エネルギー　178
結晶格子　150
結晶構造　148, 150
ケプラーの第三法則　199
ケルビン　64
弦　100
原子　152
原子核　152
原子質量単位　176
原子炉　184
減衰振動　76
元素　152
現代物理学　2
弦の横振動　100

高エネルギー物理学　192
光学　88, 106
光合成　59, 154
光子　116
光軸　112
格子振動　148
光子説　116
格子定数　150

格子点　150
向心力　34
光線　92, 106
光速の不変性　166
光速不変の原理　166
剛体　40
剛体振り子　44
光電効果　116
光電子　116
効率　71
工率　49
交流　130
交流発電機　144
光量子説　116
合力　22
国際単位系　4
黒体　117
固定軸　42
固定端　100
古典物理学　2
古典力学　27
固有振動　100
コンデンサー　128
コンプトン波長　187

さ　行

サイクル　70
最大摩擦力　24
作業物質　71
作用反作用の法則　26
三重点　67
3倍音　102
3倍振動　100
三物体間の熱平衡則　65

磁位　135
g 因子　159
GM 計数管　181
磁化　136
時間の遅れ　168
磁気エネルギー　58
磁気双極子　136
磁気分極　136
磁気モーメント　136
磁気モーメントの大きさ　136
磁極　134
次元　6

仕事　48
仕事関数　116
仕事率　48
自己無撞着　80
CGS 単位系　8
自然現象　2
自然放射性元素　180
磁束　142
磁束線　136
磁束密度　136
実験物理学　2
実像　112
質点　16
質点系　36
質量欠損　178
質量数　174
試電荷　124
磁場　134
磁場の強さ　134
射線　92
尺貫法　7
シャルルの法則　66
重心　40
自由電子　120
周波数　130
自由ベクトル　197
自由落下　30
重粒子　190
重力加速度　22
重力の位置エネルギー　50
重力場　30
ジュール　48
ジュール熱　130
出力　49
寿命　186
潤滑剤　25
瞬間的な加速度　14
瞬間的な速さ　10
準静的過程　50
昇華曲線　67
状態図　67
状態方程式　66
状態量　66
焦点　112, 118
焦点距離　112
初期位相　28
初期条件　12, 26

索　引

初速度　14
磁力線　134
真空の透磁率　134
真空の誘電率　122
真空放電　154
進行波　88
人工放射性原子核　183
人工放射性元素　180
真電荷　137
振動数　29, 130
振動のエネルギー　202
振幅　28

垂直抗力　24
水当量　65
スカラー　2, 16
スカラー積　49
スピン　136, 186
スピン角運動量　159, 186
スペクトル　110

正弦波　90
静止エネルギー　170
静止質量　170
静磁場　134
静止摩擦係数　24
静止摩擦力　24
正電荷　122
正電気　120
静電気　120
正反射　106
生物時計　5
積分　11
赤方偏移　99
セ氏温度　64
絶縁体　120
絶対温度　64
絶対屈折率　106
セルシウス度　64
遷移金属　150
全運動量　36
線形　91
線形復元力　28
線スペクトル　110, 160
線積分　55
潜熱　67
全反射　118
相　67

騒音　97
双極子モーメント　136
相互作用　188
相図　67
相対性原理　166
相対速度　164
速度　12, 18
速度ベクトル　18
束縛運動　24
束縛条件　24
束縛ベクトル　197
束縛力　24
素元波　92
素電荷　122
粗密波　96
ソリトン　91
素粒子　186
素粒子の崩壊　186
素粒子反応　186
素粒子物理学　2
存在比　176

た 行

対偶　77
体心立方格子　150
帯電　120
体内時計　5
高さ　97
縦波　88
単位　4
単位ベクトル　124
単純立方格子　150
単色光　110
単振動　28
断熱圧縮　74
断熱過程　74
断熱線　74
断熱変化　74
断熱膨張　74
単振り子　32
力　22
力のモーメント　41
蓄電器　128
中間子　188
中性子　174
中性微子　180
超音波　97

聴覚のしきい値　96
張力　32
直線運動　10
直線偏光　114
直流　130
対消滅　186
対生成　186
定圧比熱　72
定圧モル比熱　72
抵抗率　132
定在波　100
定常状態　158
定常波　100
定積比熱　72
定積モル比熱　72
ディラックの定数　159
デシベル　96
テスラ　136
テバトロン　192
デューテリウム　175
電圧実効値　131
電位　126
電荷　122
電界　124
電気　120
電気エネルギー　58
電気双極子　136
電気双極子モーメント　136
電気素量　122
電気抵抗　130
電気抵抗率　132
電気的中性　122
電気分極　136
電気容量　128
電気力線　125
電源　130
電子　154
電子ガス　150
電磁気学　2
電子顕微鏡　157
電子波　156
電磁波　114
電子ボルト　116, 149
電磁誘導　142
電子レンズ　157
電束密度　137
点電荷　122

電場　124
電波　115
電波時計　5
電場のする仕事　126
電場の強さ　124
電場ベクトル　124
電流実効値　131
電流の熱作用　130
電力　130
ド・ブロイの関係　156
ド・ブロイ波　156
同位核　175
同位元素　175
同位体　175
等温圧縮率　66
等温線　66
等加速度運動　14
同重核　175
等速円運動　34
等速直線運動　12
導体　120
等電位面　126
動摩擦係数　24
動摩擦力　24
透明体　207
ドップラー効果　98, 165
凸レンズ　112
トムソンの原理　76
トリチウム　175

な 行

内部エネルギー　58, 68
内力　36
ナトリウムランプ　110
ナノテク　8
ナノテクノロジー　8
ナブラ　51
波　88
波の重ね合わせの原理　91
波の基本式　90
波の速さ　88
滑らかな束縛　24
2 回微分　15
2 次波　92
二重線　110
2 相共存　67
二体問題　46

2 倍音　102
2 倍振動　100
入射角　92
ニュートリノ　180
ニュートン　26
ニュートンの運動方程式　26
ニュートンの記号　12
ニュートンの重力定数　22
ニュートン秒　36
ニュートン力学　27
音色　97
熱　64
熱運動　148
熱エネルギー　58
熱学　2
熱核融合反応　184
熱機関　70
熱源　65
熱線　115
熱伝導　65
熱の仕事当量　64
熱平衡　65
熱放射　117
熱容量　64
熱力学　66
熱力学的極限　85
熱力学第一法則　68
熱力学第 0 法則　65
熱力学第二法則　76
熱量　64
熱量保存則　64
濃縮ウラン　185

は 行

バーナードループ　161
配位数　162
媒質　88
π 中間子　188
白色光　110
波形　90
波源　94
パスカル　66
波長　90
発生期の酸素　149
発熱反応　58
ハッブル定数　99

波動　88
波動光学　106
波動説　108
波動量　88
ハドロン　190
波面　92
速さ　10
腹　92
バリオン　190
馬力　49
バルマー系列　160
半減期　180
反射角　92
反射の法則　92
半導体　132
万有引力　22
万有引力定数　22
反粒子　186
ヒートポンプ　70
P 波　89
ビオ-サバールの法則　138
光エネルギー　58
微係数　11
比結合エネルギー　178
ピコファラド　128
微積分　11
比抵抗　132
比熱　64
比熱比　72
微分　11
ファラデーの法則　142
ファラド　128
フェルミオン　175, 186
フェルミ相互作用　188
フェルミ統計　175
フェルミ面　187
フェルミ粒子　175, 186
不可逆過程　76
不可逆機関　78
不可逆サイクル　78
不可逆変化　76
復元力　28
節　92
物質の三態　148
物質波　156
物性物理学　2
沸点　67

索　引

物理現象　2	ボーアの振動数条件　158	陽電子　174, 183
物理振り子　44	ボーア半径　160	陽電子崩壊　183
物理量　2	ボース統計　175	横波　88
負電荷　122	ボース粒子　175, 186	横波による縦波の表現　96
負電気　120	ボソン　175, 186	
プランク定数　116	保存力　50	**ら　行**
プランクの放射法則　117	ポテンシャル　51	ライプニッツの記号　12
プルサーマル　185	ボルタの帯電列　120	ラザフォード散乱　152
分極電荷　137	ボルツマン定数　84, 117	乱反射　106
分光学　110	ボルト　130	力学　2
分光器　110		力学的エネルギー保存則
分散　110	**ま　行**	56
分子　148	マイクロアンペア　130	力積　36
分子運動論　75	マイクロ波　115	理想気体　66
分子構造　148	マイクロファラド　128	立体映画　114
分子磁石　136	マイケルソン-モーリーの実験	立方格子　150
閉管　100	165	粒子説　108
平均加速度　14, 18	マイヤーの関係　72	流体　96
平均の速さ　10	摩擦角　25	リュードベリ定数　160
平均律　97	摩擦電気　120	量子仮説　116
平衡　24	マッハ　8	量子条件　158
平行四辺形の法則　17	ミリアンペア　130	量子数　158
平行板コンデンサー　128	メートル原器　4	量子統計　175
並進座標系　32, 164	メガジュール　7	量子力学　2
平面波　92	メソン　190	理論物理学　2
β 崩壊　180	面心立方格子　150	臨界温度　67
ベクトル　2, 16	面積積分　143	臨界角　118
ベクトル積　39	モーメント　38	臨界現象　67
ベクトル場　124	モックス燃料　185	臨界点　67
ベクトル和　17	モル比熱　72	臨界量　185
ヘルツ　29	モル分子数　75, 122, 148	励起状態　158
変圧器　141, 145		レイリー-ジーンズの放射法則
変位ベクトル　17	**や　行**	117
偏光板　114	ヤード・ポンド法　8	レプトン　190
偏光面　114	ヤングの実験　108	連鎖反応　184
偏微分　51	融解曲線　67	レンズの公式　112
ポアンカレサイクル　85	融解熱　67	連続スペクトル　110
ホイヘンスの原理　92	誘電体　129	レンズの法則　142
ボイルの法則　66	誘電分極　129	ローレンツ収縮　168
方向余弦　20	誘導起電力　142	ローレンツ不変性　166
放射性原子核　180	陽極　130	ローレンツ変換　166
放射性元素　180	陽子　152, 174	ローレンツ力　138
放射能　180	要素波　92	
放物運動　30	陽電気　120	**わ　行**
飽和蒸気圧　67		ワット　48

著者略歴

阿部龍蔵
あ べ りゅう ぞう

1953 年　東京大学理学部物理学科卒業
　　　　東京工業大学助手，東京大学物性研究所助教授，
　　　　東京大学教養学部教授，放送大学教授を経て
2013 年　逝去
　　　　東京大学名誉教授　理学博士

主要著書

統計力学 (東京大学出版会)　現象の数学 (共著，アグネ)
電気伝導 (培風館)
現代物理学の基礎 8 物性 II 素励起の物理 (共著，岩波書店)
力学 [新訂版] (サイエンス社)　量子力学入門 (岩波書店)
物理概論 (共著，裳華房)　物理学 [新訂版] (共著，サイエンス社)
電磁気学入門 (サイエンス社)　力学・解析力学 (岩波書店)
熱統計力学 (裳華房)　物理を楽しもう (岩波書店)
現代物理入門 (サイエンス社)　ベクトル解析入門 (サイエンス社)
新・演習 物理学 (共著，サイエンス社)　新・演習 力学 (サイエンス社)
新・演習 電磁気学 (サイエンス社)　新・演習 量子力学 (サイエンス社)
熱・統計力学入門 (サイエンス社)　新・演習 熱・統計力学 (サイエンス社)
Essential 物理学 (サイエンス社)　物理のトビラをたたこう (岩波書店)

ライブラリはじめて学ぶ物理学 = 1

はじめて学ぶ 物理学

─────────────────────────────
2006 年 10 月 10 日 ©　　　初 版 発 行
2019 年　4 月 10 日　　　　初版第 9 刷発行

著　者　阿部龍蔵　　　発行者　森平敏孝
　　　　　　　　　　　印刷者　杉井康之
　　　　　　　　　　　製本者　小高祥弘

発行所　株式会社 サイエンス社

〒 151-0051　東京都渋谷区千駄ヶ谷 1 丁目 3 番 25 号
営業 ☎ (03) 5474-8500 (代)　FAX ☎ (03) 5474-8900
編集 ☎ (03) 5474-8600 (代)　振替 00170-7-2387
─────────────────────────────
印刷　(株) ディグ　　製本　小高製本工業 (株)

《検印省略》
本書の内容を無断で複写複製することは，著作者および
出版者の権利を侵害することがありますので，その場合
にはあらかじめ小社あて許諾をお求め下さい.

サイエンス社のホームページのご案内
http://www.saiensu.co.jp
ご意見・ご要望は
rikei@saiensu.co.jp　まで.

ISBN4-7819-1142-0

PRINTED IN JAPAN